꿀벌의 민주주의

Honeybee Democracy

꿀벌의 민주주의

초판 1쇄 인쇄일 2021년 7월 15일   초판 1쇄 발행일 2021년 7월 23일

지은이 토머스 D. 실리 | 옮긴이 하임수
펴낸이 박재환 | 편집 유은재 | 마케팅 박용민 | 관리 조영란
펴낸곳 에코리브르 | 주소 서울시 마포구 동교동로15길 34 3층(04003) | 전화 702-2530 | 팩스 702-2532
이메일 ecolivres@hanmail.net | 블로그 http://blog.naver.com/ecolivres
출판등록 2001년 5월 7일 제201-10-2147호
종이 세종페이퍼 | 인쇄·제본 상지사

ISBN 978-89-6263-226-2 03490

책값은 뒤표지에 있습니다.   잘못된 책은 구입한 곳에서 바꿔드립니다.

* 이 책은 2012년 출판한 《꿀벌의 민주주의》를 다시 펴낸 것입니다.

꿀벌의 민주주의

토머스 D. 실리 지음 l 하임수 옮김

에코리브르

차례

머리말

양봉가들은 꿀벌 집단이 늦봄에서 초여름에 분봉하는 광경을 오랜 시간 지켜보며 아쉬워한다. 분봉이 일어날 때 대다수 꿀벌—약 1만 마리의 일벌—이 어미 여왕벌과 함께 날아가 새로운 집단을 형성하기 때문이다. 한편, 나머지 꿀벌은 벌통에 남아서 꿀벌 집단이 영원히 존속하도록 새로운 여왕벌을 기른다. 다른 곳으로 이주하는 꿀벌은 턱수염 모양의 무리를 형성해 나뭇가지에 정착한 다음 몇 시간에서 며칠까지 매달려 있다. 이 시간 동안 보금자리를 잃은 꿀벌들은 진정 놀라운 일을 한다. 요컨대 새로운 보금자리를 선택하기 위해 민주적으로 논쟁한다.

이 책은 꿀벌이 민주적 의사 결정 과정을 어떻게 수행하는지 보여준다. 우리는 수백 마리의 나이 든 벌들이 집터 정찰대로 나서 행동을 개시하고 어두운 구멍을 찾아 시골 벌판을 탐험하는 과정을 살펴볼 것이다. 또한 정찰대가 집터 후보지를 평가하는 과정도 살펴볼 것이다. 정찰대는 자신들이 발견한 새로운 집터를 생동감 있는 춤으로 동료에게 알린다. 최적의 집터를 선택하기 위해 활발하게 논쟁하고, 모든 꿀벌 집단이 이동하도록 부추기고, 마침내 새로운 보금자리로 그들을 안내한다. 새로운 보금자리는 수킬로미터 떨어진 나무 구멍인 경우가 많다.

내가 꿀벌 민주주의에 대한 책을 쓰게 된 동기는 두 가지다.

첫 번째 동기는 생물학자와 사회과학자에게 이 주제에 대한 연구, 즉 독일의 마르틴 린다우어(Martin Lindauer, 1918~2008)에 의해 시작되어 지난 60년간 이어져온 연구 성과를 체계적으로 요약해 보여주고 싶었기 때문이다. 현재 이 주제에 대한 정보는 무수히 많은 과학 학술지에 수십 개의 논문으로 실려 있다. 이렇듯 연구 결과물이 뿔뿔이 흩어져 있으면 하나의 발견이 다른 발견과 어떻게 연결되는지 파악하기가 쉽지 않다. 꿀벌이 직접적인 방식으로 민주적 합의에 도달하는 이야기는 사회적 동물의 집단 결정에 관심이 많은 행동생물학자에게 분명 중요할 것이다. 나는 이 연구가 신경 세포에 기초한 의사 결정을 연구하는 신경과학자에게도 중요하다는 것을 입증하고 싶다. 꿀벌 집단과 영장류의 뇌는 정보 처리 방식에서 흥미로운 유사성을 갖고 있다. 아울러 집터 정찰대 이야기가 인간 사회에서 이루어지는 결정의 신뢰성 제고 방식을 연구하는 사회학자에게도 유용하길 바란다. 우리가 꿀벌을 통해 얻을 수 있는 중요한 교훈은 공동의 이익을 공유하는 친밀한 개인으로 구성된 집단에서도 갈등이 결정 과정에 유용한 요소가 될 수 있다는 사실이다. 다시 말해, 까다로운 문제에 직면한 한 집단이 최선의 해결책을 찾으려면 여러 부분에 대해 신중한 '논쟁'을 거쳐야 한다.

이 책을 쓴 두 번째 동기는 꿀벌을 연구하면서 내가 누린 기쁨을 양봉가 및 일반 독자와 공유하고 싶었기 때문이다. 며칠 또는 몇 주 동안 아무런 연구 성과도 얻지 못한 채 때로 좌절하기도 했지만, 나에게 발견의 순수한 기쁨을 얻게 해준 이 작고 멋진 생명체에 두고두고 고마움을 전한다. 나는 꿀벌을 연구하면서 느낀 흥분과 도전을 생생하게 전하기 위해 수많은 개인적 사건과 성찰 그리고 과학적 연구 성과를 제시할 것이다.

이 작업은 마르틴 린다우어 교수가 1950년대에 수행한 집터 정찰대 연구의 견고한 지적 토대에 기초한 것이다. 선구적 연구를 통해 놀라운 꿀벌 세계 연구에 영감을 준 나의 스승이자 친구인 린다우어에게 이 책을 바친다.

뉴욕 주 이타카에서

토머스 실리

서문

이보게, 시인이여.
꿀벌에게 가서,
그들의 삶을 배우고
현명해지게나.

—조지 버나드 쇼, 《인간과 초인(Man and Superman)》(1903)

예부터 작은 꿀벌은 꿀과 밀랍을 만들어 사람들에게 단맛과 빛을 선물함으로써 많은 사랑을 받아왔다. 요즘은 어디서든 단맛을 즐길 수 있고 사방이 밝은 빛으로 넘치지만, 어쨌든 사람들은 부지런히 일하는 이 곤충을 매우 소중히 여긴다. 특히 양봉 농가와 서로 협력하며 사는 2000억 마리가량의 꿀벌은 사람을 대신해 매우 중요한 농사꾼 몫을 해낸다. 바로 식물의 가루받이를 돕는 일이다. 북미에서 양봉 농가의 꿀벌은 50여 가지 과일과 채소 작물의 가루받이를 맡고 있다. 이 채소와 과일은 매일 우리 식탁에 오르며, 덕분에 우리는 충분한 영양분을 섭취할 수 있다. 그 외에도 꿀벌이 우리에게 주는 또 하나의 커다란 선물이 있다. 바로 벌집 안에 모여 살면서 서로 협력하고 공동의 목표를 달성해 모범적인 사회를 이루는 지혜다. 다리가 여섯 개 달린 이 조그만 곤충은 우리에게 원활하게 운영되는 집단, 특히 민주적 의사 결정의 힘을 충분히 활용하는 능력을 지닌 집단을 구축하는 방법을 가르쳐준다.

여기서 우리에게 교훈을 주는 주인공은 아피스 멜리페라(*Apis mellifera*)라는 꿀벌로, 지구상에서 가장 유명한 곤충이기도 하다. 본래는 서아시아, 중동, 아프리카, 유럽에서 살았지만 지금은 꿀벌 애호가의 노력 덕분에 전 세계의 온대 및 열대 지역에서 볼 수 있다. 아피스 멜리페라는 철저한 사회적 시스템을 이루며 산다. 밀랍을 최대한 얇게 빚어 만든 육각형 방이 정교하게 들어선 황금빛 벌집을 보노라면 그 훌륭함에 저절로 감탄이 나온다. 또한 수만 마리의 일벌은 집단의 공익을 위해 현명한 이기심(enlightened self-interest)을 발휘함으로써 서로 협력하는 조화로운 사회를 이룬다. 우리는 이 책에서 꿀벌 집단이 집터를 고를 때 어떻게 그처럼 완벽한 정확성을 유지할 수 있는지 검토함으로써 꿀벌의 사회적 시스템을 자세히 살펴볼 것이다.

올바른 집터를 선택하는 것은 꿀벌 집단으로서는 사활이 걸린 문제다. 잘못해서 벌집이 겨울을 나는 데 필요한 꿀을 저장 못할 정도로 공간이 비좁거나 찬바람과 약탈자에게서 안전하지 못한 곳에 자리를 잡는다면 꿀벌 집단은 살아남지 못할 것이다. 이처럼 공간이 적당하고 아늑한 집터를 선택하는 것이 대단히 중대한 결정임을 고려한다면, 개별적으로 행동하는 몇몇 꿀벌이 아니라 집단으로 움직이는 수백 마리의 꿀벌이 집터를 선택하는 것도 그리 놀랄 일은 아니다. 이 책에서는 수백 마리에 달하는 꽤 큰 규모의 정찰대가 어떻게 거의 언제나 올바른 선택을 하는지, 요컨대 이 정찰대가 집터 후보지를 찾기 위해 주변을 샅샅이 뒤지고, 서로가 발견한 장소를 알리고, 선택 사항을 냉정하게 의논해 마침내 집단의 새로운 집터가 될 장소를 합의하는 과정을 하나하나 살펴볼 것이다. 간단히 말해, 꿀벌의 독창적인 민주주의 방식에 대해 고찰해볼 것이다.

그에 앞서 먼저 짚고 넘어가야 할 것이 있다. 우리는 흔히 꿀벌 집단에서 일어나는 모든 활동은 자비로운 독재자, 즉 여왕벌이 지배한다고 잘못 알고 있다. 꿀벌 집단을 하나로 모으는 힘이 일벌을 지배하는 전지적인 여왕벌(또는 왕벌)에서 비롯된다는 믿음은 아리스토텔레스 시대부터 시작되어 오늘에 이르고 있다. 그러나 이것은 사실이 아니다. 꿀벌 집단이 여왕벌을 비롯해 수천 마리의 자손으로 구성된 거대한 가족이기 때문에 여왕벌이 전체 활동의 중심임은 사실이다. 여왕벌이 낳은 수천 마리의 딸(일벌)이 여왕벌을 보살피면서 궁극적으로 여왕벌의 생존과 번식을 위해 노력한다는 것 역시 사실이다. 그렇지만 여왕벌은 결정권을 행사하는 것이 아니라 알을 낳는 임무를 맡고 있다. 여왕벌은 꿀벌 집단의 노동력을 유지하기 위해 필요한 알을 여름 내내 매일 1500여 개씩 낳는다. 그러나 벌집 만드는 일벌을 늘리거나 혹은 꽃가루 모으는 일벌을 줄이는 것과 같은, 집단 내에서 항상 변화하는 노동력 수요를 파악하고 있지는 않다. 그 수요를 꾸준히 맞추는 것은 일벌의 몫이다. 여왕벌에게 유일한 권한이 있다면 다른 여왕벌을 키우지 못하도록 억제하는 것뿐이다. 여왕벌은 이를 위해 '여왕 물질'이라는 선분비물(腺分泌物)을 사용하는데, 여왕과 접촉하는 일벌은 이 물질을 더듬이에 묻혀 벌집 곳곳에 퍼뜨린다. 이런 방법으로 일벌은 엄마인 여왕벌이 건재함을 알려 새로운 여왕벌을 키울 필요가 없다는 사실을 집단에 알린다. 그러므로 여왕벌은 일벌에게 명령을 내리는 대장이 아니다. 실제로 꿀벌 집단에는 수많은 벌을 감독하는 전지적인 존재가 없다. 요컨대 벌집의 운영은 일벌에 의해 집단적으로 이루어진다. 일벌 하나하나가 감독관으로서 스스로 해야 할 일을 찾아 나서고 꿀벌 사회에 공헌한다. 일벌은 같은 환경에서 모여 살며 다양한 신호를 통해 서로 의사를 전달한다. 예를 들어, 달콤한 꿀로 가득한 꽃이 있으면 춤을 추어 꽃의 위치를 알려준다. 이런 방법으로 일벌은 감시자 없이도 대단히 조화로운 노동력을 확보할 수 있다.

집단 지능

이 책은 내가 가장 경이롭게 여기는 것에 초점을 맞춘다. 이를테면 우리 몸의 수많은 세포처럼 벌집 속의 수많은 벌이 어떻게 감독자 없이도 협력해 자기 능력을 훨씬 뛰어넘는 기능적 단위를 이루는가 하는 것이다. 특히 꿀벌 무리의 집터 선택과 관련해 어떻게 집단 지능을 발휘하는지 살펴볼 것이다. 2장에서 좀더 자세히 설명하겠지만, 꿀벌의 집터 찾기 과정은 집단의 보금자리 공간(벌통이나 속이 빈 나무)에 구성원이 너무 많아져 일단의 무리를 내보내야 하는 늦봄과 초여름에 일어난다. 이때 일벌의 3분의 1가량은 옛집에 그대로 남아 새로운 여왕벌을 키우며 원래 집단을 이어가고, 나머지 3분의 2에 해당하는 일벌 수만 마리는 옛 여왕벌과 함께 새로운 꿀벌 집단을 만들기 위해 서둘러 보금자리를 떠난다. 이사 가는 벌들은 겨우 30미터 남짓 이동해 턱수염 모양의 덩어리를 이룬 채 몇 시간 혹은 며칠 동안 말 그대로 함께 붙어 다닌다(그림 1.1). 일단 임시 거처가 정해지면, 꿀벌 무리 가운데 수백 마리의 정찰대가 주변의 약 70제곱킬로미터를 샅샅이 뒤져 10여 개의 집터 후보지를 찾아낸다. 그런 다음 가장 적합한 집터를 결정하기 위해 민주적인 방법으로 여러 가지 기준에 따라 각 후보지를 평가

그림 1.1 한 무리의 벌떼는 약 1만 마리의 일벌과 한 마리의 여왕벌로 이루어진다.

하고 가장 좋은 곳을 선택한다. 꿀벌은 이러한 집단 결정을 통해 거의 언제나 넉넉한 공간과 높은 안전성이 보장되는 최적의 집터를 고른다. 이런 선택 과정을 마치면 꿀벌 무리는 일제히 새 보금자리로 이동한다. 이때 새 집터는 보통 수킬로미터 떨어진 곳에 있는 나무 구멍인 경우가 많다.

새 집터를 찾아내는 꿀벌의 재미난 이야기는 우리에게 두 가지 아주 흥미로운 수수께끼를 안겨준다. 첫째, 매우 작은 뇌를 가진 벌떼가 나뭇가지에 매달린 채 어떻게 그토록 복잡한 결정을 내리고 또한 그 결정을 잘 수행하는 것일까? 이 첫 번째 수수께끼에 대한 답은 3~6장에서 확인할 수 있다. 둘째, 윙윙거리며 공중을 비행하는 1만여 마리의 벌떼가 어떻게 무리의 질서를 유지하면서 자신들의 보금자리를 찾아가는 것일까? 대부분 멀리 떨어진 숲의 구석진 곳에 있는, 잘 보이지도 않는 나무의 작은 옹이

구멍을 말이다. 이 두 번째 수수께끼에 대한 답은 7장과 8장에서 확인할 수 있다.

인간의 뇌에서 신경세포는 약 1.5킬로그램을 차지한다. 그 무게에 상응하는 한 무리의 꿀벌은 마치 뇌 속의 신경세포처럼 집단적인 지혜를 발휘한다. 비록 벌 한 마리는 한정된 정보와 제한적 지능을 보유하고 있지만, 그들이 모여 이룬 집단은 최고의 의사 결정을 내린다. 이와 같이 꿀벌 집단과 인간의 뇌를 비교하는 것은 일견 피상적으로 보일 수도 있지만, 사실 여기에 진정한 본질이 있다. 지난 20여 년간 나를 비롯한 사회생물학자들이 곤충 사회에서의 의사 결정 행동 메커니즘을 분석하는 동안, 신경생물학자들은 영장류의 뇌에서 의사 결정의 토대를 이루는 신경세포를 연구해왔다. 그런데 이 서로 다른 두 분야의 독립된 연구에서 매력적인 유사점이 드러났다. 예를 들어, 원숭이의 뇌에서 눈의 움직임을 결정하는 각 신경세포의 활동에 대한 연구와 꿀벌 집단에서 보금자리를 결정하는 각 일벌의 활동에 대한 연구는 다음과 같은 공통된 사실을 발견했다. 첫째, 의사 결정은 본질적으로 지지(예컨대 신경세포의 발화와 벌들의 정찰)를 구하는 대안들 사이에서 선택을 내리는 과정이다. 둘째, 여러 대안 가운데 최초로 임계점을 넘는 지지를 얻은 대안을 선택한다. 이와 같은 공통점은 집단 내 가장 똑똑한 개체보다 더 영리한 집단을 구축하기 위한 보편적인 조직 원리(principles of organization)가 존재한다는 것을 말해준다. 우리는 9장에서 이러한 원리를 탐구하며 꿀벌 집단과 영장류의 뇌에서 의사 결정이 이루어지는 메커니즘을 비교할 것이다. 10장에서는 현명한 의사 결정을 내리는 조직을 구축하는 것과 관련해 꿀벌에게서 어떤 교훈을 얻을 수 있는지 검토할 것이다.

인간의 집단적 결정은 광범위할뿐더러 중요한 의미를 지닌다. 그 결정이 친구나 동료 간의 합의 같은 소규모이든, 민주적 마을 회의에서의 결정 같은 중간 규모이든, 국가적 선택이나 국제 협정 같은 대규모이든 상관없다. 인간은 수천 년 동안, 최소한 플라톤의 《국가(The Republic)》(기원전 360년) 이래로 최선의 집단 결정을 이끌어내는 방법에 대해 골몰해왔다. 그러나 여전히 수많은 의문이 해결되지 못한 채 남아 있다. 인간은 어떻게 좀더 나은 사회적 결정을 내릴 수 있을까? 10장에서 나는 효율적인 의사 결정을 내릴 수 있도록 집단을 조직하는 방법에 대해 몇 가지 제안을 할 것이다. 나는 이러한 제안을 '꿀벌의 지혜'라고 일컫는데, 이는 그 방법을 다름 아닌 벌들에게서 배웠기 때문이다. 미국의 수필가 헨리 데이비드 소로는 대중의 지혜에 회의를 드러내며 이렇게 썼다. "대중은 결코 최고의 기준에 도달할 수 없다. 오히려 최저의 기준으로 자신을 끌어내릴 뿐이다." 독일 철학자 프리드리히 니체는 집단 지성에 대해 훨씬 더 부정적인 입장을 표명했다. "광기 어린 개인은 드물지만, 집단에서는 …… 광기가 곧 법이다." 물론 주식 시장의 버블이나 화재가 일어난 건물에서 벌어지는 극도의 생존 경쟁처럼 형편없는 집단 결정의 예는 무수히 많다. 그러나 훌륭한 의사 결정을 하는 꿀벌 집단의 모습은 높은 집단적 IQ를 이루는 방법이 존재한다는 사실을 분명하게 보여준다.

춤추는 벌

이 책에서 들려줄 과학 이야기는 거의 70년 전인 1944년 여름 독일에서 시작되었다. 뮌헨 대학교의 저명한 동물학 교수 카를 폰 프리슈(Karl von Frisch)

는 혁명적인 발견을 한 공로로 노벨상을 받았다. 그가 발견한 것은 바로 일개 곤충에 불과한 일벌이 동료 벌에게 먹이가 풍부한 곳의 방향과 거리를 알려주기 위해 춤을 춘다는 사실이었다. 먹이를 찾아 나선 벌은 꽃꿀(nectar)을 발견하면 흥분한 채 동료에게 돌아와 아주 격렬하게 '8자춤(waggle dance)'을 춘다. 폰 프리슈는 노벨상을 타기 30여 년 전부터 이 사실을 알고 있었다. 벌은 벌집 표면을 따라 걸으면서 몸을 좌우로 흔들며 '엉덩이춤(waggle run)'을 춘다. 그러다가 춤을 멈추고 왼쪽이나 오른쪽으로 '반원 돌기(return run)'를 하며 출발점으로 돌아온다. 그리고 다시 엉덩이춤을 추다가 반원을 그리며 처음 위치로 돌아오는 과정을 반복한다(그림 1.2). 말하자면, 8자춤은 이런 일련의 엉덩이춤과 반원 돌기를 몇 차례 반복하는 행위로 이루어진다. 또한 폰 프리슈는 먹이를 찾아 나섰던 벌이 몇 초 심지어 몇 분 동안 춤을 추면 다른 일벌들이 그 '춤벌'의 뒤를 따른다는 사실을 알고 있었다. "광란하듯 춤추는 벌의 교묘한 동작을 다른 일벌들이 하나하나 따라 하는 모습은 마치 벌 꼬리를 달고 다니는 혜성처럼 보인다." 게다가 폰 프리슈는 다른 일벌들이 그 춤을 따라 몇 바퀴를 돌고 난 후 춤벌이 일러준 노다지를 찾아 벌집을 떠난다는 사실도 알고 있었다. 그러나 폰 프리슈는 1944년 이전까지 다른 벌들이 얻은 정보는 춤벌이 찾아낸 꽃의 향기일 뿐이라고 생각했다. 다른 벌들이 춤벌에게 더듬이를 가까이 가져가 몸에 밴 꽃향기를 감지하는 것이라고 생각한 것이다. 또한 벌집을 떠난 벌들이 기억해둔 그 향기가 나는 꽃을 발견할 때까지 수색 반경을 점차 넓혀가며 탐색할 것이라고 여겼다. 그러나 1944년 폰 프리슈가 발견한 사실은 실로 놀라웠다. 다른 벌들은 벌집 주변을 샅샅이 뒤져 같은 향기를 지닌 꽃을 찾아내는 게 아니라, 춤벌이 먹이를 찾아다녔던 장소 인근을 곧바로 탐색한

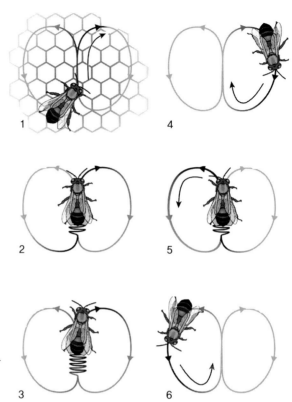

그림 1.2 벌집 표면에서 '8자춤'을 추는 일벌의 움직임 패턴. 2회의 '8자춤'을 보여준다.

것이다. 그곳이 벌집에서 멀리 떨어진, 그늘진 호숫가의 오솔길이라도 말이다. 따라서 다른 벌들은 어떤 방식으로든 먹이의 향기는 물론 장소에 대한 정보도 획득한 것이 분명했다. 그렇다면 벌이 춤으로 위치 정보를 전달할 수 있단 말인가?

그 답은 확실히 '그렇다'로 밝혀졌다. 1945년 여름, 제2차 세계대전의 종전에 이은 유럽의 혼란 속에서 폰 프리슈는 춤벌에 대한 연구를 재개했다. 수수께끼의 실마리를 풀기 위해 벌들의 움직임을 이전보다 더 세밀하게 관찰하고 연구했다. 그리고 꿀벌이 어두운 벌집 안에서 8자춤을 출 때, 벌

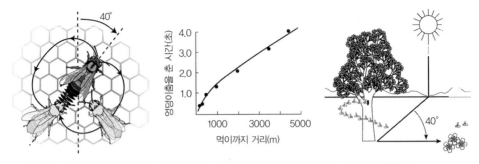

그림 1.3 춤벌이 먹이가 풍부한 곳의 방향과 거리에 대한 정보를 암호화하는 방법. 거리 암호: 엉덩이춤의 지속 시간은 먹이까지 비행한 거리에 비례한다. 방향 암호: 벌집 밖에서 태양을 기준으로 비행 각도를 파악한 다음, 벌통으로 돌아와 벌집의 세로선을 축으로 동일한 각도에 맞춰 엉덩이춤을 추며 나아간다. 그림에서는 두 마리의 다른 벌이 뒤를 따르며 춤벌에게서 정보를 얻고 있다.

통 밖에서 환하게 밝은 시골길을 날아간 최근의 비행 과정을 축소해 다시 보여준다는 사실을 알아냈다. 이런 방식으로 방금 다녀왔던, 먹잇감이 풍부한 장소를 알려주는 것이다(그림 1.3). 먹이의 위치 정보와 관련해 꿀벌의 암호는 다음과 같다. 즉 엉덩이춤이 지속되는 시간은 비행 거리에 비례한다. 벌통 안이 어둡기는 하지만 춤벌이 엉덩이춤을 추면서 날개로 윙윙 소리를 내기 때문에 그 지속 시간을 알 수 있다. 평균적으로, 1초 동안 윙윙 소리를 내며 엉덩이춤을 추었다면 비행 거리는 약 1킬로미터이다. 또한 벌집 표면의 세로선을 축으로 엉덩이춤을 추는 각도는 태양의 방향을 기준으로 벌집 밖에서의 비행 각도를 나타낸다. 예를 들어, 춤벌이 엉덩이춤을 추며 세로선을 따라 똑바로 움직인다면 이는 "먹이가 태양과 같은 방향에 있다"는 것을 의미한다. 또 그림 1.3에서처럼 춤벌이 세로선을 축으로 오른쪽 40도 방향을 향하면 "먹이는 태양에서 오른쪽 40도 방향에 있다"는 것을 의미한다. 아마도 가장 경이로운 점은 다른 벌들이 춤벌의 움직임을 자세히 살펴 그것을 해독하고 지시에 따른다는 사실일 것이다.

폰 프리슈는 8자춤의 비밀스러운 암호를 해독하는 동안 마르틴 린다우어라는 젊은 대학원생을 지도하고 있었다. 린다우어는 훗날 꿀벌 집단의 내부 운영 방식을 밝혀 자신이 프리슈의 최고 제자임을 증명했다(그림 1.4). 집터를 선택하는 꿀벌 민주주의에 대한 선구적인 연구자라는 점에서 린다우어는 이 책에서 무척 중요한 인물이기도 하다.

린다우어는 독일 바이에른 주의 알프스 산자락에 위치한 작은 마을에서 가난한 농가의 열다섯 자녀 중 열네 번째로 태어났다. 이곳에서 그는 아버지가 기르는 꿀벌을 비롯해 자연과 벗하며 자랐다. 머리가 명석한 린다우어는 얼마 후 독일 란츠후트의 유명한 기숙학교 장학생이 되었다. 1939년 4월 고등학교를 졸업한 그는 8일 만에 히틀러의 노동국에 징발되어 참호

그림 1.4 카를 폰 프리슈(가운데 노신사), 마르틴 린다우어(맨 왼쪽 젊은 남자) 그리고 꿀벌 실험을 함께 준비한 다른 학생들. 1952년경.

파는 작업을 했다. 그리고 6개월 후에는 군에 징집되어 대(對)전차 부대에 배속되었다. 1942년 7월 러시아 전선의 치열한 전투에 참여한 린다우어는 수류탄 파편을 맞아 중상을 당했다. 아이러니하게도 이 사고가 그에겐 행운이 되었다. 부상을 입은 린다우어가 전선에서 물러난 후 나머지 156명의 부대원은 스탈린그라드 전투에 투입되었고, 그중 3명만이 살아 돌아왔기 때문이다

뮌헨에서 치료를 받으며 회복 중이던 린다우어는 주치의로부터 유명한 프리슈 교수가 가르치는 일반동물학 강의를 들어보라는 권유를 받았다. 세포 분열에 대한 폰 프리슈의 강의를 들은 린다우어는 훗날 자신이 파괴가 아닌 창조라는 "새로운 인간성의 세계"에 들어섰다고 당시를 회상했다. 생물학을 공부하기로 결심한 그는 1943년 여름 의병 제대한 후 뮌헨에서 대학 생활을 시작했다. 그리고 1945년 봄, 마침내 박사 과정에 들어가 지도 교수인 폰 프리슈와 함께 꿀벌 연구에 돌입했다.

춤추는 지저분한 벌

린다우어는 흥미로운 변칙이나 기이한 행동같이 소소한 것들을 알아채는 데 타고난 재주가 있었는데, 결국 그런 능력이 연구에서 아주 중요한 역할을 했다. 요컨대 이 특별한 재주 덕분에 꿀벌의 집터 선택과 관련한 연구에 착수할 수 있었던 것이다. 그는 훗날 이것이 자신의 과학적 연구 중에서 "가장 멋진 경험"이었다고 말했다. 모든 것은 1949년 봄 어느 날 오후, 린다우어가 동물학연구소 밖에 있는 벌통을 지날 때 시작되었다. 꿀벌 무리는 황금빛 덩어리를 이룬 채 나무덤불에 매달려 있었다. 자세히 들여다

보니 몇몇 벌이 무리의 표층에서 여느 때처럼 눈을 사로잡듯 활기차게 8자 춤을 추고 있었다. 그러나 평소와 달리 밀랍으로 된 벌집 위에서 춤을 추지 않고 다른 벌들의 등 위를 걸어 다니는 것 아닌가? 처음엔 이 춤벌이 먹이 징발대라고 생각했다. 왜냐하면 그와 폰 프리슈가 지난 몇 년간 관찰한 춤추는 벌들은 모두 먹이를 구해오는 징발대였기 때문이다. 그러나 특유의 인내심을 갖고 관찰한 결과, 린다우어는 그 벌이 먹이 징발대가 아니라는 사실을 깨달았다. 그 벌은 꽃가루 징발대처럼 꽃가루 덩어리를 운반하지도 않았고, 꿀 징발대처럼 꽃꿀을 동료에게 나누어주지도 않았다. 이상한 점은 또 있었다. 춤벌의 상당수가 지저분한 상태였던 것이다. 린다우어는 다소 지저분한 벌 몇 마리를 핀셋으로 집어 작은 붓으로 몸통을 털어낸 다음 현미경으로 관찰했다. 그들 몸에서 떨어진 것은 꽃가루가 아니라 여러 가지 먼지 입자뿐이었다. 린다우어는 "검은색은 검댕이었고, 빨간색은 벽돌 부스러기, 흰색은 밀가루, 회색 및 다른 먼지들은 땅을 파헤치며 뒹군 것처럼 보였다"고 기록했다. 검댕이 묻어 시커먼 벌의 냄새를 맡아보니 굴뚝 청소할 때 나는 냄새가 났다.

린다우어는 이 먼지 묻은 지저분한 춤벌들은 먹이 징발대가 아니라고 결론 내렸다. 그리고 혹시 이 춤벌들이 공습으로 인해 완전히 파괴된 뮌헨의 잔해 속에서 새로운 집터를 찾아다니는 정찰대일지 모른다고 생각했다. 폐허가 된 뮌헨에는 사용하지 않는 굴뚝도 많고, 벽돌담은 무너지거나 틈이 벌어진 채 방치되었다. 게다가 사람이 살지 않는 집에는 밀가루 통이 굴러다닐 터였다. 그는 벌들이 8자춤을 추면서 자신이 발견한 위치를 알려주는 것이라고 추측했다. 린다우어는 벌들을 더 관찰해 자신의 짐작이 맞는지 확인해보고 싶었다. 그러나 1949년 독일 경제는 큰 혼란에 빠져 있었다. 폰 프리슈의 연구소에도 벌이 부족했다. 폰 프리슈는 벌을 잃어버릴까봐 연구소의 양봉가에게 정해진 시간이 되면 모든 벌을 벌통에 넣어 두라고 지시했다. 이는 벌들의 집터 물색 과정이 중단되는 것을 의미했고, 더불어 린다우어는 자신의 연구를 접을 수밖에 없었다. 그러나 그는 춤벌을 연구하기 위해 일부 꿀벌 무리는 그대로 놔둬달라고 끈질기게 요청했다. 그리고 두 번의 여름이 지난 1951년, 마침내 자신의 희망대로 뮌헨의 동물학연구소 정원에 있는 모든 꿀벌 집단을 연구해도 좋다는 허락을 받았다.

3장에서 6장에 걸쳐 우리는 린다우어가 1951년부터 연구한 연구, 요컨대 꿀벌이 민주적으로 의사 결정을 하는 흥미로운 이야기를 자세히 살펴볼 것이다. 그러니 여기서는 그가 자신의 가설을 어떻게 검증했는지에 대해서만 알아보자. 여기서 그의 가설이란 무리 위에서 춤추던 벌은 집터 후보지를 물색하고 다닌 정찰대라는 것이다. 1951년 여름, 린다우어는 아홉 집단의 꿀벌을 대상으로 연구를 시작했다. 몇 날 며칠 동안 인내심을 발휘해 꿀벌 집단을 지켜보았다. 춤벌을 발견할 때마다 페인트로 점을 찍어 표시하고, 처음 춤을 추며 가리키는 장소의 방향과 거리를 기록했다(린다우어는 꿀벌 집단이 춤으로 거리와 방향 정보를 암호화한다고 가정했다. 이는 프리슈가 먹이 징발대에서 발견한 것과 같은 방식이다). 이렇게 린다우어는 벌떼 옆에서 밤을 지새우며 놀라운 사실을 발견했다. 춤벌들이 무리 위에 나타나기 시작한 초기에는 10여 개 이상의 장소를 가리켰지만, 몇 시간 혹은 며칠이 지나자 점점 많은 수의 벌들이 단 하나의 장소만을 가리키기 시작한 것이다. 결국 꿀벌 무리가 새로운 보금자리를 찾아 떠나기 한 시간 전후에는 무리 위를 춤추는 벌들이 모두 단 하나의 거리와 방향만을 가리켰다. 이것을 본 린다우어는 다음

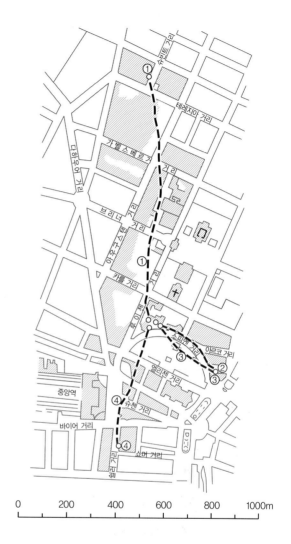

그림 1.5 동물학연구소 주변의 뮌헨 지도. 린다우어가 쫓아갔던 꿀벌 집단 4개의 비행경로를 보여준다. 집단 1~3은 연구소 정원에서 새로운 집터까지, 집단 4는 중간에 머무른 장소까지의 경로이다.

과 같이 추론했다. 즉 만약 무리 위에서 춤추는 벌들이 새로운 집터를 찾았다면 그리고 자신이 발견한 장소를 알리기 위해 춤을 추었다면, 최종적으로 춤벌들이 만장일치로 가리키는 장소는 새로운 보금자리와 일치할 것이다. 이러한 예측을 검증하기 위해 린다우어는 새 집터를 향해 날아가는 벌떼를 쫓아 뮌헨의 거리와 골목을 힘껏 달렸다(그림 1.5). 그리고 세 번이나 성공했다! 게다가 세 번 모두 벌들의 춤이 가리킨 곳은 새로운 보금자리와 일치했다. 이로써 춤추는 지저분한 벌들은 집터를 찾아다니는 벌이라는 게 확실해졌다.

꿀벌에게 빠져들다

1952년 6월 린다우어가 뮌헨의 벌들을 지켜보느라 바쁘던 두 번째 여름, 나는 6500킬로미터 떨어진 펜실베이니아 주의 작은 마을에서 태어났다. 몇 년 후 가족은 뉴욕 주 이타카로 이사했고, 나는 그곳에서 어린 시절을 보냈다. 이타카 시내에서 동쪽으로 몇 킬로미터 떨어진 시골 마을 엘리스할로(Ellis Hollow)에서 자라는 동안 나는 집 주위의 자연을 탐험하며 홀로 많은 시간을 보냈다. 가파른 산비탈에는 그늘진 목재용 활엽수림, 볕이 드는 완만한 언덕배기에는 황무지가 있었다. 계곡 저 아래에는 넓은 습지로 이어진 캐스캐딜라 개울(Cascadilla Creek)이 굽이쳤다. 내가 제일 좋아하는 곳은 집에서 흙길을 따라 1.6킬로미터가량 떨어진 낡은 농가였다. 그곳의 미역취 벌판 옆 햇볕 잘 드는 자리에 어느 양봉업자의 나무 벌통 2개가 있었다. 나는 이 벌통들을 무척이나 좋아했다. 벌통 옆에 앉아 있노라면, 선명한 색깔의 꽃가루를 잔뜩 묻힌 벌들이 둔중한 움직임으로 내려앉는 모습을 볼 수 있었다. 또 벌들이 벌통 안을 환기시키려고 윙윙 소리를 내며 날갯짓하는 소리도 들을 수 있었다. 수천 마리의 곤충이 그렇게 빽빽이 모여 조화롭게 사는 것, 또 달콤한 꿀로 가득 찬 정교한 벌집을 만드는 것은 기적과도 같은 놀라움이었다. 벌통 옆 풀섶에 누워 하늘을 보면 수천 마리의 벌이 윙윙대며 푸른 하늘을 유성 같은 기세로 나는 장면 역시 장관이었다.

당시 또래 친구들은 대부분 스포츠나 모터사이클 또는 여자 친구에 관심을 기울였지만, 고등학생이 된 나는 완전히 벌에게 마음을 빼앗겼다. 나는 초등학교 3학년 때 이미 한 양봉가의 발표회를 듣고 벌에 대해 무한한 호기심을 느꼈다. 보이 스카우트 활동을 한 중학교 때는 곤충 연구에 흠뻑 빠졌다. 심지어 틈만 나면 시어스(Sears: 미국의 대규모 통신 판매 회사—옮긴이)에서 벌과 벌통을 주문해 양봉 일을 하는 꿈을 꾸었다. 그러나 실제로 꿀벌에 완전히 빠진 것은 1969년 여름이었다. 그해 여름 어느 날, 나뭇가지에 매달려 있는 벌떼를 발견한 나는 재빨리 판자를 맞대어 조잡한 벌통을 만든 다음 그 안에 벌들을 흔들어 넣었다. 이제 나에게도 이 놀라운 생명체로 가득한 상자가 하나 생긴 것이다. 상자를 조심스레 열기만 하면 벌들을 자세히 관찰할 수 있었다. 실제로도 공부를 끝낸 후 매일 몇 시간씩 벌들을 관찰했다. 나는 벌들 하나하나의 정교한 행동과 그들의 평화로운 공동체에 매료되었다.

1970년 가을 나는 다트머스 대학에 입학했다. 그때까지만 해도 벌에 대한 연구를 진지하게 생각하지 못했다. 내 목표는 내과 의사였고, 양봉은 취미로만 할 작정이었다. 그러나 벌에 대한 매력은 점점 커져만 갔다. 나의 거의 모든 작문 과제의 주제는 벌과 양봉이었다. 그리고 당시 막 해독되기 시작한 꿀벌의 화학적 언어(페로몬)를 연구하는 암호 해독가(cryptographer)가 되기 위해 화학을 전공으로 삼았다. 그리고 해마다 여름이면 코넬 대학교의 다이스 꿀벌연구소(Dyce Laboratory for Honey Bee Studies)에서 일하기 위해 이타카로 돌아갔다. 꿀벌연구소 소장 로저 A. 모스(Roger A. Morse) '선생님'은 벌에 대한 내 열정을 알고는 대학원 진학을 고려해보라고 조언해주었다.

다트머스에서 보낸 마지막 2년 동안은 곤충학에 열중하느라 의학에 대한 흥미가 시들해졌다. 그래서 세 곳의 의대에 지원해 모두 합격했지만, 하버드에 입학해 저명한 곤충사회학자 에드워드 O. 윌슨(Edward O. Wilson) 밑에서 공부할 수 있게 된 것이 무척이나 기뻤다. 윌슨은 1971년《곤충 사회(The Insect Societies)》라는 대단히 인상 깊은 책을 쓰기도 했다.

1974년 가을 하버드에 입학한 나는 뛰어난 개미 행동 연구자이자 인간적 매력이 넘치는 젊은 교수 베르트 횔도블러(Bert Hölldobler)를 임시 논문 지도 교수로 맞이하는 행운을 얻었다. 독일 프랑크푸르트 대학교에서 막 옮겨와 하버드 정교수로 기용된 그는 동물 행동 연구에 대한 폰 프리슈의 접근법, 즉 자연계에서 살아가는 동물의 행동을 면밀히 관찰하고 그러한 행동의 메커니즘에 대한 정밀한 실험 조사법을 하버드에 소개할 예정이었다. 독일에서 횔도블러는 린다우어의 지도를 받았다. 따라서 그가 처음 매료된 개미뿐만 아니라 벌에 대해서도 잘 알고 있었다. 횔도블러는 벌에 대한 내 열정을 지지해주었고 우리는 금세 친구가 되었다.

횔도블러가 린다우어와 친분이 있다는 사실은 내게 무척 중요했다. 나는 박사 학위 논문을 통해 꿀벌 집단이 하나의 단위, 일종의 초개체(超個體, superorganism)로서 작동하는 방식에 대한 린다우어의 연구를 심화·확장하고 싶었기 때문이다. 특히 꿀벌 집단의 의사 결정 과정을 심도 있게 분석할 작정이었다. 다트머스 대학 시절, 나는 린다우어의 소책자《사회적인 곤충 꿀벌의 의사소통(Communication among Social Bees)》을 읽었다. 그중 특히 2장 '꿀벌 집단의 춤을 이용한 의사소통'은 아주 흥미로웠다. 이 2장에서 린다우어는 벌떼가 집을 선택하는 방법에 대한 자신의 연구를 요약했다. 나는 여기에 매료되어 이 부분에 관해 린다우어가 독일어로 쓴 총 62쪽짜리

그림 1.6 지은이의 1974년 모습. 집터를 선택하는 꿀벌 집단에 대한 연구를 준비 중이다.

상세한 보고서 〈집터를 찾아 나선 꿀벌 집단(Schwambienen auf Wohnungssuche)〉을 구했다. 딱 한 가지 문제가 있다면, 내가 독일어를 읽을 수 없다는 것이었다. 그래서 다트머스의 초급 독일어 강의에 등록하고 독영 사전을 산 다음, 린다우어의 논문을 인내심을 갖고 해석하기 시작했다(나는 이 논문의 여백에 새로운 단어가 나올 때마다 그 뜻을 전부 적어놓았다. 주석이 빼곡히 달린 이 논문 사본은 38년이나 간직해온 내 소중한 소장품 중 하나다). 그 논문을 꼼꼼히 살펴보는 동안 나는 꿀벌 무리의 집단적 의사 결정 과정에 대한 린다우어의 선행 연구가 단지 기초적 이해 단계에 머물러 있다는 사실을 깨달았다. 그 논문은 모든 훌륭한 과학적 연구가 그렇듯이 해답보다 많은 질문을 제기하고 있었다. 나는 1955년 린다우어가 논문을 발표한 이후 거의 20여 년간 누구도 더 깊이 있는 연구 성과를 내놓지 않았다는 사실이 놀랍고, 고백하건대 또 한편으로는 매우 기뻤다. 나는 박사 학위 논문을 시작하면서, 더 깊이 있는 연구 성과를 내리라 결심했다(그림 1.6).

이 책의 목적은 생물학자 및 일반 독자를 대상으로 1950년대에 린다우어가 이룬 업적과 나를 비롯해 다른 연구자들이 1970년대에 이룩한 성과를 보여주는 것이다. 요컨대 일벌은 새로운 보금자리를 마련하는 사활이 걸린 선택을 할 때 민주적 의사 결정 과정을 어떻게 수행하는가에 관한 연구가 바로 그것이다. 이 책은 수백만 년 동안 이어져온 자연 선택에 따른 진화 과정이 벌들의 행동을 어떻게 형성해왔는지, 그 결과 어떤 과정을 거쳐 하나의 집단 지능으로 합쳐졌는지를 보여줄 것이다. 아울러 꿀벌에 관한 이 이야기는 각 개인이 공동의 이익을 공유하고 훌륭한 집단적 선택을 하고자 하는 인간 사회에도 유용한 지침을 줄 것이다. 그러나 무엇보다도 이 책은 꿀벌 집단의 은밀한 세상을 보여주는 창문 역할을 할 것이다. 만약 이 책이 어떤 방식으로든 이 작은 생명체가 행하는 훌륭한 사회적 행동의 진가를 드높이고 세계를 풍요롭게 하는 데 기여한다면 그 목표는 이루어진 것이나 다름없다.

꿀벌 집단의 생활

……여성들만 사는
아마존 왕국.

—찰스 버틀러, 《여성 군주국(The Feminine Monarchie)》(1609)

꿀벌 아피스 멜리페라는 전 세계에 분포하는 2만 종에 달하는 벌 가운데 하나일 뿐이다. 아피스 멜리페라 자체만 해도 놀라울 정도로 종류가 다양해서 쌀 한 톨보다 작은 것도 있고, 또 어떤 것은 찻잔의 반을 채울 정도로 크다. 그러나 아피스 멜리페라는 모두 약 1억 년 전 거대한 공룡이 쿵쿵 걸어 다니고 꽃식물(flowering plant: 생식 기관으로 꽃이 있는 식물. 현화식물, 종자식물이라고도 함—옮긴이)이 나타나기 시작한 백악기 초의 말벌 중 초식종(species of vegetarian)의 후손이다. 오늘날 역시 많은 종류의 벌이 말벌과 생김새가 매우 흡사하지만 말벌과 꿀벌은 행동 양식이 매우 다르다. 쌍살벌과 노랑말벌을 비롯한 거의 모든 말벌은 (보통 침을 사용해) 다른 곤충이나 거미를 죽여 알을 낳는 암컷과 새끼에게 단백질을 제공하는 포식자다. 그러나 꿀벌은 조상의 포식 습성을 포기하고 대신 꽃에서 단백질이 풍부한 꽃가루를 먹고 산다. 꽃가루를 먹는 이 습성을 생각해보면 왜 많은 꿀벌이 털이 보송보송한 테디베어를 닮았는지 알 수 있다. 꿀벌의 몸은 깃 모양의 털로 잔뜩 뒤덮여 있어 꽃 속을 파고들어가 꽃가루를 채집하기에 용이하다.

꿀벌과 말벌은 모두 에너지원으로 사용할 단 꽃꿀을 먹기 위해 꽃을 즐겨 찾는다. 하지만 이 때문에 꽃가루를 좋아하는 꿀벌과 꽃식물은 수백만 년에 걸쳐 상대에게 크게 의존하는 습성을 발달시켰다. 오늘날 이 둘은 떼어놓으려야 떼어놓을 수 없는 사이가 되었다. 꿀벌은 충분한 영양분을 꽃에서 얻고, 꽃식물은 번식을 위해 꿀벌에 의존한다. 단백질을 제공하는 꽃에 집착하는 꿀벌은 꽃밥이 터진 꽃에서 묻은 꽃가루를 다른 꽃의 끈적끈적한 암술머리에 옮겨 두 꽃을 수분시킨다. 꿀벌의 벌통을 정원이나 과수원 또는 꽃이 만발한 길가나 초원처럼 꽃이 많은 지역에 두면, 인근 지역에서는 새벽부터 저녁까지 꽃의 작은 친구인 꿀벌의 대규모 '중매' 서비스를 받을 수 있다.

꿀벌은 양봉가의 벌통 상자를 가득 채울 만큼 커다란 벌집이나, 앞으로 살펴보겠지만 속이 비어 자리가 충분한 나무에서 바글바글 무리를 이루어 산다는 점에서 독특하다. 이에 반해 다른 종류의 벌은 대부분 홀로 살아가며 식물의 줄기에 좁은 굴을 파거나 모래가 많은 흙 속에 작은 보금자리를 짓는다. 홀로 살아가는 벌의 전형적인 생활사는 짝짓기를 끝낸 암컷이 겨울을 나고 굴 밖으로 나오는 늦봄이나 초여름에 시작한다(수컷은 그 전해 가을을 나지 못하고 죽는다). 그 후 몇 주 동안 이 암벌은 구멍을 파서 여러 개의 벌방이 있는 보금자리를 마련한다. 각각의 방에 꽃꿀을 묻혀 끈적끈적하게 뭉친 꽃가루를 넣은 암벌은 그 위에 뽀얀 알을 낳고 방을 봉한다. 그런 후 늦여름이 되어 알이 어른 벌로 자랄 때까지 그대로 내버려둔다. 암벌은 새끼 벌이 어른으로 자라 서로 짝짓기를 하고 다가오는 겨울을 준비하기 훨씬 이전에 죽는다. 이렇게 대부분의 벌은 분명 외롭게 살아간다.

합성체

꿀벌을 관찰하기 위해 유리벽을 설치한 벌집을 들여다보거나 일반 벌통의 뚜껑을 살짝 열고 그 안을 엿보면, 위의 외톨이 벌과 정반대되는 상황을 목격할 수 있다. 요컨대 헤아릴 수 없을 정도로 많은 벌이 함께 살아간다. 눈에 들어오는 꿀벌은 전부 암컷 일벌로서 모두 여왕벌 한 마리가 낳은 딸이다. 일벌은 암컷으로서 새끼를 돌보는 데에는 전혀 문제가 없지만 난소가 발달하지 않아 알을 낳는 법이 거의 없다. 벌통 안의 벌집을 자세히 살펴보면 여왕벌을 찾아낼 수 있다. 여왕벌은 생김새는 일벌과 비슷하

그림 2.1 여왕벌은 주위에서 먹이를 주고 몸 청소를 해주는 일벌보다 몸집이 크다.

지만 몸집이 좀더 크고 배와 다리가 길다(그림 2.1). 몸집이 크기도 하지만 가장 눈에 띄는 점은 벌집 위를 느릿느릿 위엄 있게 걸어가는 모습이다. 주위에서는 일벌들이 시중을 든다. 여왕벌이 앞으로 나아가면 앞에 있던 일벌들은 뒤로 물러나 길을 비켜주고, 여왕벌이 걸음을 멈추면 옆에 있던 10여 마리의 일벌이 조심스레 나선다. 그리고 수행원처럼 여왕벌을 완전히 둘러싼 다음 여왕벌에게 먹이를 제공하고 몸을 매만져준다. 일벌과 달리 여왕벌은 엄청난 수의 알을 낳는다. 늦봄과 초여름이 절정기인데 1분당 한 개 이상, 하루 1500여 개의 알을 낳는다(하루에 낳는 알의 총 무게는 여왕벌의 몸무게와 맞먹는다). 한 집단의 여왕벌이 여름 동안 낳는 알은 15만 개 정도이며 2~3년을 사는 동안 약 50만 마리를 낳는다.

여왕벌이 낳는 뽀얀 빛깔의 알은 대부분 수정이 되지만 그렇지 않은 것도 있다. 여왕벌은 태어난 후 첫 주 동안 자기 벌집을 떠나 근처 다른 벌집의 수컷 10~20마리와 짝짓기를 함으로써 일생에 걸쳐 필요한 약 500만 마리의 정자를 구한다. 여왕벌은 이렇게 얻은 정자를 모두 배의 뒷부분, 즉 커다란 난소 뒤쪽에 있는 공 모양의 수정낭(受精囊)이라는 기관에 생명력을 유지한 상태로 보관한다. 알을 낳을 때마다 여왕벌은 정자를 사용해 수정란을 만들지 결정함으로써 후손의 성을 선택한다. 수정란은 장차 암벌이 되고 비수정란은 수벌이 된다. 수정란이 번식력 없는 일벌이 되느냐 또는 알을 낳는 여왕벌이 되느냐는 그 수정란을 어떻게 키우는지에 달려 있다. 벌집에 있는 보통 크기의 방에 알을 낳고, 유충이 깨어난 후 일벌이 주는 일반 먹이를 먹으면 일벌로 자란다. 그러나 벌집 아래 매달린, 특별히 지은 커다란 왕대(王臺, queen cell)에 낳은 수정란은 유충으로 성장한 후 영양 만점의 분비물(로열 젤리)을 아낌없이 공급받으며 여왕벌로 자라는 발달 과정을 거친다.

여왕벌은 자기가 낳은 알 중에서 5퍼센트 이하 정도는 수정하지 않는다. 이 수정되지 않은 알은 여왕벌의 아들로 자라 집단의 수벌이라는 중요한 존재가 된다(그림 2.2). 수벌은 집단 내에서 가장 힘이 세다. 커다란 눈은 혼인 비행을 할 때 어린 여왕벌을 찾아내는 데 적합하며, 시속 35킬로미터로 여왕벌을 쫓아갈 수 있는 비행 근육이 크게 발달해 있다. 수벌은 집단 내에서 가장 게으르기도 하다. 일벌이 방을 청소하고, 애벌레를 먹이고, 벌집을 짓고, 꿀을 숙성하고, 벌통을 환기하고, 입구를 지키는 등 온갖 허드렛일을 하는 반면 수벌은 빈둥빈둥 놀며 일벌이 모아놓은 꿀을 축내거나 일벌 누이에게 먹이를 구걸한다. 그럼에도 수벌은 그들 집단이 번성하는 데 매우 중요한 역할을 한다. 바로 이웃 집단의 어린 여왕벌과 짝짓기를 하는 일이다. 수벌은 미래의 후손에게 유전자를 물려줌으로써 자기 집단이 끊임없는 진화 경쟁에서 이기도록 공헌한다. 더욱이 수벌은 짝짓기와 관련해서는 전혀 게으름을 피우지 않는다. 수벌은 태어난 후 약 12일이 지나면 성적으로 성숙해져서 화창한 낮에는 어김없이 상대를 찾아 나선다. 수벌은 집에서 몇 킬로미터 떨어지지 않은 곳에서 꿀벌이 짝을 짓는 전통적인 장소(수벌 운집 구역)를 찾아낸다. 그곳을 어떻게 알아내는지는 아직 밝혀지지 않았지만, 거기에서 수벌은 어린 여왕벌이 나타나기를 기다린다. 그러다 여왕벌이 나타나면 재빨리 쫓아간다. 경쟁자를 물리치고 여왕벌에게 먼저 도달한 수벌은 10~20미터 상공에서 여왕벌과 짝짓기를 한다. 여왕벌과의 짝짓기에 실패한 수벌은 집으로 돌아와 쉬면서 재충전하며 다음 기회를 노린다.

꿀벌 집단은 이처럼 여왕벌과 일벌 그리고 방금 설명한 수벌로 이루어

여왕벌　　　　　일벌　　　　　수벌

그림 2.2 세 종류의 꿀벌 성충.

진 사회로 생각할 수 있다. 그러나 꿀벌의 독특한 생태를 이해하려면 꿀벌 집단을 약간 다른 방식으로 생각해보는 것이 도움이 될 수 있다. 즉, 꿀벌 집단을 단순히 수천 마리가 모인 낱낱의 개체가 아니라 통합된 전체로서 기능하는 하나의 살아 있는 독립체로 생각하는 것이다. 다시 말해, 꿀벌 집단을 일종의 초개체로 생각하면 도움이 될 것이다. 수없이 많은 세포로 구성된 사람의 몸이 하나의 통합된 단일체로서 기능하는 것과 마찬가지로 수많은 벌로 구성된 초개체의 꿀벌 집단도 하나의 완전체로 움직인다. 초개체로서의 집단 그리고 사회로서의 집단이라는 두 가지 관점이 모두 타당하다는 사실은 진화 과정을 살펴보면 알 수 있다. 진화는 저차원의 개체가 한데 모인 사회를 여러 차례 구축해 고차원의 생물 개체를 만드는 방식으로 진행된다. 예를 들어 다세포 유기체가 출현할 때는 구성원끼리 경쟁하는 세포 집단보다는 서로 협력하는 세포 집단에 자연 선택이 유리하게 작용했다. 긴밀히 협력하는 집단을 선호하는 자연 선택의 결과, 조금씩 오늘날 우리가 알고 있는 완전히 통합된 세포 집단, 즉 벌새나 인간 같은 유기체가 생겨났다. 초개체라고 부를 정도로 철저히 조화롭고 원활하게 운영되는 집단을 만들기 위해 극단적인 협력을 선택하는 경우는 몇몇 동물 집단에서도 볼 수 있다. 꿀벌 외에도 매우 큰 집단을 이루는 가위개미와 군대개미, 균류 재배 흰개미(fungus-growing termite) 등이 여기에 포함된다.

꿀벌 집단은 단순히 개체 하나하나를 모아놓은 것이 아니라, 모든 개체가 하나로 통합되어 운영되는 합성체이다. 엄밀히 따지면 꿀벌 집단은 생명 유지에 필요한 모든 기본 생리 작용을 하는 5킬로그램 무게의 독립 개체로 간주할 수 있다. 실제로 꿀벌은 집단 단위로 음식을 섭취·소화하고, 영양의 균형을 유지하고, 자원을 순환시키고, 산소와 이산화탄소를 교환하고, 수분과 체온을 조절하고, 환경을 감지하고, 어떤 행동을 취할지 결정한다. 한 가지 예로 체온(꿀벌 집단의 온도) 조절을 살펴보자(그림 2.3). 늦겨울부터 초가을까지 일벌들이 유충을 키울 때, 꿀벌 집단의 내부 온도는 섭씨 34~36도 사이로 조절된다. 이는 사람의 체온보다 약간 낮을 뿐

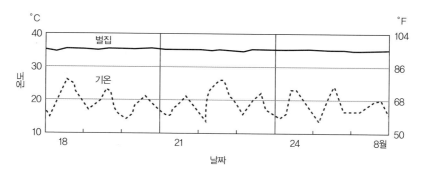

그림 2.3 외부 온도와 비교할 때, 높고 안정적인 꿀벌 집단의 보금자리 내부 온도.

이며 심지어 외부 온도가 섭씨 영하 30~영상 50도일 때에도 그대로 유지된다. 꿀벌 집단은 휴식 대사량(resting metabolism)을 조절함으로써 필요한 만큼 열을 내어 온도를 유지한다. 아주 추울 때에는 대사량을 크게 늘려 많은 열을 발생시킨다. 대사량을 늘릴 때에는 벌집에 저장한 꿀을 사용한다. 꿀벌 집단이 기능을 아주 효율적으로 통합하고 있음을 보여주는 지표를 더 들어보자. 집단 호흡: 이산화탄소 레벨이 1~2퍼센트에 이르면 환기량을 늘려 벌집 내의 이산화탄소 양을 억제한다. 집단 순환: 벌집 주변에 보관한 꿀을 가져와 중앙의 '육아 구역'에 자리 잡은 열 발생 담당 꿀벌에게 적절히 공급한다. 집단 열 반응: 새끼 벌이 위험한 균에 감염될 경우, 질병과 싸울 수 있도록 보금자리 안의 온도를 높인다. 그렇지만 내 생각에 꿀벌 집단의 초개체적 특성을 가장 잘 보여주는 예는 분봉하는 꿀벌 집단이 새로운 터전을 선택할 때 지능을 갖춘 의사 결정 개체로서의 역할을 수행하는 능력이다.

독특한 연간 생활 주기

꿀벌 집단이 집터를 신중하게 선택하는 이유를 이해하려면 반드시 꿀벌의 독특한 연간 생활 주기를 알아야 한다. 꿀벌 집단의 연간 생활 주기가 원활히 이루어지려면 아늑하고 넉넉한 보금자리가 필수다. 추운 기후에서 살아가는 다른 사회적 곤충과 달리 꿀벌은 활동을 중단하고 겨울을 나는 대신 보금자리 안에서 자체적으로 열을 만들어냄으로써 정상적인 활동을 한다. 겨울을 나기 위해 꿀벌 집단은 보온이 잘되는 단단한 덩어리(cluster)를 이룬다. 농구공만 한 덩어리의 표층 온도는 일벌이 추위 때문에 죽는

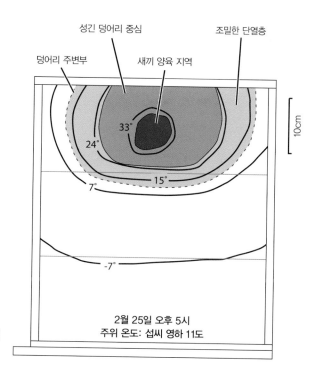

성긴 덩어리 중심

조밀한 단열층

덩어리 주변부

새끼 양육 지역

10cm

33°

24°

15°

7°

-7°

2월 25일 오후 5시
주위 온도: 섭씨 영하 11도

그림 2.4 겨울을 나는 꿀벌 덩어
리의 구조.

온도보다 조금 높은 섭씨 10도 이상으로, 벌집에서 가장 바깥쪽에 있는 벌
도 생존할 만큼 따뜻하게 유지된다(그림 2.4). 꿀벌은 두 쌍의 날개 근육을 (한
쌍은 들어 올리고 다른 한 쌍은 내리눌러) 일정하게 수축함으로써 덩어리 내부에서
열을 발생시킨다. 이런 동작은 열은 많이 내지만 날개의 진동은 아주 적거
나 없다. 이처럼 날개 근육은 열을 만들어내는 데 더할 나위 없이 강력한
수단이다. 물론 꿀벌은 날개를 퍼덕여―동물이 이동할 때 에너지를 가장
많이 소모하는 동작이다―날아다니며, 곤충의 날개 근육은 대사가 가장
활발하게 일어나는 조직이다. 실제로 꿀벌은 날아다닐 때 1킬로그램당 약
500와트의 에너지를 사용하는 데 반해 올림픽 조정 선수의 최대 에너지
생산량은 1킬로그램당 약 20와트에 불과하다. 그러나 덩어리 안에서 최대

그림 2.5 안전한 공간을 찾지 못한 꿀벌 집단의 보금자리.

한 강하게 수축 운동을 하는 꿀벌은 소수에 불과하다. 따라서 약 2킬로그램의 꿀벌 집단이 겨울을 나기 위해 만들어내는 전체 열 생산량은 1000와트가 아니라 조그만 백열등과 비슷한 40와트 정도다. 물론 이 정도의 열로도 꿀벌 집단은 아늑한 보금자리에서 차가운 바람이 부는 겨울을 거뜬히 날 수 있다. 벌집을 안전한 공간에 마련해야 하는 이유는 이따금씩 적당한 구멍을 찾지 못한 채 노출된 곳에 보금자리를 만든 꿀벌 집단(그림 2.5)이 슬픈 종말을 맞이하는 사례에서 충분히 알 수 있다. 이들은 추운 겨울을 맞으면 죽을 게 거의 분명하다.

꿀벌 집단은 1년 내내 '꽃 연료(flower power)'로 운영된다. 꿀벌 집단 하나가 겨울을 나기 위한 열을 만들려면 여름 내내 벌방에 꿀 20킬로그램 이상을 비축해야 한다. 벌통 하나의 무게를 1년 동안 매일 기록하면, 겨울에는 꿀을 소모해 무게가 꾸준히 줄어들고 여름에는 꿀을 벌방에 채워 일시적으로 무게가 늘어난다는 사실을 알 수 있다(그림 2.6). 예를 들어, 뉴욕 이타카에서 내가 기르는 꿀벌 집단은 주로 풍부한 꿀을 생산하는 식물, 이를테면 아카시나무·참피나무·옻나무 같은 목본 식물과 민들레·산딸기·금관화·토끼풀 등이 잇따라 꽃을 피우는 5월 15일~7월 15일 사이의 60여 일 동안 벌방에 꿀을 채운다. 공기가 따뜻하고 햇볕이 쨍쨍하고 꽃에 꿀이 넘쳐나면 우리 집 앉은뱅이저울 위에서 치는 벌통은 신선한 벌꿀로 가득 차 몇 킬로그램은 더 무거워진다. 이렇게 벌꿀 수확이 이어지는 날들을 양봉가들은 '허니 플로(honey flow)'라고 한다.

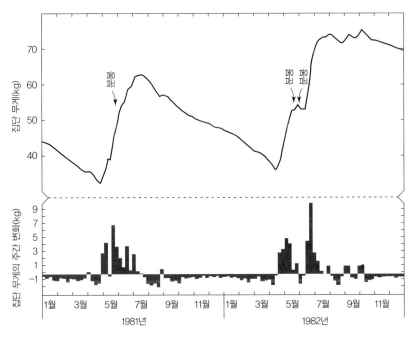

그림 2.6 꿀벌 집단의 주간 무게 변화(벌통과 꿀벌, 저장 먹이 포함).

짧은 여름 동안 겨울에 사용할 충분한 난방 연료를 모으는 것은 꿀벌 집단에게 매우 중요한 문제다. 꿀은 밀도가 높고 에너지가 풍부한 먹이지만 꿀 20킬로그램은 16리터짜리 양동이를 채울 만한 양이다. 또한 슈퍼마켓의 포도 젤리 옆에 진열된 플라스틱 '허니 베어(honey bear)'를 50통 이상 채울 수 있는 양이다. 이렇게 커다란 칼로리 덩어리를 저장하려면 얼마나 많은 노력과 저장 공간이 필요할까? 먼저 꿀벌의 노력에 대해 살펴보자. 갓 모아온 꽃꿀은 (평균) 당 함량이 40퍼센트이고 완전히 숙성된 꿀은 대략 80퍼센트다. 일벌이 한 번에 집으로 가져오는 꽃꿀이 약 40밀리그램이라는 사실을 고려할 때 20킬로그램의 꿀을 생산하려면 집단의 일벌들이 100만 번 이상 꽃꿀 사냥을 다녀와야 한다. 여기에 사냥을 나갈 때마다 날아간 거리와 꿀벌이 들른 수없이 많은 꽃을 생각하면 그들 집단이 겨울을 나기 위해 여름 내내 얼마나 지독하게 일하는지 알 수 있다.

이번에는 저장 공간에 대해 살펴보자. 꿀 1킬로그램을 저장하려면 250제곱센티미터의 벌방이 필요하다. 그리고 벌방 250제곱센티미터당 0.9리터의 빈 공간(꿀을 채운 방과 꿀벌의 통로까지 포함해서)이 필요할 경우 꿀 20킬로그램을 저장하려면 공간이 최소한 18리터는 되어야 한다는 계산이 나온다. 그러므로 꿀벌 집단이 집터를 선택할 때에는 이것보다 작은 나무 구멍은 피해야 한다. 물론 공간이 넓어서 꿀을 채울 여분의 방과 집단의 새끼 양육에 쓸 많은 벌방을 마련할 수 있다면 더할 나위 없이 좋을 것이다. 봄이 되면 분봉을 준비해야 하는 꿀벌 집단은 노동력을 보강하기 위해 방의 절반 이상을 새끼로 채운다. 한편, 양봉가는 벌집을 꿀로 채우려는 꿀벌의 본능을 이용해 꿀을 많이 생산하는 교묘한 방법을 찾아냈다. 자연에서 살 때 필요한 공간보다 훨씬 넓은 약 160리터 용량의 벌통을 만들어 꿀벌이 엄청난 양의 꿀을 모으도록 유도하는 것이다. 그렇게 해서 여름에 벌통마다 100킬로그램 넘는 꿀을 모으기도 한다. 양봉가의 벌통에서 살아가는 부지런한 꿀벌 집단 하나는 벌통을 꿀이 철철 넘치는 10여 개의 벌집으로 채워 주기도 한다.

꿀벌의 연간 생활 주기는 겨울나기 과정 외에도 여러 면에서 독특하다. 꿀벌 집단이 한겨울에 노동력을 어떻게 보강하는지 살펴보자. 동지가 막 지나 낮이 길어졌지만 아직 눈으로 덮인 전원 지역에서, 꿀벌 집단은 저마다 덩어리의 중심 온도를 새끼를 키우기에 적합한 섭씨 약 35도로 올린다. 덩어리 중심부가 아늑한 인큐베이터 역할을 하는 것이다. 여기에서 여왕벌은 몇 주 전 추울 때 에너지를 보충하려 먹은 꿀을 사용해 텅 빈 벌방에 알을 낳기 시작한다. 유충은 대략 3일 만에 알에서 깨어나 일벌들로부터 먹이를 받아먹는다. 일벌들은 처음엔 자기 머리의 분비선에서 나오는 단백질을 유충에게 먹이지만, 3일이 지나면 꿀과 꽃가루를 섞여 먹인다. 알에서 깨어나 약 10일이 지나면 유충은 자기 방을 거의 채울 정도로 몸집이 커지고(그림 2.7), 이어 고치를 만든다. 일벌들은 이 번데기 기간 동안 벌방을 밀랍으로 막아 새끼를 보호한다. 약 일주일에 걸친 변태가 끝나 완전히 자란 성충은 자기 방을 봉한 밀랍을 먹어치우고 나와 나날이 늘어가는 집단의 일꾼이 된다. 이 독특한 새끼 키우기 과정이 막 시작될 무렵인 한겨울에는 100여 개의 방에서만 유충이 자란다. 하지만 초봄이 되어 첫 꽃이 피기 시작하면 1000여 개의 방에서 유충이 자라며, 집단의 성장 속도는 하루가 다르게 빨라진다. 대부분의 다른 곤충이 활발하게 움직이기 시작하는 늦봄이 되면 꿀벌 집단은 이미 2만~3만 마리로 늘어나 절정에 달하며 이때쯤 생식을 시작한다.

그림 2.7 유충이 들어 있는 벌방. 흰색에 C자 모양으로 웅크리고 있다.

집단 생식

꿀벌 집단의 생식은 기묘하고 복잡한데, 이는 각 집단이 자웅동체로 수컷과 암컷의 생식 능력을 모두 지니고 있기 때문이다. 이런 생식 능력은 개체가 암컷 아니면 수컷으로 분명히 구별되는 인간이나 대다수 다른 동물과 완전히 다르다. 그러나 사과나무 같은 많은 식물과는 놀라울 정도로 흡사하다. 사실 꿀벌 집단의 생식법을 이해하려면 사과나무가 어떻게 유성생식을 하는지 알아보는 게 도움이 된다. 둘은 기본적으로 각 개체가 암컷과 수컷의 번식체(propagule)를 만들어낸다는 점에서 매우 유사하다. 수컷 번식체는 수벌과 꽃가루이고, 암컷 번식체는 여왕벌과 난세포다. 사과나무 하나에서 나온 꽃가루가 다른 사과나무의 난세포와 수정해 씨앗에 배를 만들고 이 배가 새로운 사과나무로 자라는 것과 마찬가지로, 하나의 꿀벌 집단에 있는 수벌은 다른 집단의 여왕벌과 교미해 새로운 집단의 번성을 책임질 여왕벌을 만든다. 요컨대 사과나무와 꿀벌 집단은 모두 타가수정(他家受精)을 해서 근친 교배로 인해 일어날 수 있는 문제를 방지한다는 얘기다.

꿀벌 집단과 나무는 암수의 생식 방법이 다르다는 점에서도 서로 유사하다. 수컷의 생식 방법은 간단하다. 늦봄과 초여름이 되면 꿀벌 집단과 나무는 저마다 엄청난 수의 수컷 번식체—수천 마리의 수벌과 수백만 개의 꽃가루 알갱이—를 만든다. 이 번식체는 수정이라는 임무를 완수하기 위해 전원 지역으로 널리 퍼져나간다. 수벌 한 마리와 꽃가루 알갱이 하나는 여왕벌이나 난세포와 수정할 가능성이 낮지만, 건강한 개체(꿀벌 집단이나 사과나무)는 엄청난 수의 수컷 번식체를 내보내므로 수정에 성공할 확률이 높다.

암컷의 생식 방법을 보면, 꿀벌 집단과 사과나무 모두 과정이 한층 복잡하다. 수정된 번식체(여왕벌 또는 난세포)는 수컷 번식체와 달리 '무방비' 상태로 떨어져 나가지 않는다. 이를테면 커다랗고 복잡한 보호용 운반체에 싸여 있다. 사과나무의 난세포는 사과 속에 든 상태로 부모 나무와 분리되며, 단단한 종피(種皮, seed coat)와 맛있는 과육을 구성하는 수많은 보호 세포에 감싸여 있다. 마찬가지로 꿀벌 집단의 여왕벌은 벌떼와 더불어 부모 집단으로부터 분봉한다. 각 여왕벌은 살아갈 거처와 먹이를 제공해주는 수만 마리의 일벌에 둘러싸여 있다. 벌떼나 사과는 개개의 수벌이나 꽃가루 알갱이보다 수천 배나 값지고 소중하다. 따라서 꿀벌 집단이나 사과나무가 비교적 적은 암컷 개체를 만들어내는 것은 당연하다. 분봉은 매년 네 번 정도 일어나고 사과는 수백 개 정도밖에 달리지 않는다. 그러나 값진 암컷 번식체는 단단히 보호받고 영양분도 충분하기 때문에 새로운 집단 이나 나무를 만들어낼 확률이 매우 높다. 그러므로 수는 적지만 분봉과 사 과는 부모의 유전자를 퍼뜨리는 효율성 측면에서 수벌과 꽃가루에 견줄 만하다.

분봉

뉴욕 주 북부에서 내가 기르는 꿀벌 집단은 4월 말 수벌을 내보내고, 한두 주 후인 5월 초에 분봉을 시작한다. 분봉하는 벌떼는 여왕벌 한 마리와 일 벌 수천 마리로 구성된다. 집단 생식은 기본적으로 겨울이 끝나자마자 시 작된다. 우리가 따뜻해진 날씨를 즐기고 단풍나무, 미국갯버들, 앉은부채 등의 꽃이 만발한 동안 꿀벌 집단은 먹이를 양껏 모으고, 여왕벌은 알을 열심히 낳고, 일벌 수는 빠르게 늘어난다. 나는 앉은뱅이저울 위에 있는 벌통의 무게가 6개월간 급속도로 줄어들기만 하다 마침내 그 시기가 끝나 고 벌떼가 신선한 꽃꿀과 꽃가루를 비축하기 시작하는 때를 관찰함으로 써 첫 번째 분봉이 언제 시작될지 거의 정확히 예측할 수 있다(그림 2.6 참조).

　분봉은 초여름에 시작되는데, 겨울을 나려면 새로운 집단은 할 일이 많 기 때문이다. 특히 각 벌떼(새로운 집단)는 적당한 보금자리를 찾아 이사한 후 밀랍 벌집을 짓고, 새로운 일벌을 키우고, 겨울을 날 수 있는 충분한 식 량을 비축해야 한다. 이런 문제를 해결하려면 분봉을 일찍 시작할수록 좋 다. 그럼에도 새로 분봉한 집단이 충분한 꿀을 저장하지 못해 첫 겨울에

굶어 죽는 불행한 일이 생기기도 한다. 1970년대 중반, 나는 3년간 이타카 주변에서 나무와 건물에 사는 야생 꿀벌 집단을 수십 개 관찰했다. 그런데 '파생' 집단(분봉을 통해 새롭게 출발한 집단) 중 겨우 25퍼센트만이 겨울을 나고 봄에도 살아 있었다. 이와 대조적으로 '기본' 집단(최소 1년은 계속된 집단)은 80퍼센트 정도가 겨울을 무사히 보냈는데, 이는 틀림없이 지난여름부터 새로 시작할 필요가 없었기 때문일 것이다. 양봉가들은 분봉하는 벌떼가 겪는 시간 및 에너지 부족 문제를 다음과 같이 다소 냉소적으로 표현한다. "5월의 벌떼는 건초 한 수레만큼 가치가 있고, 6월의 벌떼는 은수저 하나만큼 가치가 있고, 7월의 벌떼는 파리 한 마리만큼도 가치가 없다."(농가에서는 은수저보다 건초가 더 쓸모 있는 자원이다—옮긴이.)

5월이나 6월이든 혹은 7월이든 상관없이 분봉을 준비하는 집단의 첫 번째 작업은 어미 여왕벌이 낳은 10여 마리의 딸 여왕벌을 기르는 일이다. 여왕벌 양육은 밀랍으로 조그만 그릇을 뒤집은 모양의 퀸 컵(queen cup)을 만드는 것에서 시작된다. 퀸 컵은 보통 새끼를 기르는 벌방 아래쪽 가장자리를 따라 짓는 왕대의 기초를 이루며, 퀸 컵에서부터 아래로 축 처진 커다란 땅콩 모양의 방을 만든다. 그러면 여왕벌은 10여 개 이상의 퀸 컵에 알을 낳고 일벌은 그 알에서 나온 유충에게 여왕으로 자라는 데 필요한 로열 젤리를 먹인다. 정확히 무엇이 꿀벌 집단으로 하여금 여왕벌을 기르게 하고 결국 분봉을 하도록 자극하는지는 아직까지 풀리지 않은 꿀벌의 수수께끼다. 양봉가들은 꿀벌 집단이 사는 벌통 내부(꿀벌 성충의 과잉, 미성숙한 꿀벌의 증가, 먹이 저장소의 확장)와 외부(풍부한 먹이, 봄철)의 특정한 조건이 분봉을 위해 여왕을 양육하는 일과 관련이 있다는 것을 안다. 그렇지만 아직까지 일벌이 정확히 어떤 자극을 감지해 분봉 과정이라는 중요한 결정을 내리고

그림 2.8 일벌이 여왕벌을 흔든다. 화살표는 등과 배의 진동을 나타낸다.

서로 협력하는지 아무도 모른다.

　새 여왕벌의 성장은 놀라우리만큼 빠르다. 알을 낳는 순간부터 성충 여왕벌이 방에서 나올 때까지 겨우 16일밖에 걸리지 않는다. 이 새로운 여왕벌들이 자라는 동안, 어미 여왕벌은 무리를 이루어 보금자리를 떠날 수밖에 없는 변화를 겪는다. 일벌들은 날마다 어미 여왕벌의 먹이를 줄여간다. 결국 알 생산이 줄어들고, 더 이상 성숙한 알을 채우지 못한 채 여왕벌의 배는 급격히 줄어든다. 게다가 일벌은 어미인 여왕벌에게 약간의 적의를 보이기 시작한다. 여왕벌을 흔들고, 밀치고, 가볍게 물기까지 한다. 또한 앞발로 여왕벌을 잡은 일벌이 몸을 1초가량 진동시키면 여왕벌은 10~20번 강하게 흔들린다(그림 2.8). 나중에는 이런 난폭한 공격이 거의 계속해서 일어나고(10여 초에 한 번씩), 여왕벌은 벌집에서 이리저리 쫓겨 다닌다. 먹이가 줄어든 데다 이런 홀대가 심해지면서 여왕벌의 몸무게는 25퍼센트가량 줄어든다. 너무 크고 무거워서 보통 날지 못하는 어미 여왕벌은 이런 식으로 비행이 가능한 몸매를 갖추게 된다.

　딸 여왕벌들이 성장하고 어미 여왕벌이 날씬해지는 동안, 일벌들은 또한 어미 여왕벌과 수천 마리의 다른 일벌이 무리를 이루어 떠나갈 때를 대비한다. 떠날 일벌들은 집을 나갈 때 충분한 에너지를 보유하기 위해 몸에 꿀을 가득 채운다. 그래서 어미 여왕벌과 달리 눈에 띄게 배가 부푼다. 한 연구에서 분봉을 준비하는 일벌들의 배를 가르고 무게를 재어보았더니 대부분 꿀 한두 방울(35~55밀리그램)이 들어 있고, 몸무게는 50퍼센트 정도 늘어나 있었다. 따라서 새로운 집을 찾아 떠나는 분봉 집단은 몸무게의 약 3분의 1이 저장된 먹이인 셈이다. 분봉을 대비한 몸 불리기 외에도 일벌에 게는 또 다른 뚜렷한 변화가 있다. 여러 마디로 나뉜 일벌의 배에는 복판 (腹板)이라는 것이 있는데, 그중 네 곳에 위치한 밀랍 샘이 비대해진다. 이 는 새로운 집터에서 벌집을 지을 때 밀랍을 충분히 분비하기 위함이다. 분 봉 준비 집단에서 일벌 하나를 잡아 복판을 살펴보면 흰 밀랍 비늘이 삐져 나온 것을 볼 수 있다. 그러나 분봉 직전의 일벌들에게 가장 두드러진 변 화는 굉장한 무기력일 것이다. 분봉 직전의 일벌 상당수는 벌집에 조용히 매달려 있고, 일부는 벌집 입구 밖에서 두터운 집단을 형성한 채 휴식을 취한다. 이런 장면은 양봉가에게 분봉이 임박했음을 알려주는 유용한 경 고다. 생물학자이자 만화가인 제이 하슬러(Jay Hosler)는 이 이상한 휴지기를 "분봉 전의 고요"라는 말로 멋지게 표현했다. 그러나 수십여 마리의 벌은 여전히 활발하게 집터 후보지를 찾아 5킬로미터 이내의 전 지역을 날아다 닌다. 이 진취적인 벌들이 바로 집터 정찰대로서 이 책에서 핵심적으로 다 룰 대상이다. 우리는 주로 4장에서 이들에 대해 살펴볼 것이다.

2007년 여름, 나는 분봉의 두 번째 중요한 과정인 원래의 보금자리를 일 시에 떠나도록 유도하는 데 집터 정찰대가 핵심 역할을 한다는 사실을 알 게 되었다. 이때 나의 연구 파트너는 줄리아나 랭겔(Juliana Rangel)이라는 영 민하고 활동적이고 성실한 대학원생이었다(그녀는 지금 훌륭한 과학자가 되었다).

정찰대는 특별 임무 때문에 벌집 안팎을 오가며 시간을 보낸 덕분에 대규모 이동을 선동하는 데 아주 능하다. 밖에서는 집터 후보지를 찾아다니고, 안에서는 먹이를 먹고 휴식을 취한다. 벌집 안팎의 상황에 대해 모두 잘 아는 벌들만이 분봉에 적합한 시기를 알 수 있다. 정찰대는 안에서 보낸 시간 덕분에 어린 여왕벌이 언제 번데기가 되고 왕대를 봉인할지 알 수 있다. 또 바깥에서 보낸 시간 덕분에 언제 날씨가 맑고 따뜻해 분봉에 적합한지 알 수 있다. 분봉을 위한 필요조건이 충족되면, 정찰대는 행동에 돌입한다. 흥분한 정찰대는 벌집 입구 밖에 있는 차분하고 얌전한 다른 벌들 사이에서 재빨리 움직이기 시작한다. 정찰대는 제각기 몇 초에 한 번씩 얌전한 벌 옆에 멈추어 그들을 가슴으로 살짝 누른다. 이때 1초 정도 지속되는 200~250헤르츠(초당 진동 주기)의 진동을 만들어 얌전한 일벌의 비행 근육을 자극한다. 이러한 신호를 일벌의 송신(worker piping)이라고 한다. 이 송신 과정에서 〔고주파의 배음(倍音) 때문에〕 마치 F1의 경주 자동차가 전속력으로 달릴 때 나는 소리가 들린다. 요컨대 얌전한 벌들에게 떠날 준비를 해야 한다고, 비행에 적합한 섭씨 35도로 비행 근육을 데워야 할 때라고 알려주는 것이다. 정찰대의 송신은 처음엔 간헐적이고 미약하지만 점점 길어지고 커지며 한 시간 이상 지속된다. 점점 더 많은 정찰대가 "온도를 높여야 할 시간이야!"라는 메시지를 전달한다. 그리고 마침내 몹시 흥분한 정찰대는 모든 동료 벌이 비행 준비를 마쳤다는 것을 감지한다. 아마도 적당한 온도에 이른 벌들과 지속적으로 접촉했기 때문일 것이다. 이 시점에서 정찰대는 두 번째 신호인 윙윙 소리를 내기 시작한다. 모든 정찰대가 벌집 주위를 격렬하게 돌며 윙윙 소리를 낸다. 그리고 구불구불한 오솔길을 따라 둔하게 움직이는 일벌들을 격렬하게 밀어붙인다. "떠날 시간이야!"라

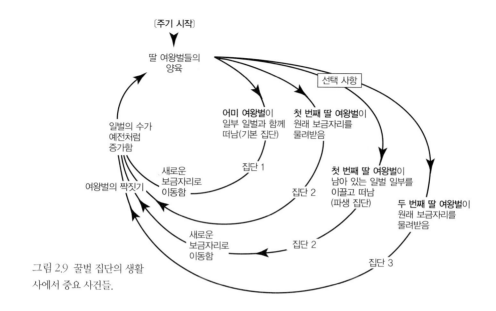

[주기 시작]

딸 여왕벌들의
양육

선택 사항

어미 여왕벌이
일부 일벌과 함께
떠남(기본 집단)

첫 번째 딸 여왕벌이
원래 보금자리를
물려받음

일벌의 수가
예전처럼
증가함

첫 번째 딸 여왕벌이
남아 있는 일벌 일부를
이끌고 떠남
(파생 집단)

새로운
보금자리로
이동함

집단 1

두 번째 딸 여왕벌이
원래 보금자리를
물려받음

여왕벌의 짝짓기

집단 2

새로운
보금자리로
이동함

집단 2

집단 3

그림 2.9 꿀벌 집단의 생활
사에서 중요 사건들.

는 메시지를 보내는 것이다.

　그리고 꿀벌들은 떠난다! 거의 모든 일벌이 격렬하게 날면서 벌집 입구로 몰리기 시작해 바깥으로 급류처럼 쏟아져 나온다. 이 와중에 어미 여왕벌도 함께 밀려 나오는데, 양봉가들은 이것을 '첫 분봉'이라고 일컫는다(그림 2.9). 이때 분봉하는 무리는 전체 집단의 약 3분의 2, 즉 1만 마리에 이른다. 이들은 약 10~20미터의 벌떼 구름을 형성하며 거친 소용돌이를 일으킨다. 그 무리 안 어딘가에는 여왕벌도 있다. 몇몇 일벌이 얼마 날지 못하고 나뭇가지 같은 물체에 앉으면 여왕벌도 여기에 합세한다. 이후 약 10~20분 동안 벌떼 구름은 턱수염 모양의 집단으로 응축한다. 일벌들은 여왕벌의 냄새와 먼저 내려앉은 벌들이 (복부 끝에 있는) 취기관(臭器官)에서 내보낸 강한 레몬 향의 페로몬에 매료되었다가 날갯짓을 하며 흩어진다. 이후 몇 시간 혹은 며칠에 걸쳐 대다수 벌이 제자리에서 조용히 머무르는 동안, 정찰대는 후보지를 물색하고 적합한 집터를 선택하기 위해 바쁘게 움직인다. 정찰대가 민주적 의사 결정을 완료하면, 그들은 다시 무리 전체의 비행을 유도하고 새로운 보금자리로 동료들을 안내한다.

한편, 원래의 보금자리에는 수천 마리의 일벌, 10여 개의 왕대, 수천 개의 벌방 그리고 풍부한 먹이가 있다. 벌집 안에는 여왕벌이 없지만, 이제 며칠 지나지 않아 새로운 여왕벌이 나타날 것이다. 그 기다림의 시간 동안, 새로운 일벌들이 생겨나 집단의 일벌 수도 반등할 것이다. 일벌의 수가 급증한 결과, 최초의 처녀 여왕벌이 왕대를 벗어날 무렵에는 본래 세력을 되찾는 경우가 빈번하다. 꿀벌 집단이 세력을 회복할 경우, 일벌들은 최초의 처녀 여왕벌이 다른 여왕벌을 죽이지 않도록 왕대에서 멀리 몰아낸다. 또한 일벌들은 다른 처녀 여왕벌이 탈출하지 않도록 왕대를 덮고 있는 밀랍과 번데기의 섬유 조직을 물어뜯지 않기 위해 조심한다. 갇힌 여왕벌들이 먹이를 달라고 할 때는 좁은 틈 사이로 혀를 밀어 넣어 먹이를 준다. 이와 동시에 최초의 처녀 여왕벌은 '빵빵(toot)'이라는 피리 신호를 전송해 자신의 존재를 알린다. 이때 여왕벌 또한 일벌처럼 흉부를 압박하고 비행 근육을 활성화해 신호를 전송한다. 그러나 다른 벌의 기질(基質: 결합 조직의 기본 물질—옮긴이)에 직접 신호를 전달하는 일벌과 달리 여왕벌은 벌집에 대고 직접 압박을 가한다. 이는 자기 신호를 더 많은 일벌에게 알리기 위한 방법이다. 게다가 여왕벌은 다양한 파동을 보유하고 있어 이 신호는 다른 일벌의 신호보다 길다(그림 2.10). 최초의 여왕벌이 신호를 보내면, 일벌은 그 신호가 지속되는 동안 움직임을 멈춘다. 아마도 분주한 움직임이 만들어내는 주변 소음을 최소화하기 위해서일 것이다. 또한 왕대 안에 갇힌 여왕벌들은 응답 신호를 보낸다. 낮은 음조의 '꽥꽥(quack)' 소리를 내는 이

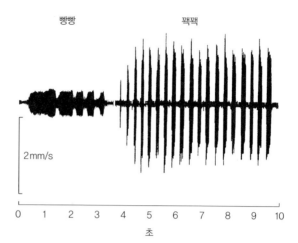

빵빵   꽥꽥

2mm/s

0   1   2   3   4   5   6   7   8   9 10

초

그림 2.10 여왕벌이 전송하는 피리 신호를 벌집의 진동으로 기록했다. 벌집 안을 돌아다니는 처녀 여왕벌이 '빵빵' 소리를 내면, 여기에 반응해 왕대 안에 갇혀 있는 다른 처녀 여왕벌들은 '꽥꽥' 소리를 낸다. 일련의 수직 축—초당 밀리미터—은 소리 에너지를 측정한 것이다.

신호는 최초의 여왕벌이 보낸 '빵빵' 소리보다 약간 길다. 요컨대 이 소리로 최초의 여왕벌에게 치명적 라이벌이 있다는 사실을 거의 확실하게 통보하는 것이다.

이 나쁜 소식을 듣고 첫 번째 처녀 여왕벌은 양봉가들이 '파생 집단'이라 일컫는 2차 집단에서 떠날지도 모른다. 그것은 최초의 처녀 여왕벌이 원래의 보금자리에 있는 좋은 자원, 즉 밀랍으로 지은 벌집과 어린 일벌 그리고 꿀 창고를 단념하고 새로운 집단을 형성하는 위험한 길을 택한다는 뜻이다. 그러나 이러한 과정은 보금자리에 머무르며 지극히 위협적인 경쟁자들을 죽이는 것보다 덜 위험할 수도 있다. 머지않아 일벌들은 최초의 처녀 여왕벌이 첫 비행을 하도록 내보낼 준비를 한다. 그리고 좋은 날씨가 계속되면 며칠 후 두 번째 분봉 집단이 출발할 때 여왕벌을 몰아낼 것이다. 이런 과정은 새로운 여왕벌이 등장할 때마다 반복되며 꿀벌 집단이 쇠락해 더 이상 분봉을 감당할 수 없게 될 때까지 이어진다. 이 시점에서 만약 보금자리 안에 여전히 여러 마리의 여왕벌이 존재한다면, 일벌은 그들을 자유롭게 풀어준다. 그리고 가장 먼저 나온 여왕벌은 대부분 아직 왕대 안에 있는 다른 여왕벌을 죽이려 한다. 다른 여왕벌이 있는 왕대를 찾아 벌집 안을 질주하며 주위의 작은 구멍을 물어뜯고 그 안에 있는 여왕벌을 침으로 찔러 죽이는 것이다. 그러나 만약 두세 마리의 여왕벌이 동시에 등장할 경우에는 서로를 부여잡고 찌르며 죽을 때까지 싸운다. 여왕벌들은 서로를 붙들고 비틀면서 자매의 배에 독침을 꽂기 위해 사납게 싸운다. 그 결과 한 마리의 여왕벌만이 승리하고, 나머지는 치명적 마비를 일으키며 곧 죽게 된다. 이 같은 무자비한 자매 살해는 단 한 마리의 여왕벌이 살아남을 때까지 계속된다. 그리고 며칠 후 승자는 짝짓기 비행을 하고, 짝짓기가 완전히 끝나면 알을 낳기 시작한다. 어미의 욕망으로 가득 찬 보금자리는 곧 여왕벌의 아들딸로 넘쳐날 것이다. 한편, 파생 집단에서 떠난 모든 처녀 여왕벌 또한 새로운 보금자리로의 이주를 마치면 짝짓기 비행을 한다.

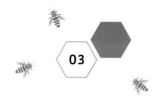

꿀벌의 이상적 보금자리

내가 자신 있게 말할 수 있다면,
단 하루만이라도
혹은 1년이라도
당신 곁에 있을 거라고, 내 사랑.

아마 그럴 거야, 비록
세상 만물에 비해 작다 해도
내 보금자리에 대해서는
본능적으로 철저했으니.

─로버트 프로스트, 〈드럼린 우드척(A Drumlin Woodchuck)〉(1936)

로버트 프로스트(Robert Frost)의 우드척[설치동물로 마멋(marmot)의 일종─옮긴이]처럼 꿀벌 집단도 보금자리에 대해 "본능적으로 철저하다". 왜냐하면 오직 특정한 나무 구멍만이 강풍이나 추위 같은 가혹한 물리적 조건과 포식자로부터 자신들을 보호해주는 훌륭한 피난처가 되기 때문이다. 보금자리의 질을 전체적으로 판단하려면 구멍의 부피, 입구의 높이와 크기, 이전 벌집의 존재 여부 등 6개 이상의 기준이 필요하다. 꿀벌이 보금자리를 선택할 때 굉장한 주의를 기울인다는 사실이 알려진 것은 겨우 30여 년밖에 되지 않았다. 인간이 고대부터 계속 벌을 키워왔다는 사실을 고려하면 놀랄 만한 일이다. 보금자리에 대한 꿀벌의 선호가 최근에야 알려진 이유는 양봉의 본질과 관련이 있다. 양봉은 양봉가가 자신이 원하는 곳에 만들어놓은 벌통에서 사는 벌을 관리하는 일을 말한다. 양봉에 대한 최초의 확실한 증거는 기원전 2400년경의 이집트에서 찾아볼 수 있다. 한 사원의 석벽에 얕은 돋을새김의 그림이 있는데, 농부들이 원통 모양의 진흙 벌통에서 밀랍을 떼어내고 항아리에 꿀을 저장하는 모습을 묘사했다. 이로써 사람들이 약 4400년간 꿀벌과 가까운 관계를 맺으며 살았음을 알 수 있다. 그들은 인간의 목적에 알맞은 벌통을 제공하는 데 관심을 두었을 뿐 정작 벌이 보금자리에 대해 무엇을 바라는지는 간과했다. 예를 들어, 인간이 만든 벌통은 대개 자연 속에서 마련하는 벌집의 공간보다 훨씬 넓다. 따라서 양봉장에 사는 벌은 자연에서보다 많은 꿀을 저장하는 반면 집단의 규모는 한층 작다. 또한 양봉가의 벌통은 대부분 지면 가까이 위치해 인간에게는 편리하지만 벌들에게는 위험하다. 지면 가까이 있는 꿀벌 집단은 쉬이 발각되어 곰 같은 치명적인 포식자로부터 공격을 받기 쉽다.

야생 꿀벌의 보금자리

1975년 박사 학위 논문을 위해 꿀벌의 민주적 집터 선택 과정을 연구하기 시작했을 때, 나는 논증의 첫 단계로 꿀벌 집단의 이상적인 보금자리가 지닌 특징을 알아보기로 했다. 이는 다양한 후보지를 찾고 그중에서 최적의 장소를 선택하는 꿀벌 집단이 어떤 점을 중시하는지 알아보기 위함이었다. 나는 이상적인 보금자리의 특징을 밝혀내는 작업이 쉽지 않으리라 짐작했다. 왜냐하면 꿀벌은 각각의 후보지를 여러 가지 특성에 따라 평가할 것이고, 전체적으로 적합한지를 판단할 때 각 특성의 가치를 다르게 매길 수 있다고 생각했기 때문이다. 그럼에도 불구하고 꿀벌에게 어떤 특성이

그림 3.1 옹이구멍이 있는 나무. 왼쪽 가지 위쪽에 보이는 옹이구멍이 꿀벌 보금자리의 입구 구실을 한다.

중요한지 알 수 있다면 또한 각 특성에 대한 그들의 선호를 판단할 수 있다면, 내 목표에 한층 가까이 다가갈 수 있을 거라고 여겼다.

아울러 나는 꿀벌의 집터 선호를 판단하기 위해 야생 꿀벌이 서식하는 나무를 찾아 그 안을 들여다보는 일부터 시작하기로 했다(그림 3.1). 자연 속의 모든 꿀벌 집단은 정찰대가 고른 장소에 서식한다. 따라서 이 야생 집단의 보금자리에 있는 어떤 일관성을 확인하면 선호에 대한 실마리를 찾을 수 있을 거라고 가정했다. 또한 이런 선호에 따라 적합한 나무 구멍을 찾아 거처를 정하므로 집터 선택의 전 과정에서 핵심적인 요소는 꿀벌의 선호일 거라고 굳게 믿었다.

1955년 린다우어는 뮌헨 동부의 시골 벌판에서 수행한 실험에 대해 보고했다. 이 실험에서 그는 몇 가지 특징을 달리한 2개의 벌통을 동시에 놓고 어느 것이 정찰벌들의 흥미를 끄는지 관찰했다. 이 실험은 단지 예비 조사에 불과했다. 왜냐하면 특정한 한 가지 특징에 대해 몇 번씩만 실험을 반복했기 때문이다. 그럼에도 불구하고 이 실험은 꿀벌이 바람으로부터의 보호, 구멍 크기, 개미의 존재, 태양 노출이라는 차이를 근거로 보금자리를 선택한다는 것을 보여주었다. 린다우어는 집터 후보지의 우월성을 평가할 때 꿀벌이 다양한 특성에 주의를 기울이는 것에 탄복했다. 또한 무엇이 그들의 이상적인 거주지인지 궁금했다. 그는 이 수수께끼를 풀려면 "이 문제에 관해서는 꿀벌에게 직접 물어보는 것이 최선일 것이다"고 했다. 나는 그들의 보금자리를 연구함으로써 이 수수께끼를 풀어내기로 했다.

숲에 사는 야생 꿀벌 집단의 보금자리를 상세히 설명하고 싶은 바람은 합리적 이유뿐만 아니라 감정적 이유로도 나를 자극했다. 학부생 시절, 화학을 전공한 나는 유기화학·생화학·생물물리학 분야에서 소규모 연구를 수행한 경험이 있었다. 물론 그 연구는 모두 깨끗하고 환하고 생물체가 거의 없는 실험실 안에서 이루어졌다. 그러나 생물학을 전공하는 대학원생이자 동물의 행동을 연구하는 초보자로서 나는 이른바 폰 프리슈-린다우어 접근법(von Frisch-Lindauer approach)을 활용한 동물 행동 연구를 실험실 밖에서 수행하고 싶은 마음이 간절했다. 베르트 횔도블러와 에드워드 윌슨은 《개미 세계 여행(Journey to the Ants)》이라는 자전적 저서에서 폰 프리슈와 린다우어가 다음과 같은 연구 철학에 바탕을 두었다고 설명했다.

특히 자연 환경에 잘 적응하는 유기체에 대해 완전하고도 애정 어린 관심을 쏟아라. 가능한 한 모든 방법을 동원해 자신이 선택한 종에 대해 배워라. 그 종을 자연 세계에 적응시킨 행동과 생리를 이해하기 위해, 적어도 상상하기 위해 노력해라. 그리고 나서 마치 해부하듯 그 행동의 한 조각을 분리해 분석하라. 어떤 현상을 당신만의 것이라고 부를 수 있도록 만들고, 가장 유망한 쪽으로 연구를 몰아가라.

　내 논문 지도 교수인 휠도블러는 하버드의 동물행동학 수업에서 이러한 연구 철학을 몸소 보여주었다. 나아가 개미의 사회적 행동에 대한 눈부신 연구 업적으로 그 철학의 힘을 입증했다. 그 영향으로 대학원 1학년 말이 되자 나는 자연 속으로 들어가고 싶어 몸이 근질근질했다. 자연 속에서 집터를 찾아다니는 꿀벌의 행동을 분석하고 싶었다. 아울러 내 연구가 20여 년 전 마르틴 린다우어가 밝혀낸 것을 넘어설 수 있을지 궁금했다.

　나는 봄 학기 기말고사가 끝나자마자 하버드를 떠나야겠다고 생각했다. 학부 시절 네 번의 여름을 보낸 코넬 대학교의 다이스 연구소로 돌아갈 채비를 한 것이다. 연구소 소장 모스 교수는 정말 너그러운 분이었다. 나에게 책상을 내주고 튼튼한 전기톱, 쇠 쐐기, 망치, 녹색 소형 트럭 등 프로젝트에 꼭 필요한 장비를 제공했다. 가장 고마운 것은 모스 '선생님'이 나를 위해 곤충학과의 기술팀 직원을 배정해주었다는 사실이다. 10대 시절 메인 주의 숲에서 벌목꾼으로 일한 경험이 있는 허브 넬슨(Herb Nelson)은 다치게 하거나 죽이지 않고 나무 자르는 법을 내게 알려주었다.

　허브와 나는 고등학교 시절 내가 집 주변에서 발견하곤 했던 꿀벌 나무(bee tree: 야생 꿀벌이 집을 짓는 속이 빈 나무―옮긴이)를 확보하는 것부터 시작했다. 먼저 〈이타카 저널(Ithaca Journal)〉이라는 지역 신문에 광고를 냈다. "꿀벌 나무를 찾습니다. 꿀벌 나무 한 그루당 15달러 혹은 꿀 15파운드(약 7킬로그램—옮긴이)를 드리겠습니다. 607-254-5443." 전화가 한 통도 안 올까봐 걱정했지만, 다행히 일주일 만에 이타카 주변 숲에서 접근 가능한 열여덟 그루의 꿀벌 나무를 확보할 수 있었다. 2명은 돈을, 나머지는 꿀을 원했다.

벌집을 모으는 절차는 간단하지만 다소 위험하기도 했다. 해 뜨기 직전 모든 벌이 집에 있을 때, 사이안화칼슘 가루 한 통과 오래된 숟가락, 낡은 천 몇 장을 들고 벌집으로 다가가야 한다. 벌집 입구가 높아서 올라갈 수 없을 경우에는 알루미늄 사다리를 가져갔다. 내 목표는 사이안화칼슘 한 숟가락을 벌집 입구에 떠 넣고 재빨리 천으로 틀어막는 것이었다. 사이안화칼슘은 대기 중의 수분과 반응해 시아노가스를 발생시킨다. 계획대로만 된다면 나를 제외한 모든 벌이 죽을 것이다(한 번은 사이안화칼슘 가루가 든 통을 사다리에서 떨어뜨려 내용물을 쏟은 적이 있다. 그 바람에 겨우 숨을 참고 사다리에서 내려와 뚜껑을 닫고 퍼져 나오는 독가스 구름에서 탈출했다). 모든 벌을 죽이면 사나운 공격을 받지 않고도 벌집을 모을 수 있다. 이런 과정은 벌집을 해부해 꿀벌 집단의 수를 조사하는 데도 유용하다.

벌을 모두 죽인 다음에는 다이스 연구소로 돌아가 허브와 함께 필요한 도구—전기톱, 쐐기와 망치, 밧줄, 경사로를 만드는 데 쓸 널빤지, 줄자, 나침반, 35밀리 카메라, 노트 따위—를 챙겼다. 그리고 좀 전의 꿀벌 나무를 베어낸 후 톱으로 벌집이 있는 부분을 잘라 트럭에 싣고 연구실로 향했다. 나는 조금이라도 꿀벌 나무 가까이 가기 위해 숲속 깊숙이 트럭을 운전하는 허브의 대담함("커다란 통나무를 트럭에 싣기만 하면 가져갈 수 있잖아요")에 놀랐고, 나무를 자르기 전에 기울기와 수관(樹冠)을 꼼꼼히 살피는 세심함("나무가 어느 쪽으로 쓰러질지 알아야 해요")에 다시 한 번 놀랐다. 허브의 벌목 솜씨는 녹슬

그림 3.2 그림 3.1의 꿀벌 나무에 있는 자연 벌집. 벌집이 있는 부분을 쪼개자 꿀방(위쪽), 유충을 키우는 벌방(아래쪽)이 드러났다. 왼쪽에 있는 입구는 전체 공간을 기준으로 아래에서 3분의 2 정도 되는 곳에 위치한다.

지 않았고, 나무는 매번 그가 예상한 방향으로 가지런히 넘어졌다. 나무가 지면 위로 쓰러지면 벌집이 있는 부분을 잘라냈다. 이때는 벌집 입구에서 위아래로 꽤 떨어진 곳부터 조금씩 잘라내야 한다. 그러다 고동색의 썩은 목질부 혹은 황갈색의 밀랍을 발견하면 거기서 작업을 멈춘다. 그런 다음에는 벌집이 있는 통나무를 굴려 트럭에 싣고 연구소로 가져가 안을 쪼갰다. 통나무 중에는 길이가 2미터, 두께가 1미터에 달하는 것도 있었다(그림 3.2). 쪼갠 벌집을 연구실 안으로 옮기면 밝은 불빛 아래에서 꿀벌 보금자리 공간의 중요한 특징과 내용물을 조사할 수 있다. 나는 빈 공간의 부피

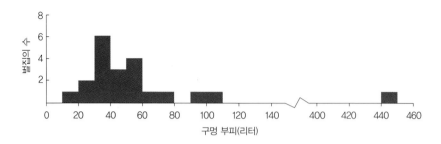

그림 3.3 21개 벌집의 구멍 부피 분포.

를 측정하기 위해 벌집을 제거하고 모래를 채우기도 했다. 망가진 벌집과 죽은 벌들을 치울 때는 꿀벌 집단을 몰살시켰다는 죄책감이 들기도 했지만, 다른 한편으로는 내가 자연 속 꿀벌의 보금자리에 대해 상세히 연구하는 첫 번째 사람이라는 생각에 흥분되기도 했다.

1975년 여름 동안 나는 21개의 벌집을 분석했는데, 그 정도면 숲속에 사는 야생 꿀벌의 보금자리에 대한 대략적인 그림을 그리기에 충분했다. 아울러 입구에 대한 정보를 얻기 위해 따로 열여덟 그루의 꿀벌 나무를 베지 않고 남겨두었다. 벌집 입구는 꿀벌에게 무척 중요한 '정문'이므로 나는 그것에 더욱 관심을 기울였다. 우리는 꿀벌이 참나무, 밤나무, 느릅나무, 소나무, 히코리나무, 물푸레나무, 단풍나무 등 여러 종류의 나무를 집터로 삼는다는 사실을 알게 됐다. 이는 꿀벌이 특정한 수종에 강한 선호를 보이지 않음을 의미한다.

나무 구멍은 대개 길쭉한 원통형으로 통나무 모양과 일치했다. 이 사실은 전혀 놀랍지 않았다. 그러나 양봉가들이 제공하는 벌통보다 훨씬 작아 솔직히 놀랐다. 나무 구멍은 평균적으로 지름 20센티미터, 높이 150센티미터였다. 따라서 부피는 겨우 45리터 정도에 불과했다(그림 3.3). 이런 규모의 나무 구멍은 양봉가들의 벌통과 비교할 때 4분의 1에서 2분의 1 수준이다. 이것은 벌이 따뜻한 겨울을 보내기 위해 상대적으로 작고 아늑한 공간을 선호한다는 뜻일까? 심지어 몇몇 벌집은 부피가 겨우 20~30리터인 것도 있었다. 하지만 12리터 이하인 벌집은 발견되지 않았다. 이것은 벌이 겨울을 나기 위한 꿀을 저장하기 위해 너무 비좁은 공간은 피한다는 뜻일까? 확실한 것은 벌이 나무 구멍의 공간을 최대한 활용한다는 사실이다. 나무 구멍이 모두 여러 개의 밀랍 벌집으로 가득 차 있었기 때문이다. 밀랍으로 된 벌집이 (대개의 경우) 좁은 나무 구멍을 끝에서 끝까지 가득 채우고 있었다. 그런 가운데 구멍의 벽에 붙어 있는 밀랍 벌집 사이에 작은 통로를 만들어 쉽게 기어 다닐 수 있도록 한 점이 인상 깊었다. 꿀벌은 양봉가들이 이미 알고 있듯이 위쪽에는 꿀을 저장하고 아래쪽에는 일벌들을 기를 수 있도록 벌집을 구성하고 있었다. 한편 내 연구에 쓰인 벌집들은 8월에 채집되어 대부분 겨울을 나기 위해 먹이를 저장하는 중이었다. 내가 분석한 벌집들은 평균 14킬로그램의 꿀을 저장하고 있었다. 안타깝게도 사이안화칼슘을 끼얹긴 했지만 말이다.

보금자리 입구는 한결같은 특징을 보여 벌이 선호하는 패턴을 알 수 있었다. 입구는 대부분 10~30제곱센티미터에 불과한 옹이구멍이나 틈 하나였다(그림 3.4). 그리고 일반적으로 긴 나무 구멍의 바닥과 인접하고, 지면과 가깝고, 남향에 위치해 있었다. 소규모에 나무 구멍의 바닥과 인접하고 남향을 선호하는 경향은 전부 그럴듯해 보였다. 그래야만 포식자가 접근할 수 없고 외풍의 영향을 덜 받으며 햇볕을 받아 따뜻한 온도를 유지할 수 있기 때문이다. 이는 모두 꿀벌 집단에 바람직한 경향이다. 그러나 입구가 지면에서 겨우 몇 피트(1피트는 약 30.5센티미터) 떨어져 있는 벌집이 우세

그림 3.4 그림 3.1의 꿀벌 나무 옹이 구멍 입구. 입구의 너비는 약 5센티미터, 높이는 약 8센티미터이다.

한 것은 상당히 혼란스러웠다. 낮은 입구는 곰처럼 치명적인 공격을 감행하는 포식자의 눈에 쉽게 띌 게 분명하다. 북유럽(독일, 폴란드, 러시아)은 북아메리카에서 꿀벌을 들여온 지역 중 하나인데, 중세 북유럽의 양봉가들은 곰으로부터 벌집을 보호하기 위해 무시무시한 기구를 발명했다. 그중 하나가 벌통 밖에 고정해놓는 경첩 달린 판자다. 벌을 공격하려고 판자 위에 올라서면 판자가 무너져 곰은 그 밑에 격자 형태로 박아놓은 뾰족한 쇠못 위로 떨어지고 만다.

따라서 처음에는 나무 위 높은 곳에 있는 벌집이 드물다는 사실에 혼란을 느꼈다. 그러나 지금은 벌이 지면에서 높이 떨어진 곳에 입구가 있는 나무 구멍을 더 선호한다는 사실을 알고 있다. 또한 벌집이 대부분 지면 가까이 있다는 나의 첫 번째 보고서가 틀렸다는 사실도 안다. 이는 자연 벌집을 채집하는 방식 때문에 발생한 의도하지 않은 결과였다. 내가 연구한 벌집은 대부분 꿀벌 나무 옆을 지나가던 사람들이 무심코 발견한 것이었다. 나무 꼭대기에 있는 벌집보다 지면 가까이 있는 벌집을 발견하는 것이 쉽기 때문에 본의 아니게 일반적인 경우보다 훨씬 낮은 곳에 있는 벌집을 연구하게 된 것이다. 내가 이런 점을 확신한 것은 그로부터 몇 년이 지난 후였다. 벌 사냥꾼이 되어 고대의 벌 추적 기술(craft of lining bees: 꽃으로 미끼를 던지거나 벌집으로 돌아오는 비행을 관찰함으로써 꿀벌 나무를 찾는 법)을 익히는 동안, 대부분의 벌이 나무 높은 곳에 있는 입구를 들락거린다는 사실을 발견한 것이다(그림 3.1). 현재까지 나는 벌 추적을 통해 27그루의 꿀벌 나무를 찾아냈는데, 그 벌집들의 입구는 평균 6.5미터 높이에 위치한다. 말할 것도 없이 이제 나는 샘플을 채취할 때 의도하지 않은 왜곡 때문에 발생할지도 모를 위험을 항상 경계한다.

위치, 위치, 위치

자연 속 꿀벌의 보금자리에 대한 기술 연구(descriptive study: 어떤 특성이나 행동의 유형을 서술하고 변인들 간의 관련성을 밝히는 연구 방법―옮긴이)가 실패했음에도 그것은 여전히 내가 아주 좋아하는 연구 중 하나로 남아 있다. 그 연구를 통해 야생 꿀벌을 접했고 연구자로서 자신감을 얻었기 때문이다. 또한 그 연구는 꿀벌 집단이 보금자리를 선택하는 방법에 대한 연구의 다음 단계로 나를 안내해주었다. 그다음 단계란 우리가 찾아낸 집터의 유형(나무 구멍의 부피, 입구 위치, 입구 높이 등)이 정찰벌들이 선호한 결과인지, 아니면 단순히 이용 가능한 나무 구멍이기 때문인지를 실험하는 것이었다. 실험 설계와 관련한 아이디어는 동아프리카 및 남아프리카의 양봉에 대해 읽은 자료를 바탕으로 삼았다. 이 지역의 양봉가들은 벌통(대개 입구 외에는 모두 막힌 속 빈 통나무)을 나무에 매달고 벌이 찾아오기를 기다린다. 나는 북아메리카에서 '미끼 벌통'을 이용해 벌을 잡는다는 말은 들어본 적이 없었다. 그러나 만약 누군가가 그렇게 한다면 이를 통해 집터에 대한 벌의 선호를 알 수 있을 거라고 추론했다. 나는 나무 구멍 안의 부피나 지면으로부터의 입구 높이 중 한 가지 특성을 달리하고 나머지는 동일하게 설계한 벌통을 한 번에 두세 개씩 설치했다. 그리고 야생 꿀벌 집단의 정찰대가 나의 벌집 상자를 발견하고 그중 어느 하나를 일관되게 선택함으로써 집터에 대한 선호를 알려주길 바랐다.

　비용이 많이 드는 대규모 실험을 수행하기 전에는 소규모·저예산의 예비 조사를 실시해 어떤 방법이 적당한지 알아보게 마련이다. 1975년 여름, 나는 야생 꿀벌이 미끼 벌집을 빈번하게 차지해 내 실험 계획에 객관적인 성공 가능성을 열어줄지 알아보기 위해 예비 조사를 실시했다. 다이스 연구소에서 얻은 합판 조각을 사용해 가로·세로·높이가 모두 35센티미터인 정육면체를 만들고, 정면에 지름 4.5센티미터의 입구를 냈다. 나는 이 모든 것을 꿀벌 나무에서 본 구멍을 흉내 내 설계했다. 만약 벌통 입구에 새가 들어가지 못하도록 철망을 쳐놓지 않았다면 아마 큼지막하게 만든 새집처럼 보였을 것이다. 나는 그 벌통들을 내가 즐겨 찾던 엘리스할로의 내 '구역'으로 가져간 다음, 키 큰 나무를 골라 지면에서 5미터 높이에 달아놓았다. 그때부터 몇 주 후인 6월 말, 캐스캐딜라 개울 주변의 죽은 느릅나무에 올라가 벌통을 확인한 나는 정말 뛸 듯이 기뻤다. 가죽색깔을 띤 꿀벌 수십 마리가 부산스레 입구를 들락거리고 있었다. 한 무리

그림 3.5　전신주에 매단 2개의 벌통. 나무 구멍의 부피와 모양, 입구 높이와 방향 등은 동일하지만, 오른쪽(12.5제곱센티미터) 벌통의 입구가 왼쪽(75제곱센티미터)에 비해 작다.

의 꿀벌이 이사를 온 것이다! 야호! 다음 몇 주 동안 벌통 2개가 또 채워지자 훨씬 더 신이 났다. 이 간단한 준비 조사 덕분에 나는 실험 계획을 잘 짤 수 있을 거라는 자신감에 충만했다. 그리고 다음 해 여름에 수행할 계획 또한 분명해졌다. 수십 개의 벌통을 다양한 디자인으로 설계하고 꿀벌의 이상적인 보금자리에 대해 "벌들에게 물어보기로" 한 것이다.

　이 계획은 성공했다. 1976년과 1977년 여름에 200개 이상의 녹색 벌통을 두세 개씩 한 집단으로 나눠 톰킨스 카운티 곳곳에 설치했다. 그리고 여름마다 그중 절반 이상이 적어도 한 무리의 야생 꿀벌을 끌어들였다. 나는 각 집단별로 벌통을 약 10미터 거리마다 비슷한 규모의 나무나 전신주에 설치했다. 전신주는 가시성이나 바람에 대한 노출이라는 측면에서 실험에 완벽하게 들어맞았다(그림 3.5). 나는 집단 하나를 통해 한 가지 집터 선호 항목을 검증할 수 있도록 벌통을 설계했다. 벌통 하나는 '전형적인' 자연 벌통의 특성(예컨대 평균적인 입구 위치, 평균적인 구멍 부피 등)과 정확히 일치시키고, 다른 한두 개의 벌통은 첫 번째 것과 동일하게 만들되 한 가지 특성을

'비전형적으로' 달리한 것이다. 나는 이런 방식으로 벌통 중 하나의 변수에 대한 야생 꿀벌의 선호를 검증했다. 예를 들면, 입구 크기에 대한 선호를 검증하기 위해 12.5제곱센티미터의 전형적인 입구를 낸 정육면체 벌통과 그보다 큰 75제곱센티미터짜리 입구의 벌통을 함께 설치했다. 마찬가지로 구멍 크기에 대한 선호를 알아보기 위해 전형적인 나무 구멍의 부피인 40리터 용량의 벌통 하나와 분포 조사 결과 두 극한값인 10리터와 100리터짜리 용량의 벌통을 각각 설치했다.

　나는 연구에 쓸 엄청난 수의 벌통을 만드느라 다이스 연구소에서 톱질과 망치질을 하며 1975년 크리스마스 휴가를 거의 보냈다. 252개의 벌통을 만드느라 작은 집을 짓기에 충분한 합판(70장 이상)을 소모했다. 그리고 이 벌통으로 1976~1977년에 걸쳐 124개에 달하는 꿀벌 무리를 포획했다.

　표 3.1에서 알 수 있듯이 꿀벌 집단은 입구 크기, 입구의 방향, 지면에서의 입구 높이, 구멍 바닥에서의 입구 높이, 나무 구멍의 부피, 나무 구멍 안다른 벌집의 유무 등 집터에 대한 변수에서 특정한 선호를 보여주었다. 연구를 통해 나는 벌이 입구가 다소 작고 남향에 지면에서 멀리 떨어지고 구멍 바닥에서 가까운 보금자리를 선호한다는 사실을 알았다. 당연하게도 입구에 관한 이 네 가지 선호는 추위나 위험한 포식자의 위협에서 벌을 보호하는 조건이다. 작은 입구는 외부 환경과 벌집을 격리하고 방어하기 쉽다. 나무 높은 곳에 있는 입구는 지면을 돌아다니는 포식자가 발견하기 어려울뿐더러 나무에 오를 수 없는 포식자가 접근하기 어렵다. 입구가 나무 구멍 위쪽보다 바닥 쪽에 있으면 대류에 따른 열 손실을 최소화하는 데 도움이 된다. 또한 남쪽을 향한 입구는 먹이 징발대가 드나들기 좋은 따뜻한 현관 역할을 한다. 몇몇 양봉가들은 벌통을 우연히 남쪽에 놓아 벌이 추운

표 3.1 꿀벌 집터의 특성에 따른 선호와 기능

특성	선호	기능
입구 크기	12.5>75제곱센티미터	방어와 온도 조절
입구 방향	남향>북향	온도 조절
입구 높이	5>1미터	방어
입구 위치	구멍의 아래>위	온도 조절
입구 모양	원=수직 틈	없음
구멍의 부피	10<40>100리터	꿀 저장 공간과 온도 조절
구멍 내 벌집	있음>없음	벌집 구성의 효율
구멍 모양	육면체=긴 모양	없음
구멍 내 습도	습함=건조	벌은 물이 새는 구멍을 방수 처리할 수 있음
구멍의 외풍	있음=없음	벌은 틈과 구멍을 메울 수 있음

A>B는 A가 B보다 선호도가 큰 경우, A=B는 A와 B 사이에 선호도 차이가 없는 경우.

날씨에도 날아다니기 좋게 만들었다. 입구가 남향인 점은 특히 겨울에 중요하다. 왜냐하면 이 시기에 벌은 따뜻한 날을 골라 벌집의 배설물을 치우기 위한 '청소 비행'을 하기 때문이다. 캐나다의 앨버타 주에 사는 벌 연구가 티보르 사보(Tibor Szabo)는 벌집이 남향과 북향인 경우를 비교한 결과, 남향 벌집은 겨울에 입구가 눈으로 막히는 경우가 적어 봄이 되었을 때 번식이 더욱 왕성하다고 보고했다.

한편, 나무 구멍이 10리터 이하 혹은 100리터 이상인 경우에는 벌이 찾아오지 않았다. 하지만 40리터(쓰레기통 크기 정도)짜리, 그중에서도 특히 이미 다른 벌집으로 채워진 나무 구멍은 대단히 좋아했다. 아마도 구멍의 부피와 관련해 주된 문제는 너무 작은 것은 피하는 게 아닌가 싶다. 왜냐하면 대부분의 나무 구멍은 겨울을 나기에 충분한 꿀을 저장하기엔 너무 작기 때문이다(약 15리터 이하). 이런 주장을 하는 근거는 내 형제인 대니얼 H. 실리(Daniel H. Seeley)와 함께 수행한 작은 연구에서 비롯되었다. 대니얼은 1800년대에 벌목한 버몬트 주의 한 산비탈을 전부 소유하고 있는데, 지금은 사탕 단풍나무(*Acer saccharum*)와 미국너도밤나무(*Fagus grandifolia*)가 웅장하게 조성되어 있다. 1976년 10월 대니얼과 나는 벌목 도구를 챙긴 다음 매사추세츠 주의 케임브리지에서 버몬트 주의 록스베리까지 차를 몰았다. 그리고 정찰벌들이 집터로 삼기 위해 찾는 나무 구멍의 크기를 알아내기 위해 인디언 서머(Indian summer: 겨울이 오기 전 일시적으로 날이 따뜻한 기간. 10월 하순에서 11월 중순 사이—옮긴이) 동안 며칠을 꼬박 돌아다녔다. 우리는 0.32헥타르에 달하는 지역을 헤매며 지름 30센티미터 이상인 나무를 모두 베어낸 다음 그 안에 구멍이 있는지 살피기 위해 120센티미터 길이로 톱질을 했다. 총 39그루의 나무를 잘라본 결과, 바깥쪽에 입구가 있어 정찰벌이 들어갈 수 있는 구멍 14개를 찾았다. 이 14개의 구멍 중에서 오직 2개(14퍼센트)만이 15리터보다 큰 32리터와 39리터짜리 구멍이었다.

나무 구멍이 밀랍 벌집으로 차 있다는 것은 겨울을 나지 못한 꿀벌 집단이 그곳에 존재했음을 의미한다. 이런 집터를 선호하는 것은 이미 벌집이 형성된 곳을 차지할 경우 에너지를 엄청나게 절약할 수 있다는 사실을 반영한다. 에너지를 절약함으로써 초보 꿀벌 집단이 첫 겨울을 나는 데 필요한 꿀을 충분히 저장할 수 있다는 얘기다. 꿀벌 나무의 전형적인 보금자리는 8개 이상의 밀랍 벌집에 약 10만 개의 방이 있다. 총 표면적은 약 2.5제곱미터다. 이 같은 집을 지으려면 약 1200그램의 밀랍이 필요하다. 밀랍의 무게당 생산 효율이 설탕 1그램에 최대 0.2그램인 것을 감안하면, 전형적인 벌집을 짓는 데는 약 6.0킬로그램의 설탕이 필요하고, 이는 곧 약 7.5킬로그램의 꿀이 필요하다는 뜻이다. 이 정도의 꿀 덩어리는 무리 전체가 겨울 동안 소비하는 꿀의 약 3분의 1에 해당한다. 요컨대 7.5킬로그램의 꿀

그림 3.6 벌이 어느 구멍을 더 좋아하는지 알아보는 데 사용한 2개의 벌통. 오른쪽 상자는 공간이 협소하고, 왼쪽 상자는 벽에 구멍을 숭숭 뚫어놔 외풍이 심하다.

을 집 짓는 데 쓰지 않고 먹이 창고에 저장함으로써 첫 겨울 동안 살아남을 가능성이 크게 증가한다는 뜻이다. 내 연구 결과에 따르면, 이타카 주변의 나무 구멍에 새롭게 자리 잡은 꿀벌 집단 중 76퍼센트가 첫 겨울을 나지 못했으며 그 이유는 거의 대부분 굶주림 때문이었다.

내가 특정 선호는 없다고 판단한 집터의 특성은 입구 모양, 나무 구멍의 모양·외풍·습도였다. 꿀벌은 아마도 비좁고 건조한 나무 구멍을 좋아하겠지만, 외풍이나 비가 들어오는 틈을 나무 진으로 메울 수 있으므로 집터 정찰대는 이런 특성에 그다지 많은 주의를 기울이지 않는 듯싶다. 반면, 나무 구멍의 부피, 입구의 높이와 방향은 개선할 수 없으므로 이런 필요를 충족하는 집터를 찾기 위해 힘을 쏟아야 한다. 외풍이 심하거나 축축한 장소를 개선하는 꿀벌의 능력은 내 실험용 벌통을 차지한 꿀벌 무리에 의해 증명되었다. 나는 몇몇 벌통의 정면과 측면에 지름 6밀리미터의 구멍을 7.5센티미터 간격으로 숭숭 뚫어놓았다(그림 3.6). 또 몇몇 벌통에는 물을 잔뜩 머금은 톱밥 2리터를 바닥에 쏟아놓았다. 외풍 있는 상자 중 하나를 차지한 꿀벌 무리는 이내 모든 구멍을 나무 진으로 메워 바람을 차단했다. 마찬가지로, 축축한 상자를 차지한 꿀벌 무리는 재빨리 눅눅한 톱밥을 모두 끌어내 건조하게 만들었다. 나는 꿀벌의 깔끔함에 몹시 감탄했다.

덤

꿀벌 연구가 매우 즐거운 이유 중 하나는 호기심으로 시작한 연구 결과가 의외로 실용적 가치를 지니기도 하기 때문이다. 아시아 꿀벌의 배설물 처리 습관에 대한 연구로 1980년대 미국과 소련 간의 긴장을 완화한 경우가 가장 좋은 예다. 이 이야기는 1970년대 말 내가 대학원을 졸업할 때로 거슬러 올라간다. 당시 나는 해외로 나가서 아시아 열대 지역에 사는 꿀벌―동양종꿀벌(Apis cerana: 한국의 토종 꿀벌―옮긴이), 인도최소종꿀벌(Apis florea), 인도최대종꿀벌(Apis dorsata)―을 연구하고 싶은 마음이 간절했다. 미국지리학회(National Geographic Society)의 도움으로 아내 로빈과 나는 태국에 서식하는 아시아 꿀벌 세 종의 방어 전략에 대해 10개월간 연구하게 되었다. 우리는 태국 북동부에 있는 광대한 카오야이(Khao Yai) 국립공원의 오염되지 않은 숲속에 캠프를 세웠다. 우뚝 솟은 이엽시과(二葉柿科, Dipterocarpaceae) 나무 사이를 날아다니는 코뿔새를 볼 수도 있고, 오솔길을 따라 아시아호랑이의 괴상한 소변 냄새를 맡을 수도 있고, 해 뜬 직후에는 얼굴이 하얀 긴팔원숭이의 고함 소리를 들을 수도 있고, 아시아 꿀벌들의 수수께끼 같은 생활도 접할 수 있는 곳이었다. 우리는 차츰 적—장수말벌, 베짜기개미, 벌매, 나무두더지, 붉은털원숭이, 말레이곰—에게 대항하는 꿀벌 종들의 놀라운 방어 전략을 전체적으로 조망할 수 있게 되었다. 그것은 생물학 측면에서는 그야말로 현장 생물학이며 신혼부부에게는 멋진 모험이었다. 그러나 나는 전 세계 생물학자 중에서 우리가 과학 저널 〈생태학 논문(Ecological Monographs)〉에 실은 아시아 꿀벌에 관한 21쪽의 훌륭한 보고서를 자세히 읽어줄 사람이 과연 얼마나 될지 의문스러웠다.

그러나 몇 년 후 놀랍게도 아시아 꿀벌에 관해 우리가 수집한 지식이 국제적으로 중요성을 인정받았다. 1981년 레이건 정부의 국무장관 알렉산더 헤이그(Alexander Haig)는 태국과 국경을 접한 두 공산주의 국가 라오스와 캄푸치아(Kampuchea: 캄보디아의 옛 이름—옮긴이)에서 구소련이 그들의 적에 맞서 화학전을 벌이고 있다는 혐의를 제기했다. 만약 그게 사실이라면, 이는 국제 군비 통제 조약인 1925년의 제네바협약과 1972년의 생물무기금지협약을 위반한 셈이었다. 헤이그가 언급한 주요 증거는 '황우(yellow rain)'라고 일컫는 물질이었다. 황우는 지름이 6밀리미터보다 작은 노란색 가루로서 화학 무기 공격을 받은 지역의 식물에서 발견되었으며 곰팡이 균을 보유한 것으로 추정되었다. 하지만 나는 미국 관료들이 황우라고 일컫는 이 노란색 가루가 꿀벌의 배설물과 잘 구별되지 않는다는 것을 깨달았다. 두 물질의 크기, 모양, 색깔이 동일한 데다 둘 모두 꿀벌의 털과 단백질을 소화시킨 꽃가루가 포함되었다는 사실도 추가로 밝혀졌다. 마침내 나는 그것이 화학 무기인 황우가 아니라 꿀벌의 배설물이라는 결론을 내렸고, 이는 하버드 대학교의 분자유전학 교수이자 화학 및 생물 무기 전문가 매슈 메셀슨(Matthew Meselson)에게 큰 도움을 주었다. 혹자는 우리가 'KGB'의 임무

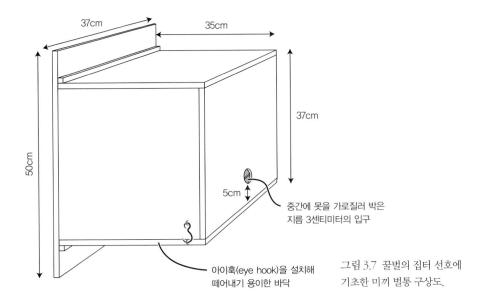

그림 3.7 꿀벌의 집터 선호에 기초한 미끼 벌통 구상도.

37cm
35cm
37cm
50cm
5cm
중간에 못을 가로질러 박은
지름 3센티미터의 입구
아이훅(eye hook)을 설치해
떼어내기 용이한 바닥

를 폭로했다고 우스갯소리를 하기도 했다. 황우가 꿀벌의 배설물이라는 것이 밝혀진 직후인 1984년, 미 국무부 관료들은 구소련이 화학·생물 무기에 대한 군비 통제 조약을 위반했다고 비난하는 행위를 조용히 그만두었다.

황우 이야기는 순수한 호기심에서 비롯된 연구가 어떻게 예상치 않은 유용한 지식을 만들어내는지 분명하게 보여준 사례지만, 사실 이런 경우는 드물지 않다. 왜냐하면 현실 세계의 혜택은 기초 연구에서 물거품처럼 솟아 나오는 일이 잦기 때문이다. 내가 개인적 호기심을 쫓다가 처음으로 실용적 결과라는 의외의 성과를 거둔 것은 모스 선생님과 함께 수행한 꿀벌의 집터 선호에 대한 연구였다. 1976년 여름, 벌통을 톰킨스 카운티 곳곳에 100군데 넘게 설치한 우리는 이후 60개 이상의 꿀벌 무리를 포획했다. 우리가 높은 성공률로 꿀벌 무리를 잡자 모스 선생님은 양봉가들에게 야생 꿀벌 포획용 미끼 벌통을 만들고 설치하는 방법을 가르쳐주기로 했다. 우리는 먼저 간단한 구상도(그림 3.7)와 함께 미끼 벌통을 설치하는 데 필요한 몇 가지 지침을 마련했다. 미끼 벌통을 설치하기 좋은 장소는 남향에 지면에서 약 5미터가량 떨어진 곳이다. 또한 눈에 잘 띄면서도 완전히 그늘진 곳이어야 한다. 우리는 이런 내용을 양봉 잡지 〈양봉 선집(Gleanings in Bee Culture)〉과 코넬 대학교의 〈협동 연구 회보(Cooperative Extension Bulletin)〉에 실었다. 양봉가들은 뜨거운 반응을 보였다. 지금까지 양봉가들은 야생 꿀벌을 잡으려면 꿀벌이 주변 어딘가에 정착하는 것을 지켜보고 나서 그들이 다른 집터를 찾아 떠나기 전에 서둘러 벌통 안에 집어넣어야 했다. 하지만 이제는 미끼 벌통을 만들어 벌을 자동으로 불러 모을 수 있게 되었다.

최근, 다른 벌 과학자들은 강화 펄프 목재를 사용해 더 싸고 가볍고 강한 미끼 벌통을 설계했다. 작은 폴리에틸렌 병에서 시트랄, 게라니올, 네롤리+제라늄산을 1:1:1로 섞은 혼합물을 천천히 방출하는 향기 유인법도 고안했다. 이런 향기 유인물은 (8장에서 살펴보겠지만) 정찰벌들이 훌륭한 집터를 표시할 때 취기관에서 방출하는 페로몬을 흉내 낸 것이다. 미국 애리조나 주 투손에 있는 미국 농무부 벌연구센터의 저스틴 슈미트(Justin Schmidt)는 향기로 유인하는 미끼 벌통이 향기가 없는 것에 비해 꿀벌 집단을 다섯 배는 더 잘 유인할 수 있다고 말한다. 이는 아마도 인위적인 페로몬이 미끼 벌통을 더 매력적으로 만들 뿐만 아니라 정찰대가 미끼 벌통을 더 잘 발견할 수 있도록 만들기 때문일 것이다. 목재 펄프로 만든 미끼 벌통('꿀벌 함정'이라고도 한다)과 향기 유인물은 현재 상업적으로 생산되고 있으며 양봉 장비를 파는 회사에서 판매한다. 해마다 여름이면 나는 6개의 미끼 벌통을 설치한다. 늘 여분의 꿀벌 집단이 필요하기 때문이기도 하지만 사실은 내가 야생 꿀벌 잡는 것 자체를 좋아하기 때문이다.

특성 평가

아마 모든 집주인은 조세사정인(租稅査定人, tax assessor)이 재산의 가격을 결정할 때 택지 규모, 건물 면적, 침실과 욕실 수 등의 정보를 어떻게 결합하는지 궁금할 것이다. 1974년 8월, 나 역시 정찰벌들이 집터 후보지를 조사하는 모습을 보면서 그런 것이 궁금해지기 시작했다. 하버드에서 대학원 과정을 시작하기 전 여름의 일이었다. 나는 코넬 대학교의 다이스 연구소에서 모스 선생님과 즐겁게 연구 생활을 하고 있었지만, 다른 한편으론 '꿀벌 집단이 보금자리를 선택하는 방법에 관한 마르틴 린다우어의 연구 심화'를 내 박사 논문으로 선택한 것이 걱정되기도 했다. 20년이 지나도록 누구도 린다우어의 연구에서 제기된 많은 수수께끼를 해결하기는커녕 건드리지도 않았다. 따라서 내게는 분명 최고의 기회였다. 하지만 내가 이 연구를 성공적으로 해낼 수 있을까? 내가 무엇을 할 수 있을지 알아보기 위해 일단 꿀벌의 민주적 의사 결정 과정을 두 눈을 크게 뜨고 지켜보기로 했다. 모스 선생님의 지도를 받으며 연구하는 동안, 나는 인위적인 꿀벌 집단을 만드는 법을 배웠다. 우선 한 마리의 여왕벌과 일벌들을 우리(cage)에 넣고 흔들어 집을 잃게 만든 다음, 설탕 시럽을 무턱대고 먹어 자연 꿀벌 집단처럼 포만감을 느끼게 만드는 것이다. 그래서 나는 엘리스할로에 있는 부모님 집 뒤편에 한 무리의 꿀벌을 마련해두었다(그림 1.6). 또한 꿀벌 정찰대가 합판으로 만든 내 벌통을 발견해 새로운 집터로 선택하기를 바라면서, 그것을 꿀벌 집단에서 약 150미터 떨어진 스트로브잣나무에 매달았다. 정찰벌들이 방문하는 광경을 잘 지켜볼 수 있도록 내 눈높이에 맞춰 매단 것은 물론이다.

내가 집 뒤에 있는 꿀벌 집단의 변화를 목격한 주말은 내 인생에서 대단히 중요한 날이 되었다. 꿀벌 집단의 정찰대가 분주하게 춤을 추며 유망한 집터 몇 곳을 설명하기 시작했다. 그리고 얼마 지나지 않아 벌 한 마리가 내 눈을 사로잡을 만큼 열정적으로 춤을 추며 북쪽 방향의 한 장소를 가리켰다. 그것은 바로 내 벌통이었다! 곧이어 벌통에 벌 몇 마리가 모여들었다. 나는 벌통 안에서 춤을 추는 몇몇 벌의 가슴과 배에 각기 다른 색깔의 페인트로 점을 찍고 유심히 살펴보았다. 점을 찍는 이 단순한 작업으로 해당 벌들은 단지 서양종꿀벌 한 마리에서 행동 하나하나가 내 관심을 끄는 존재로 변했다. 그 무리 중에서 나는 정찰벌이 열정적으로 춤을 추고 꿀을 얻기 위해 더듬이를 민첩하게 움직이며 다른 벌과 접촉하는 모습, 성가신 페인트 얼룩을 손질하고 20~30분 동안 비행하는 모습을 지켜보았다. 돌아와서 다시 춤을 추기도 했지만, 무리 속에 조용히 머무르는 벌도 있었다. 나는 페인트로 표시한 벌들이 벌통 안에 내려앉은 후 흥분하면서 입구 쪽으로 나갔다가 1분쯤 뒤 총총히 돌아오는 모습을 보았다. 벌들은 단지 입구 주변을 기어 다니다가 다시 안으로 들어오거나 벌통 주변을 천천히 맴돌며 날아다니기도 했다. 약간 거리를 두고 정면에서 벌통을 바라보며 능숙하게 비행하는 벌은 상자의 구조를 자세히 살펴보는 것이 분명했다(그림 3.8). 나는 한 번도 꿀벌이 정보를 수집하기 위해 그토록 끈질기게 집중하는 모습을 보지 못한 터였다. 나는 그 모습에 완전히 매료되었다. 또한 내가 선택한 논문의 주제에 대한 걱정도 상당 부분 사라졌다. 정찰벌이 집터를 조사하는 방식을 탐구할 수 있을 거라는 확신이 들었기 때문이다.

그림 3.8 벌통 앞을 살펴보는 정찰벌.

　다음 해인 1975년 6월, 나는 집터 정찰대의 조사 행위를 면밀히 연구하기 시작했다. 그러기 위해서는 5월 초만 되면 꿀벌 나무를 찾고 자연 보금자리를 연구하느라 바쁘게 보냈던 이타카 근방의 숲을 떠나야만 했다. 그리고 꿀벌의 자연 보금자리가 거의 없는 애플도어 섬(그림 3.9)으로 옮겨갔다. 바람이 심하게 부는 이 바위섬은 길이가 겨우 900미터에 불과했다. 메인 주 남부 해안에서 10킬로미터 떨어진 대서양에 위치하며 코넬 대학교와 뉴햄프셔 대학교가 공동 운영하는 숄스 해양연구소(Shoals Marine Laboratory)가 있는 곳이다. 내가 애플도어에 끌렸던 이유는 그곳에 꿀벌과 큰 나무가 없었기 때문이다. 그 대신 재갈매기와 큰검은등갈매기 수천 쌍이 번식하고, 이리저리 뒤얽힌 검은나무딸기, 바람에 시달리는 체리 덤불과 함께 3미터까지 기어 올라가는 덩굴옻나무로 덮여 있었다. 모든 식물은 갈매기에 의해 충분한 비료를 공급받았다. 나는 꿀벌 무리를 이 덤불 우거진 섬에

그림 3.9 안개 낀 어느 날 아침, 바위와 키 작은 초목 그리고 애플도어에 서식하는 갈매기.

그림 3.10 정찰대가 집터 후보지를 조사할 때 관찰할 수 있도록 설계한 벌통 내부. 상자 한쪽에는 붉은색 필터를 씌운 창문을 붙여놓았다. 벌은 붉은색을 볼 수 없기 때문에 별다른 방해를 하지 않고도 관찰이 가능하고 (번호를 적은 정사각형을 보면서) 움직임을 기록할 수 있다.

데려가면 내가 제공하는 인위적 집터를 보금자리로 삼을 것이라고 생각했다. 만약 그렇다면, 통제된 조건에서 벌들의 행동을 관찰하고 집터 후보지 평가 방법을 알 수 있을 터였다.

애플도어 섬에서 내가 수행할 첫 번째 목표는 집터를 조사하는 정찰벌들의 행동을 상세히 기술하는 것이었다. 나는 정찰벌들이 어떻게 집터의 중요한 특성을 평가하는지 알고 싶었다. 특히 구멍의 부피, 바닥에서 입구의 높이 등을 측정하는 방법을 이해하려면 집터 후보지 안에서 정찰대의 행동을 관찰하는 것이 중요했다. 이런 목적에 맞게끔 나는 빛이 통하지 않는 막사를 짓고 한쪽에 정육면체 모양의 벌통을 고정해놓았다(그림 3.10). 그리고 정찰대를 방해하지 않고 안을 지켜볼 수 있도록 붉은색 필터(벌은 붉은색을 볼 수 없다)를 씌운 창문을 벌통에 붙여놓았다. 벌통의 내부 표면에는 안으로 들어간 정찰대가 어떻게 움직였는지 기록할 수 있게끔 격자식 좌표를 그려 넣었다. 섬 한쪽에 치우친 계곡의 막사 안에서 모든 작업을 마친 다음 소규모 꿀벌 집단(2000여 마리)을 섬 중앙에 풀어놓았다. 이때 각각의 벌을 구별할 수 있도록 여러 색깔의 페인트로 점을 찍어두었다. 그런 다음 막사로 돌아가 정찰벌들이 오기를 기다렸다.

오전 내내 기다렸지만 실망스럽게도 정찰벌은 찾아오지 않았다. 정오 무렵에는 더욱 실망스럽게도 몇몇 정찰벌이 내 막사에서 완전히 떨어진 곳을 가리키며 춤을 추고 있었다. 젠장! 대체 벌들이 찾은 것은 무엇일까? 나는 벌들이 가리키는 방향과 거리를 주의 깊게 살핀 다음 지형도를 보며 그곳을 찾아갔다. 그곳에 도착하자 더욱더 우울해졌다. 벌들의 춤이 남쪽 해안에 있는 바닷가재 어부 로드니 설리번(Rodney Sullivan)의 오두막 두 채 중 하나를 정확하게 가리키고 있었기 때문이다(그림 3.11). 며칠 전 애플도어에 도착해 새로운 환경에 적응할 무렵, 나는 어부들의 사유지에 절대 들어가서는 안 된다는 말을 들었다. 그중 특히 로드니의 사유지를 침범하지 말라고 했다. 그는 사생활을 매우 중시해서 정문 뒤에 장전된 권총을 놓아둔다고 했다. 어떻게 해야 하지? 나는 연구소 소장 존 M. 킹스베리(John M.

Kingsbury) 교수에게 자문을 구했다. 교수님은 친절하게도 "실리 학생을 어부 설리번 씨에게 소개해주겠다"며 나와 함께 그의 오두막을 찾아갔다. 로드니는 집 앞(바다 쪽)에서 보트를 타고 오는 우리를 지켜볼 수 있었다. 그러는 동안에도 집 뒤(육지 쪽)에서는 벌들의 '공격'이 계속되었다. 보트가 도착하자 현관을 열고 나온 로드니는 해안으로 올라오라고 말했다. 우리가 바위를 기어올라 집에 당도하자 로드니는 벌 수백 마리가 장작 난로의 연통에 들어가 날아다니는 비상사태가 벌어졌다고 말했다. "이런 일은 본 적이 없어요! 벌들이 (얼마 전의) 폭풍 때문에 이리로 휩쓸려 온 걸까요?" 나는 아무런 대답도 하지 않고 그냥 도와주겠다고 말했다. 로드니가 난로에 불을 지펴 연기를 피우는 동안, 나는 가파른 지붕(마르지 않은 갈매기 배설물 때문에 미끄러웠다) 위로 올라가 벌들이 다시는 들어오지 못하게 굴뚝 연통 위에

그림 3.11 바닷가재를 잡는 어부 로드니 설리번의 오두막. 지붕에 걸쳐 있는 사다리를 보면 지은이가 벌들을 막기 위해 어떻게 굴뚝으로 올라갔는지 알 수 있다.

철망을 씌웠다. 로드니는 기뻐했고, 나는 안심했다.

정찰벌들은 더 이상 로드니의 집으로 분산되지 않고 곧이어 내가 설치한 벌통에 나타나 놀라운 조사 활동에 착수했다. 집터 후보지를 조사하는 데는 13~56분(평균 37분)이 걸렸다. 공간 내부 조사를 끝내기까지 모두 10~30번 이동을 했고, 이동 시간은 매번 1분이 채 걸리지 않았다. 마찬가지로 짧은 시간 동안 벌통의 외관도 번갈아 살펴보았다. 나는 정찰대가 구멍을 들락거리는 이 첫 번째 비행을 발견 조사(discovery inspection)라고 이름 붙였다. 발견 조사가 끝나면 정찰대는 무리로 돌아간다. 만약 그 장소가 바람직하다면 8자춤을 통해 설명하고 나서 약 30분 간격으로 여러 번 그 장소를 방문할 터였다. 그러나 첫 번째 방문 이후 이어진 방문은 겨우 10~20분(평균 13분)이 걸렸고, 구멍을 빈번하게 들락거리는 행동은 하지 않았다.

구멍 안에서 발견 조사를 할 때 정찰대는 상당한 시간(약 75퍼센트) 동안 표면을 빠르게 걸어 다닌다. 걸음을 재촉하며 이리저리 걷다 잠시 멈춰 휴식을 취하기도 하고 몸을 매만지기도 한다. 취기관에서 페로몬을 발산하거나 파닥거리며 날기도 한다. 어두운 구멍 안은 이리저리 날기에 적당하지 않은 장소처럼 보인다. 하지만 이러한 비행은 실제로 1초도 채 지속되지 않는다. 요컨대 벽이나 바닥, 천장으로 이동하기 위한 행동일 뿐이다. 정찰대는 발견 조사 초기엔 주로 입구 주변을 돌아다니고, 이후에는 나무 구멍 깊은 곳으로 들어가는 기하학적 움직임을 보인다(그림 3.12). 정찰대의 움직임 경로를 3차원으로 복원해보니, 조사가 끝날 때까지 내부 표면을 샅샅이 살피느라 총 60미터 이상을 걸어 다녔음을 알 수 있었다.

나는 1975년 애플도어 섬에서 4주를 보냈다. 그러나 정찰대의 집터 후보지 평가 방법에 대한 수수께끼를 풀지 못한 채 섬을 떠났다. 그럼에도

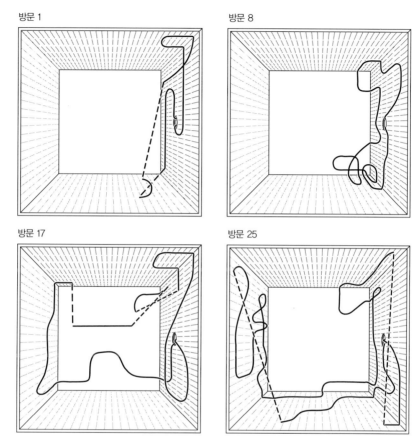

방문 1

방문 8

방문 17

방문 25

그림 3.12 정찰대가 집터 후보지를 조사하는 방법. 정찰벌이 벌통 내부를 조사한 스물다섯 번의 방문 가운데 네 번의 방문을 추적해보았다. 실선은 벌이 걸어 다닌 경로를, 점선은 날아다닌 경로를 나타낸다.

불구하고 만족스러운 진전을 이뤄냈다. 그 섬 연안에서 꿀벌 집단 다루는 방법을 터득한 것이다. 때때로 매서운 바람과 자욱한 안개가 내 연구를 방해했지만 소금기를 머금은 공기, 바위투성이 해변에 들이치는 파도, 갈매기 소리는 늘 활기찼다. 나는 정찰벌이 집터 후보지를 조사할 때 어떻게 행동하는지 깨달았고, 이는 애플도어에서 향후 실험 연구 계획을 세우는 데 매우 유용했다. 1976년 7월 애플도어로 돌아온 나는 정찰대가 자신보다 엄청나게 큰 집터 후보지의 크기를 측정하는 방법에 대한 수수께끼를 푸는 데 초점을 맞추었다. 구멍의 부피는 집단의 장기적 생존이 걸려 있는 가장 중요한 특성이다. 왜냐하면 10리터 이하의 구멍을 차지한 집단은 겨울을 나는 데 필요한 꿀을 충분히 저장할 수 없기 때문이다. 따라서 나는 벌이 나무 구멍의 부피를 정확하게 측정하는 방식을 발달시켜왔다고 추정했다.

정찰벌들은 나무 구멍의 부피를 어떻게 측정할까? 첫 번째 조사 과정에서 넓은 표면을 걸어서 돌아다닌 것은 부피를 추정하는 데 필요한 기본 정보를 얻기 위함일 수도 있다. 하지만 단순히 내부를 둘러본 것일 뿐이라는 가설도 배제할 수 없었다. 그래서 구멍 입구로 들어가는 빛의 양에 변화를 준 벌통과 내부 표면에 플루온(Fluon: 주방용품의 오염 방지에 쓰는 플루오르 수지의 상품명—옮긴이)을 발라 벌이 미끄러워서 걸어 다닐 수 없도록 만든 벌통으로 실험을 수행했다(그림 3.13). 그 결과, 정찰대가 구멍의 부피를 측정하려면 0.5럭스(보름달 정도의 조도)보다 밝은 조명이나 자유롭게 걸어 다닐 수 있는 표면 중 하나가 있어야 했다. 전형적인 나무 구멍의 내부 조건은 어떨까? 물론 구멍 내부의 나무 벽은 정찰대가 쉽게 걸어 다닐 수 있다. 그렇다면 구멍 내부의 조도를 측정해볼 필요가 있었다. 몇몇 자연 보금자리 입구에 조도계를 설치해 살펴보니, 햇빛이 들어오는 입구 주변을 제외하고는 0.5럭스 이하였다. 요컨대 야생의 꿀벌 정찰대는 기본적으로 부피를 측정하기 위해 집터를 돌아다니는 게 분명했다.

이 가설을 좀더 직접적으로 검증하기 위해 구멍 안의 걸음 수를 조작함으로써 부피에 대한 정찰대의 인식을 변화시켜보기로 했다. 이를 위해 나

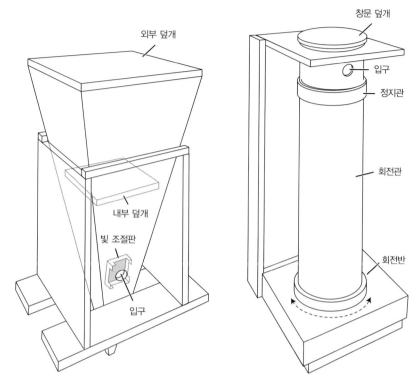

그림 3.13 정찰벌의 구멍 부피 측정 방법을 검증할 때 사용한 실험 장치. 왼쪽: 구멍 부피를 5리터(내부 덮개 아래)에서 25리터(내부 덮개 위)까지 조절하도록 고안했다. 빛 조절판은 입구로 들어오는 빛의 양을 조절하며, 이를 통해 정찰대가 시각에 의존하지 않고 구멍의 크기를 측정하는지 여부를 알 수 있다. 내부 표면을 코팅해 벌통 안에서 걸어 다니는 표면적을 조절했고, 이를 통해 걷는 행위의 중요성을 평가할 수 있다. 오른쪽: 원통형 구멍의 벽을 회전시키는 장치로, 벌이 공간을 한 바퀴 돌 때 걸음의 양을 늘리거나 줄일 수 있다.

는 벌을 위한 일종의 러닝머신을 발명했다. 벌이 내부에 있는 동안 상자가 부드럽게 돌아가도록 회전반 위에 원통형 벌통을 세워놓은 장비였다(그림 3.13). 나는 위쪽 창문을 통해 벌이 어느 쪽으로 걸어 다니는지 살피고, 수평으로 한 바퀴 도는 데 필요한 걸음 수를 늘릴지 줄일지에 따라 벽을 회전시킬 수 있었다. 따라서 내가 만약 입구를 통해 들어온 정찰대가 걷는 방향으로 벽을 회전시키면, 그 벌은 자신이 입구 주변에 빨리 도달했다고 인식할 것이다. 그러나 내가 반대 방향으로 벽을 회전시킬 경우, 입구 쪽으로 다시 돌아오려면 훨씬 더 오래 걸어야 할 것이다. 나는 이 모든 장치를 빛이 통하지 않는 막사 안에 설치한 다음 막사 벽에 낸 입구와 벌통 입구를 짧은 통로로 연결해놓았다. 벌통 안을 비추는 빛은 이 입구를 통해 들어오는 게 전부였다. 이 밝은 부위는 벌통 안의 정찰벌에게 통에서 벗어나는 길을 알려줌과 동시에 자신이 벌통을 얼마나 돌았는지 확인하는 시각적 기준점(visual reference point)이 되어줄 터였다.

실험용 벌통의 부피는 지나치게 작은 나무 구멍과 적당히 큰 나무 구멍 사이의 경계인 14리터였다. 만약 걷는 것이 부피를 인식하는 데 영향을 미친다면, 벌통을 발견한 첫 번째 정찰대는 실제 부피보다 더 좋다거나 덜 좋다는 인식을 해야 한다. 왜냐하면 정찰벌은 일반적인 14리터짜리 나무 구멍의 경우보다 더 혹은 덜 걷도록 되어 있기 때문이다. 벌통 평가의 지표 역할을 하는 요소는 정찰대가 그 벌통을 방문하기 위해 모집한 또 다른 정찰벌의 수다. 다시 말해, 지나치게 작아 보이는 상자의 경우 모집한 정찰벌의 수보다 적당히 커 보이는 상자의 경우 모집한 벌의 수가 더 많아야 한다. 나는 네 번의 실험을 통해 바로 그런 모습을 관찰할 수 있었다. 정찰벌이 오래 걸었을 때는 90분 동안 일곱 번 혹은 아홉 번에 걸쳐 또 다른 정찰대를 모집한 반면, 별로 걷지 않았을 때는 같은 시간 동안 또 다른 정찰대 모집을 한 번도 하지 않거나 단 한 번만 했을 뿐이다. 정찰대가 '오래 걸은' 벌통의 공간만이 충분하다고 여기고 동료에게 열정적으로 추천한 것이 틀림없다. 그러므로 나무 구멍의 부피에 대한 정찰벌의 추정치는 상자 안을 일주하는 데 필요한 걸음 수에 비례한다. 한 걸음 한 걸음이 모두 측량인 것이다.

영국 브리스틀 대학교의 생물학자 나이절 R. 프랭크스(Nigel R. Franks)와 미국 애리조나 대학교의 생물학자 안나 돈하우스(Anna Dornhaus)는 최근 정찰벌이 비행과 걸음을 통해 얻은 정보로 벌통 공간의 부피를 추정하는 간단한 방법을 제시했다. 그들은 물리학자들이 예전부터 알고 있던 평균 자유 경로 길이(mean free path length, MFPL)에 주목했다. 한 공간에서 벽부터 벽까지 모든 방향으로 그려진 선의 평균 자유 경로 길이는 공간의 부피(V)를 내부 표면적(A)으로 나눈 값의 4배이다. 즉 MFPL=4V/A이다. 따라서 부피는 평균 자유 경로 길이에 내부 표면적을 곱한 값과 같다. 즉 V=(MFPL× A)/4이다. 정찰대의 장거리 걸음은 나무 구멍의 내부 표면적을 추정하는 수단일 가능성이 있다. 또한 펄쩍 뛰듯 날아다니는 행위—보고서를 쓰기는 했지만 부피 추정 과정과 직결되지는 않았다—도 벽에 부딪힐 때까지 얼마나 날아갈 수 있는지 알아보는 수단, 즉 평균 자유 경로 길이를 추정하는 수단일 가능성이 있다. 만약 이 두 가능성이 모두 타당하다면, 정찰대는 나무 구멍이 충분한 크기인지 확인하기 위해 내부 표면적과 평균 자유 경로 길이의 조합이 적절한지만 알아내면 된다. 물론 회전벽 벌통을 사용한 내 실험의 결과는 이 가설과 일치한다. 즉, 정찰대가 입구로 돌아올 때까지 더 많이 걷게 하면(그럼으로써 벌이 계산하는 내부 표면적의 추정치를 늘리면) 벌은 상자 부피에 대한 추정치를 더 크게 잡았다. 프랭크스와 돈하우스는 자신들의 아이디어를 뒷받침할 기발한 실험을 제안했다. 벌통 내부에 견고한 막을 치고, 막의 표면에 벌이 걸을 수 없도록 플루온을 발라놓는 것이다. 이 막은 벌통 내부의 평균 자유 경로 길이를 단축시키는 반면 부피나 걸을 수 있는 표면적을 변화시키지는 않을 것이다. 이 실험을 통해 우리는 벌이 상자 자체가 수축한 것처럼 행동할지 여부를 알 수도 있다. 나는 이 실험이 곧 수행되길 바라며, 그 결과가 이미 나와 있는 경험 법칙을 지지해주길 바란다. 이 실험이 어려운 문제를 푸는 명쾌한 해법이라고 생각하기 때문이다.

04

정찰벌의 논쟁

민주주의에 대한 경험은 인생 경험 그 자체다.
항상 변화하고 무한한 다양성이 있으며 때로 격동하지만
역경을 통해 검증받아왔다는 점에서 더욱 값지다.

—지미 카터, 인도 의회에서 행한 연설(1978)

꿀벌 집단은 미래의 보금자리를 선택할 때 직접 민주주의라는 형태를 취한다. 직접 민주주의는 공동체 내의 개인이 대표를 통하지 않고 직접 의사 결정에 참여하는 것을 말한다. 그러므로 꿀벌의 집단 결정은 뉴잉글랜드 지역의 마을 회의와 유사하다. 지역의 사안에 관심 있는 유권자가 대개 1년에 한 번씩 자치에 관한 쟁점을 논의하고 투표함으로써 공동체에 구속력 있는 결정을 내린다. 물론 꿀벌 집단과 마을 회의에서 작동하는 직접 민주주의에는 다른 점이 있다. 예를 들어, 꿀벌 집단의 정찰대는 공통의 관심사(모든 정찰대가 최적의 집터를 선택하고자 한다)에 대해 합의를 형성함으로써 결정에 도달한다. 그러나 마을 회의에서 사람들은 흔히 갈등을 빚는 관심사(마을 도서관의 재정 지원에 대해 어떤 이들은 찬성하고 어떤 이들은 반대한다)를 다수결에 따라 결정한다. 즉 각 개인은 동일한 가치를 지닌 한 표를 행사하고 다수의 표를 얻은 대안이 승리한다. 또 다른 차이점은 꿀벌 집단의 정찰대가 마을 회의의 시민과 달리 논쟁 중에 이루어지는 정보 교환을 지켜볼 수 없고 그런 탓에 전 과정을 조망할 수 없다는 것이다. 정찰대는 오직 바로 옆에 있는 이웃 꿀벌의 행동만을 관찰하고 거기에 반응하기 때문에 동료 벌들 사이에 퍼져 있는 정보를 전체적으로 알지 못한 채 행동한다.

꿀벌 집단과 마을 회의 간의 이런 차이—공통의 관심사 대 상충하는 관심사, 지엽적 지식 대 전체적 지식—에도 불구하고 꿀벌과 인간의 직접 민주주의에는 대단히 중요한 유사점이 있다. 첫째, 집단 결정과 관련해 곤충과 인간은 모두 미래의 행동 방침을 의결할 때 수백에 달하는 개체가 자율적으로 참여하며 이들은 각기 동등한 무게를 지닌다. 다시 말해, 집단행동에 대한 통제권이 소수의 통치자에게 집중되는 것이 아니라 다수의 구성원에게 분산된다. 둘째, 어떤 정보에 대한 소스가 광범위하게 분산된 경우에도 각 개체가 참여함으로써 다양한 경로를 통해 동시에 그 정보를 획득하고 처리할 수 있다. 모든 의사 결정의 첫 번째 단계를 생각해보자. 이 단계에서 핵심적인 과제는 선택 가능한 대안을 추려내는 것이다. 꿀벌 집단과 마을 회의에서는 문제를 탐구하고 해결책을 제시하는 수많은 개체 덕분에 한 마리의 꿀벌, 한 명의 사람보다 더 넓은 영역의 대안이 나올 수 있다. 선택 영역이 넓을수록 최선의 대안을 포함할 가능성도 커진다. 가장 흥미로운 세 번째 유사점은 집단이 미래의 행동 방침을 선택하는 방법과 관련이 있다. 꿀벌 집단과 마을 회의 모두 제시된 대안을 갖고 공개적인 경쟁을 함으로써 미래의 행동 방침을 선택한다. 어떤 개체가 제안을 하나 내놓으면 다른 개체는 그 제안을 자율적으로 평가한 다음 거부할지 수용할지 결정한다. 제안을 받아들이기로 한 개체가 지지를 표명하면, 일반적으로 더 많은 지지자가 생겨난다. 제안이 훌륭할수록 더 많은 지지자를 끌어들여 공동체 전체가 선택할 가능성도 높아진다.

서로 다른 제안을 지지하는 집터 정찰대 사이의 경쟁은 격렬해질 때가 많다. 한 정찰벌이 어떤 훌륭한 보금자리를 내세우면, 벌떼 표면에서 약간 떨어져 있는 다른 정찰벌이 두 번째, 세 번째, 심지어 네 번째 바람직한 보금자리를 열정적으로 광고한다(이번 장에서 우리는 어떤 벌이 집터 정찰대라는 '직업'에 종사하는지, 무엇이 이들을 이처럼 위험한 작업을 하게끔 만드는지 살펴볼 것이다. 간단히 요약하면, 집터 정찰대는 원래 일반 먹이 징발대로 일해온 나이 든 벌들로서 분봉을 준비하는 자기 집단에 더 이상 먹이가 필요하지 않다고 느낄 때 그 일을 그만두고 정찰대가 된다). 그러나 이는 언제나 '우호적인' 경쟁이다. 요컨대 정찰벌은 이상적인 집터에 대한 동의를 이끌어내고, 최적의 장소를 선택하기 위해 단결하고, 지극히 정직하게 정보를 공유한 결과 마침내 새로운 보금자리에 대해 완전한 합의를 도출한다. 우리가 꿀벌에게서 배울 수 있는 소중한 교훈 중 하나는 바로 이것이다. 즉 의사 결정 문제를 푸는 영리한 해법은 개인에게 분산되어 있는 정보를 모두 활용해 개방적이고 공정한 경쟁을 하도록 만드는 것이다.

린다우어의 꿀벌 집단

1951년과 1952년 린다우어는 꿀벌 집단이 분산된 정보를 종합하기 위해 논쟁한다는 사실을 발견했다. 그는 폰 프리슈로부터 뮌헨 대학교 동물학 연구소 뒤뜰의 벌통에 모여든 꿀벌 집단을 마음껏 연구해도 좋다는 허락을 받았다. 이로써 린다우어는 1949년 봄 그의 호기심을 자극했던, 꿀벌 집단 위에서 춤을 추던 지저분한 벌들을 면밀히 연구할 수 있었다. 연구소의 꿀벌 집단은 5~7월에 걸쳐 17개의 소집단으로 흩어졌다. 그중 다수는 뮌헨 식물원으로 날아가 정착했고, 린다우어는 각 집단이 자리 잡은 장소에 따라 매력적인 이름을 지어주었다. 1951년 5월 18일 보리수(Linden) 집단, 1951년 7월 9일 산사나무(Hawthorn) 집단, 1952년 6월 22일 발코니(Balcony) 집단 등등. 그의 당면 목표는 춤벌이 집터 정찰대인지 알아내는 것이었지만, 궁극적 목표는 새로운 집터를 찾는 방법을 이해하는 것이었다. 그는 동물의 행동을 연구할 때는 '관찰하고 궁금해하는' 단계부터 시작해 참을성 있게 지켜보는 것이 의외의 발견을 가져다준다는 사실을 잘 알고 있었다. 그래서 새벽부터 해질녘까지 꿀벌들이 무리 표면에서 8자춤을 추는 것을 지켜보았다. 또한 그는 꿀벌의 세계로 들어가려면 춤벌을 하나하나 구별하는 것이 중요하다는 점을 간파했다. 그래서 벌의 등에 색색의 페인트로 점을 찍기로 했다. 린다우어는 1910년대에 폰 프리슈가 다섯 가지 색깔만으로 1부터 599까지 표시했던 것에 착안해 춤추는 벌의 가슴에 셸락(shellac: 니스를 만드는 데 쓰는 천연 수지—옮긴이) 페인트로 1~4개의 작은 점을 솜씨 좋게 찍었다.

꿀벌 무리의 춤을 기록하는 것은 몇 마리의 꿀벌이 간헐적으로 춤을 추는 초반에는 수월했다. 그래서 린다우어는 매번 춤을 춘 시간, 춤벌의 신원, 춤을 통해 광고하는 장소를 노트에 기록할 수 있었다. 그러나 시간이 지남에 따라 춤을 기록하는 것이 거의 불가능할 정도로 어려워졌다. 곧 10여 마리 이상의 벌이 동시에 춤을 추었기 때문이다. 꿀벌의 춤을 감당할 수 없게 되자 그는 선택적으로 기록하는 방법을 택했다. 그래서 (아직 표시되지 않은) 춤벌이 새로 등장하거나 그 춤이 새로운 장소를 가리킬 때에만 시간을 기록하기로 했다. 몇 시간 때로는 며칠 동안 쉬지 않고 혼자서 춤벌을 관찰·표시·기록하는 일은 무척 힘들었지만 그 결과는 매우 흥미로웠다. 1장에서 우리는 린다우어가 무리 위에서 춤추는 벌이 집터 후보지를 광고하는 집터 정찰대라는 예측을 어떻게 검증했는지 살펴보았다. 그는 무리가 새로운 집터로 날아가기 직전에 춤을 추는 벌들이 만장일치로 가리키는 장소가 바로 새로운 보금자리와 일치한다는 사실을 발견했다. 더욱 놀라운 발견은 정찰벌들이 새로운 보금자리를 선택하기 위해 활발하게 논쟁을 펼친다는 점이었다.

그림 4.1은 이러한 논쟁의 사례를 보여준다. 1951년 6월 26일 오후 1시 35분 에크(Eck: 독일어로 '모퉁이'라는 뜻—옮긴이) 집단은 본래의 보금자리를 떠나 쥐똥나무 덤불에 정착했다. 그리고 정찰대가 거의 4일 동안 보금자리를 선택하기 위해 분주히 날아다니는 동안 그 쥐똥나무에 매달려 있었다. 첫째 날, 린다우어는 1시 35분과 3시 사이에 춤을 추는 정찰대 2마리를 관찰하고 표시했다. 한 마리는 북쪽으로 약 1500미터 떨어진 집터 후보지를 가리켰고, 다른 한 마리는 남동쪽으로 300미터 떨어진 후보지를 가리켰다. 3시쯤 먹구름이 깔리고 공기가 차가워지자 정찰대는 그날의 탐험을 중단했다. 정찰벌들은 다음 날 아침 늦게까지 휴식을 취하다 구름이 걷히고 햇빛이 비치자 비로소 활동을 시작했다. 그림 4.1에서 볼 수 있듯이 이날 12시에서 5시 사이에 11마리의 새로운 벌이 춤을 추었다. 그중 3마리는 북쪽 1500미터 지점을 광고했고 2마리는 남동쪽 300미터 지점, 나머지 6마리는 전부 다른 장소를 광고했다. 이 둘째 날의 논쟁은 분명한 합의에 도달하지 못했다. 거의 온종일 비가 내린 셋째 날에는 늦은 아침에 춤벌 2마리를 목격할 수 있었다. 그중 한 마리가 북쪽 지점을 옹호함에 따라 북쪽 1500미터 지점은 (네 마리의 지지자를 확보해) 근소하게 앞섰고, 또 다른 한 마리는 남서

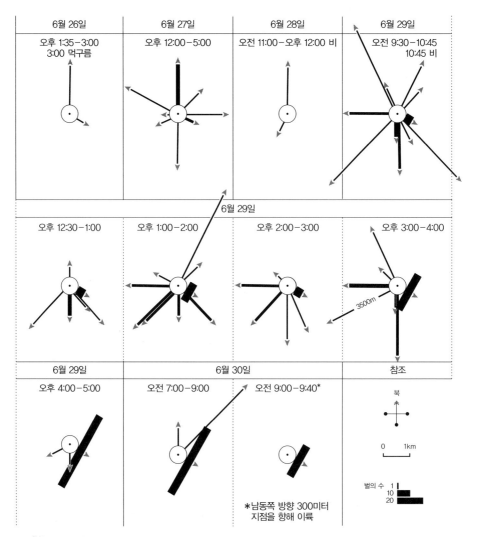

그림 4.1 1951년 6월 린다우어가 관찰한 에크 집단 정찰대의 춤 유형. 화살표는 춤벌이 가리키는 장소의 방향과 거리를 의미한다. 화살표의 너비는 해당 시간 동안 그 장소를 지지한 새로운 춤벌의 수를 나타낸다.

쪽 400미터 지점을 제안했다.

하늘이 맑고 공기가 따뜻한 넷째 날이 되자 벌들이 활동을 재개했다.

20개 이상의 새로운 장소가 제기되고, 놀랍게도 북쪽 1500미터 지점은 더 이상 지지자를 얻지 못했다. 린다우어는 전날 내린 비가 지붕 사이로 스며들어 그 장소가 더 이상 집터로서 매력적이지 않았을 것이라고 짐작했다. 이 20개의 새로운 집터 중 대다수는 딱 한 마리만이 제안해 그다지 진지하게 고려되지 않았다. 하지만 여러 벌들의 주목을 받은 몇몇 곳은 중요한 후보지였다. 예를 들어, 오전 9시 30분과 오후 4시 사이에 9마리의 벌이 서쪽 1500미터 지점을 광고했다. 그러나 4시와 5시 사이 이곳에 대한 흥미는 사그라졌고, 서쪽 지점을 지지하는 꿀벌도 더 이상 나타나지 않았다. 오직 한 곳, 즉 남동쪽 300미터 지점만이 종일토록 꿀벌들의 흥미를 끌었다. 이 장소를 지지하는 춤벌이 매 시간마다 새롭게 등장했다. 그림 4.1에서 남동쪽 지점을 지지하는 춤벌이 새롭게 등장한 속도는 하루 동안 점점 증가해 오후 4시에는 단연 으뜸이었다. 그러나 마지막 한 시간, 즉 오후 4~5시가 되어서야 비로소 남동쪽 지점의 지지자들이 다른 지점 지지자들을 완전히 압도할 수 있었다. 이때 61마리가 새롭게 남동쪽 지점을 광고하고, 단 2마리만이 다른 지점을 지지했다. 총 85마리 중 83마리가 남동쪽 지점을 지지하는 상태는 다음 날 아침까지 그대로 유지되었다. 그리고 마침내 6월 30일 아침 9시 40분 이 집단은 비행을 시작해 남동쪽 300미터 지점에 있는 폭격받은 건물의 벽을 보금자리로 삼았다.

린다우어가 기록한 에크 집단의 전체적인 패턴은 그가 관찰한 다른 17개의 집단에서도 전형적으로 나타났다. 처음에는 춤벌이 새로 등장해 여러 개의 집터 후보지를 가리키다가 점점 그 장소들 중 하나에 집중하고, 마침내 무리 전체가 선호하는 장소로 날아간다. 그러나 논쟁이 그다지 매끄럽게 진척되지 않는 경우도 있었다. 한 예로 정찰대가 발견한 두 곳이 동시

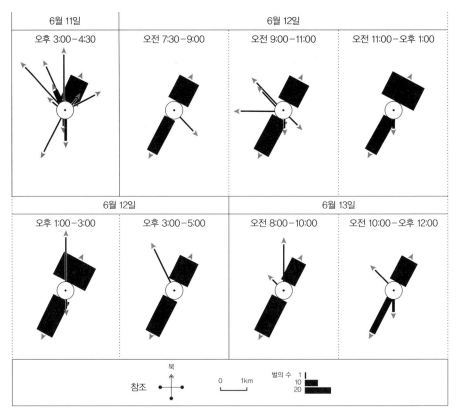

그림 4.2 1952년 6월 린다우어가 관찰한 프로필레엔 집단 정찰대의 춤 유형. 이 집단의 정찰대는 2개의 강력한 그룹으로 나뉨으로써 합의가 지연되었다.

에 강한 지지를 얻는 경우가 그랬다. 이런 상황에서는 두 장소 모두 많은 지지자를 더 확보해야 하므로 서로 다른 장소를 지지하는 새로운 벌들이 오랫동안 무리 위에서 춤을 춘다. 이런 경우는 당연히 합의에 도달하기가 대단히 어렵다.

그림 4.2는 정찰대가 막강한 두 그룹으로 나뉠 때 논쟁이 어떤 식으로 연장되는지를 보여준다. 프로필레엔(propyläen: 독일어로 '입구'라는 뜻―옮긴이) 집단의 모험은 1952년 6월 11일 오후 2시 14분에 분봉을 하면서 시작되었

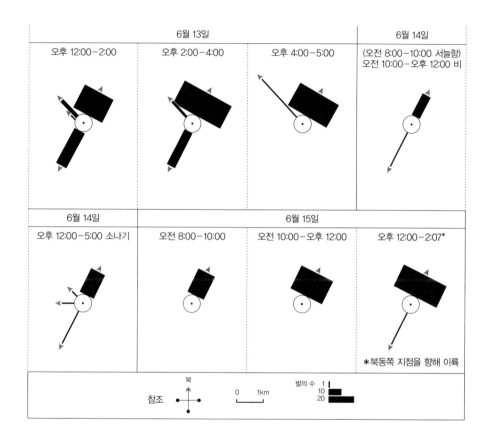

	6월 13일		6월 14일
오후 12:00-2:00	오후 2:00-4:00	오후 4:00-5:00	(오전 8:00-10:00 서늘함) 오전 10:00-오후 12:00 비

6월 14일	6월 15일		
오후 12:00-5:00 소나기	오전 8:00-10:00	오전 10:00-오후 12:00	오후 12:00-2:07*

*북동쪽 지점을 향해 이륙

참조 북 0 1km 벌의 수 1 10 20

다. 그날 오후 동안 정찰대는 11개의 장소를 발견해 보고했고, 그중 한 지점은 춤추는 벌을 상당수 끌어들였다. 린다우어는 15마리의 벌이 북동쪽 900미터 지점을 지지하고, 나머지 열 곳을 가리키는 벌은 모두 합해 14마리밖에 되지 않았다고 기록했다. 그래서 처음에는 세 시간이 채 되지 않는 토론을 거쳐 합의에 도달한 것처럼 보였다. 그러나 둘째 날 아침이 되자 또 다른 벌들이 나타나 남서쪽 1400미터 지점을 광고했다. 린다우어는 이때 일을 "그들의 춤 또한 활발하고 지속적이었다. 이 두 그룹이 이틀 동안 끌어온 막상막하의 줄다리기를 지켜보는 것은 괴로운 일이었다"고 기록했다. 둘째 날 내내 북동쪽 지점과 남서쪽 지점을 지지하는 춤벌의 수는 거의 비슷했고, 셋째 날인 6월 13일 늦은 아침이 되어서야 비로소 이러한 균형이 깨지기 시작했다. 어떤 이유 때문인지 남서쪽 지점을 향해 춤추는 세력이 조금 약해지더니 새로운 지지자도 줄어들었다. 오후 동안 북동쪽 지점을 향해 춤추는 새로운 벌의 수는 남서쪽 지점을 향해 춤추는 벌을 훨씬 넘어섰다. 처음에는 25 대 9(오후 12~2시), 그다음에는 41 대 7(오후 2~4시), 최종적으로는 34 대 0(오후 4~5시)이었다. 드디어 합의에 도달한 셋째 날 저녁 무렵은 새로운 보금자리를 향해 떠나기엔 너무 늦은 시간이었다(오후 5시 이후에는 거의 비행을 하지 않는 꿀벌의 습성은 아마도 남은 낮 시간이 충분히 길지 않기 때문일 것이다. 여왕벌이 휴식을 취하기 위해 비상 착륙할 경우, 비행을 중지한 일벌이 잃어버린 여왕벌을 찾아내 그 주변에 다시 모이기까지는 약 한 시간이 걸린다). 프로필레엔 집단은 의사 결정이 늦어지는 바람에 다음 날까지 머물러야 했다. 그리고 이튿날(6월 15일)에는 날씨가 차고 비까지 내려 오후가 되어서야 비로소 북동쪽의 새로운 보금자리를 향해 비행할 수 있었다. 원래의 보금자리를 떠난 지 꼬박 나흘 만의 일이다.

린다우어는 심지어 합의에 실패하는 경우도 목격했다. 이는 린다우어가 한 장소당 새로 등장한 춤벌을 표시하는 방식으로 기록한 논쟁에서 상황을 완전히 장악한 그룹이 없었음을 의미한다. 1952년 6월 22일에 분봉한 발코니 집단(그림 4.3)은 프로필레엔 집단처럼 정찰벌들이 팽팽하게 맞섰다. 한 그룹의 춤벌은 북서쪽 600미터 지점을 지지했고, 다른 그룹은 남서쪽 800미터 지점을 선호했다. 12시부터 4시까지 네 시간 동안 어떤 그룹도 결정적인 우세를 보이지 않았다. 그럼에도 불구하고 4시 10분이 되자

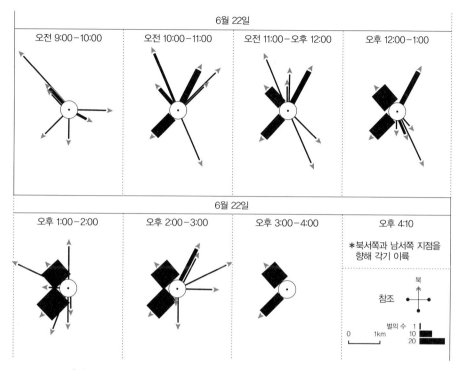

그림 4.3 1952년 6월 린다우어가 관찰한 발코니 집단 정찰대의 춤 유형. 이 집단의 정찰대는 합의에 도달하지 못했다.

발코니 집단은 린다우어가 직접 목격하고도 믿을 수 없는 이류을 감행했다. 이에 대해 그는 다음과 같이 기술했다. "그 집단은 …… 분리를 시도했다. 무리의 반은 북서쪽으로, 나머지 반은 남서쪽으로 가길 원했다." 무엇으로 보나 두 그룹의 정찰대는 자신들이 선택한 집터로 무리를 끌고 가기를 원했다. 이윽고 무리의 반은 역이 있는 남서쪽 지점을 향해 이류하기 시작했고, 나머지 반은 카를 거리가 있는 북서쪽으로 향하기 시작했다(그림 1.5 참조). 그러나 어떤 그룹도 자신들이 선호하는 방향으로 계속 가려고 하지는 않았다. 그 이유는 아마 두 그룹 모두 여왕벌을 차지하지 못했기 때문일 것이다. 결국 구름 떼처럼 빙빙 맴돌던 벌들은 공중에서 다시 결합했다. 이어 두 그룹 간의 놀라운 줄다리기가 시작되었다. 다음 30분 동안, 한 그룹은 북서쪽 지점을 향해 100미터가량 날아가다 돌아왔고, 다른 그룹은 남서쪽 방향으로 150미터가량 날아가다 원래 지점으로 돌아왔다. 이 시점에서 벌들은 이전에 모여 있던 발코니에 다시 자리를 잡았다. 슬프게도 여왕벌은 공중 줄다리기를 하는 동안 사라졌고, 여왕벌을 잃어버린 벌들은 몇 시간에 걸쳐 제각기 분봉하기 이전의 보금자리로 돌아갔다.

발코니 집단의 불운한 역사는 꿀벌 집단의 특징과 의사 결정 과정을 조명한다. 여왕벌을 잃고 해산한 발코니 집단의 비극을 통해 우리는 난소와 수정낭에 새로운 집단의 유전자를 담고 있는 여왕벌의 생존이 한 집단의 성공에 절대적으로 중요하다는 것을 알 수 있다. 가끔 한 집단 내에 분열된 결정이 존재하더라도 이러한 분열은 대부분 집단적 노력으로 해소된다. 우리는 7장에서 꿀벌 집단이 분열된 결정을 내릴 경우 어디로도 이동하지 못하고 다시 논쟁을 벌여 합의에 도달하려 애쓰는 모습을 살펴볼 것이다. 린다우어가 관찰한 17개의 집단 중에서 분열된 결정을 내린 집단은 발코니 집단과 모자허(Moosacher: 뮌헨에 있는 거리 이름—옮긴이) 집단 둘뿐이다. 그중 발코니 집단만 끝까지 합의에 이르지 못한 이유는 여왕벌을 잃어버렸기 때문이다. 따라서 꿀벌 집단의 의사 결정에서 완전한 실패는 매우 드문일처럼 보인다. 결국 발코니 집단이 사전 합의에 이르지 못한 채 비행을 시작한 사례는 다음과 같은 사실을 강하게 시사한다. 요컨대 인간들의 짐작과 달리 춤벌은 '결정하는 행위'에서 결정을 '수행하는 행위'로 이행할 시점을 판단할 때 합의 도달 여부를 살피지 않는다. 이러한 이행이 실제로 어떻게 이루어지는지는 7장에서 살펴볼 것이다.

나의 꿀벌 집단

위대한 과학적 발견이란 애매함을 일소하는 빛나는 통찰을 제공하고 새로운 길을 개척해 미지의 지평을 밝히는 것이다. 집터 정찰대가 8자춤을 통해 의사를 표현하고 논쟁함으로써 집터를 선택한다는 사실은 린다우어의 위대한 발견이었다. 그는 벌춤의 기능을 설명함으로써 꿀벌 집단의 의사 결정 시스템에 대한 인식으로 나아가는 새로운 길을 열었다. 특히 인간이 아닌 동물의 복잡한 집단 결정이라는 새로운 과학의 영역으로 우리를 안내했다는 것이 가장 중요하다.

린다우어는 분명 행동생물학의 개척자였다. 하지만 모든 개척자가 그렇듯이 그에게 허용된 시간과 도구는 새로이 발견한 지형을 완전히 탐험하기엔 역부족이었다. 따라서 꿀벌 민주주의에 대한 그의 연구가 여러 면에서 불완전한 것은 당연하다. 이러한 한계는 그가 장비 부족 때문에 단지 무리 위에서 춤추는 새로운 벌의 등장만을 기록할 수 있었다는 점에서 두드러진다(그가 이용한 장비는 노트, 시계, 페인트뿐이었다). 의사 결정의 각 단계에서 춤추는 모든 벌(원래 춤추던 벌과 새롭게 등장한 벌)을 모두 기록했다면 가장 좋았을 것이다. 그랬다면 자료를 바탕으로 저마다 제안하는 장소를 향해 춤을 추는 벌들의 역학 관계를 전체적으로 조망할 수 있었을 것이다. 또한 그랬다면 제안된 각각의 장소에 대해 새로 등장하는 지지자뿐 아니라 전체 지지자 수가 변화하는 과정이 드러나 마침내 춤추는 벌들이 단 하나의 장소를 옹호하는 과정도 보여줄 수 있었을 것이다. 그림 4.1과 4.2의 기록은 꿀벌 집단이 이륙하기 직전, 새로운 벌들이 모두 논쟁에서 승리한 장소를 지지했음을 보여준다. 그러나 이는 최종적으로 '모든 춤추는 벌', 즉 원래 춤추던 벌과 새롭게 춤추는 벌이 전부 승리한 장소를 지지했다는 뜻은 아니다. 의사 결정 과정은 기본적으로 모든 춤벌이 딱 한 곳, 즉 승리한 장소를 지지함으로써 사실상 깨끗하게 끝나는 것일까? 린다우어는 그렇다고 지적했다. 요컨대 논쟁에서 패배한 장소를 지지한 정찰대가 궁극적으로 "자신들의 신규 지지자 모집을 포기했다"고 썼다. 이는 아마도 춤추기를 중단했다는 뜻이겠지만, 그는 실제로 벌들이 춤을 멈추었는지 언급하지 않았다. 또한 선정되지 않은 장소를 지지하던 벌들이 춤을 언제, 어떻게 멈추는지도 설명하지 않았다. 따라서 꿀벌들이 무리 위에서 춤을 추는 전체적인 그림을 그려보면 매우 유용할 것이다. 그리고 춤벌 각각의 행동을 전부 기록함으로써 첫 번째 춤에 이은 이후의 행동을 추적하는 작업 또한 매우 의미 있을 것이다. 꿀벌들은 춤을 여러 번 출까? 춤의 횟수는 광고하고자 하는 장소의 질과 관련이 있을까? 꿀벌들은 주변에서 어떤 상황이 벌어지든 관계없이 스스로 춤을 멈출까, 아니면 다른 벌이 더 격렬한 춤을 추는 것을 본 직후에 멈출까? 린다우어의 연구는 집터 정찰대가 집단 결정을 내리는 과정을 보여준 첫 번째 르네상스다. 그러나 집터 정찰대가 논쟁을 할 때 뒤따르는 절차상의 규칙에 대해서는 아직 해답을 알 수 없는 질문을 무수히 남겨놓았다.

　1996년 나는 이러한 질문들과 씨름해보기로 마음먹었다. 꿀벌의 집터에 대한 선호와 집터 후보지의 부피를 추정하는 방식에 관한 박사 논문을 끝낸 지 거의 20년이 지났을 때였다. 그렇다면 왜 1970년대 중반에는 린다우어 연구의 미흡한 점에 대해 고심하지 않았느냐고? 그 이유는 꿀벌의 의사 결정에 대한 린다우어의 분석을 넘어서기 위해 꼭 필요한 영상 기록 장비를 마련할 방법을 몰랐기 때문이다. 그때는 컬러 비디오카메라, 녹음기, 모니터(당시에는 이러한 장비를 따로따로 구입해야 했다)를 구입하려면 수천 달러

꿀벌의 민주주의

가 필요했고, 이 비용은 초보 과학자로서 내가 쓸 수 있는 한정된 예산을 훨씬 웃돌았다. 그래서 나는 사회적 동물의 집단 결정 방식이라는 주제를 포기하지 않으면서도 꿀벌 집단 결정의 다른 형태를 연구하는 쪽으로 초점을 전환했다. 새로운 연구 주제는 꿀벌 집단이 변화무쌍하게 펼쳐진 주변 벌판의 꽃밭에 먹이 징발대를 현명하게 배치하는 방법이었다. 이는 다른 종류의 집단 선택이다. 아직 집이 없는 꿀벌은 하나만을 선택해야 할 경우(집터 후보지)에는 '합의에 도달한 결정'을 하는 반면, 먹이 징발대를 다양

그림 4.4 하나하나 구별하기 위해 숫자와 페인트로 표시한 일벌.

한 선택지(먹이 후보지)에 할당할 경우에는 '여러 가지 선택이 결합된 결정'을 하기 때문이다. 먹이 징발대에 대한 의사 결정 방식은 집터 선택 방식과 대체로 비슷해 보여서 더욱 흥미로웠다. 꿀벌은 춤을 추며 (집터가 아닌 먹이에 대해) 각자 선택한 곳을 광고하고, 이러한 경쟁에 기초해 결정을 내렸다. 아울러 먹이 징발대에 대한 연구가 집터 선택에 대한 연구보다 한층 쉬워 보이기도 했다. 분봉은 겨우 며칠 동안 지속되는 일시적 현상이지만, 먹이를 구하는 행위는 여름 내내 계속되기 때문이다. 그래서 나는 꿀벌이 먹이를 모으기 위해 유기체처럼 협동하는 모습, 특히 여러 꽃밭에 현명하게 흩어져 일하는 모습을 약 15년간 행복한 마음으로 연구할 수 있었다. 1995년 나는 이러한 연구의 핵심을 《벌떼의 지혜(The Wisdom of the Hive)》라는 책에 담았다. 그리고 이런 성과를 바탕으로 꿀벌의 집단 결정에 대한 연구가 계속 이어지길 바랐다.

어디서부터 시작해야 하는지는 명백했다. 새로운 집터를 선택하는 동안 정찰벌의 춤을 빠짐없이 기록한다면 그들의 논쟁이 전체적으로 어떻게 펼쳐지는지 알 수 있으리라. 이를 통해 정찰벌의 행동을 광범위하게 설명할 수 있다면, 린다우어의 연구처럼 의미 있는 발견을 함과 동시에 그의 연구에서 부족했던 점을 채울 수 있을 거라고 생각했다. 나는 지금 40년 전의 린다우어나 20년 전의 내게 없었던 정교한 영상 기록 장비와 슬로모션 재생 장비를 갖추고 있다. 이러한 장비를 사용해 나는 정찰벌의 춤을 종합적으로 기록할 수 있었다. 또한 나는 지금 수천 마리나 되는 개개의 벌을 구별하는 방법도 알고 있다. 그림 4.4처럼 가슴에는 숫자를 표시한 색색의 플라스틱 태그를 붙이고, 배에는 페인트로 표시하는 방식은 내가 꿀벌의 먹이 찾기 행위를 연구하면서 갈고닦은 기술이다. 이런 방식으로 꿀벌을 표시해놓으면 벌이 의사 결정을 위해 춤추는 과정을 추적할 수 있을 거라고 생각했다. 그러나 이 프로젝트가 성공을 거두려면 엄청난 노력이 필요했다. 하나의 꿀벌 집단 내에는 표시해야 할 벌이 수천 마리나 있다. 게다가 나는 꿀벌 집단이 집터를 선택하는 동안 그들을 관찰하고, 영상 장비를 관리하고, 기록한 자료에서 춤에 대한 정보(춤벌의 신원, 벌이 가리키는 장소, 춤의 순환 횟수)를 일일이 분석해야 했다. 그나마 코넬 대학교의 학부생 수재나 버먼(Susannah Buhrman)의 도움을 받은 것은 엄청난 행운이었다. 끈질기고 영특한 그녀는 이 연구에서 없어서는 안 될 파트너였다. 우리는 1997년 여름 내내 함께 노력한 결과 이 연구를 성공으로 이끌 수 있었다.

수재나와 나는 세 집단의 정찰벌이 숙의하는 소리를 엿듣고, 의사 결정을 하는 동안 그들이 춘 춤을 전부 기록했다. 그림 4.5는 6월 19일 오전 10시에 분봉한 집단 1의 논쟁을 기록한 자료다. 정찰벌들은 오후 1~3시에 각자 발견한 장소를 보고하기 시작했다. 저녁 무렵에는 7개의 집터 후보지(A-G)에 대해 토론이 이루어졌지만 그중 어느 곳도 열광적인 지지를 얻지 못했다. 다음 날 정찰벌들은 더 활발하게 움직였다. 정오까지 4개의 장소(H-K)에 대해 추가 논쟁이 이어졌고, 그중 세 곳—남동쪽 2200미터 G 지점, 동쪽 2600미터 H 지점, 남쪽 4200미터 I 지점—이 많은 벌들의 지지를 받았다. 9마리의 벌이 지지한 G 지점이 선두였지만, 아직 압도적이지는 않았다. 오후 12~2시가 되자 상황이 눈에 띄게 달라져 25마리 중 23마리가 지지한 I 지점이 선두로 올라섰다. 이런 상황은 오후 내내 지속되었다. 하지만 여전히 L 지점과 M 지점에 대한 가능성이 남아 있었고, 벌들은 춤을 추며 K, L, M 지점을 지지했다. 그러나 다음 날 아침이 되자 I 지점에 대한 합의가 완전히 이루어졌다. 이 집단은 오전 9시 10분 I 지점을 향해 남쪽

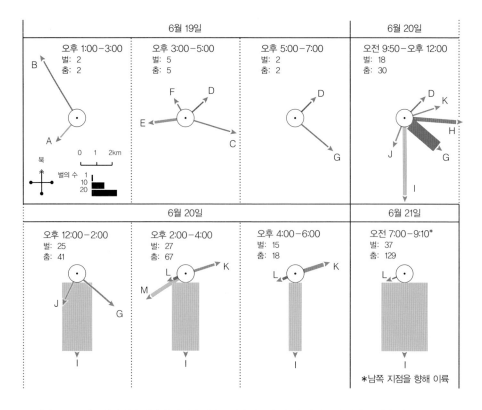

그림 4.5 1997년 6월 실리와 버먼이 관찰한 집단 1 정찰대의 춤 유형. 화살표의 너비는 해당 시간 동안 같은 장소를 가리키며 춤을 춘 벌의 수다. 이 집단의 정찰대는 합의에 빨리 도달했다.

으로 날아갔다.

어떤 면에서 집단 1의 논쟁은 린다우어가 묘사한 에크 집단을 떠올리게 한다. 의사 결정의 전반부에 정찰벌들은 여러 방향과 거리에 위치한 무수한 집터 후보지를 보고했다. 그리고 후반부가 되자 정찰벌들의 춤은 빠르고 매끄럽게 단 하나의 장소로 집중되었다. 마침내 사실상의 만장일치가 이루어지고, 무리는 결정된 장소로 이동했다. 그림 4.5가 시간대별로 각 장소를 향해 춤추는 '새로운' 벌의 수가 아니라 '전체' 벌의 수를 기록했

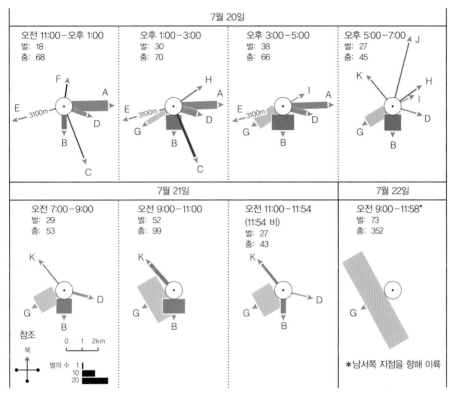

그림 4.6 1997년 7월 실리와 버먼이 관찰한 집단 3 정찰대의 춤 유형. 이 집단의 정찰대는 B 지점과 G 지점에 대한 오랜 논쟁을 거쳐 합의에 도달했다.

다는 점은 중요하다. 따라서 우리는 이 집단의 의사 결정이 진정한 합의에 도달했다고 확신할 수 있다.

수재나와 내가 관찰한 가장 흥미로운 논쟁은 집단 3에서 나타났다. 정찰벌들이 두 그룹으로 나뉘어 치열하게 경쟁했고, 몇 시간이 지나도록 어느 쪽이 승리할지 가늠하기 어려웠다(그림 4.6). 이 집단이 분봉한 시기는 7월 19일 오후 2시 30분이었다. 하지만 정찰벌들은 다음 날 정오 무렵이 되어서야 비로소 집터 후보지를 광고하기 시작했다. 오전 11~오후 1시에 6개의 지점(A-F)을 보고했고, 그중 한 곳(동쪽 2200미터 A 지점)은 8마리의 지지를 얻어 선두가 되었다. 다음 네 시간 동안 세 곳(G, H, I)이 추가로 쟁점에 올랐고, 네 곳(A, B, D, G)이 비교적 우세했다. 그러나 초반에 가장 앞섰던 A 지점은 B(남쪽 900미터 지점)와 G(남서쪽 1400미터 지점)에 대한 지지가 늘어남에 따라 선두에서 밀려났다. 오후 3~5시가 되자 A 지점을 향해 춤추는 벌은 겨우 4마리에 불과했고 17마리는 B 지점을, 10마리는 G 지점을 지지했다. 오후 5시에도 여전히 경쟁의 결과는 확정되지 않은 듯했다. 이 같은 상황은 그날 남은 두 시간의 논쟁을 거치며 극적으로 변화했다. 남은 두 시간 동안 새로운 두 장소(J와 K)를 포함해 7개 지점에 대해 토론했지만, 그중 오직 B 지점과 G 지점만이 여러 꿀벌의 지지를 얻었다. 이 두 지점을 지지하는 꿀벌은 다른 아홉 곳을 광고했던 꿀벌의 지지를 얻기 위해 애썼다. 수재나와 나는 다음 날이면 B와 G 중 한 곳이 결정될 거라고 확신했다. 우리는 어느 쪽이 우세할지 내기를 했다. 나는 B 지점에 걸었고, 수재나는 G 지점에 걸었다. 내기에서 지는 쪽이 이타카에 새로 생긴 벤 앤드 제리스(Ben and Jerry's: 미국의 아이스크림 체인─옮긴이)에서 3층짜리 아이스크림을 사기로 했다.

다음 날 아침, 우리는 잔뜩 긴장한 채 해가 뜨자마자 실험실로 가서 꿀벌들이 논쟁을 재개하기 전에 기록 장치를 켜고 누가 내기에서 이길지 열심히 지켜보았다. 논쟁을 시작한 7시에서 9시까지 두 장소 모두 10여 마리의 지지를 얻어 어느 쪽이 이길지 가늠할 수 없었다. 그러나 9시경부터 G 지점이 B 지점을 압도하면서 내 희망은 썰물처럼 사라졌다. 9~11시 G와 B에 대한 지지는 각각 32 대 17이 되었고, 11시부터 (비가 오기 시작한) 11시 54분 사이에는 20 대 4가 되었다. G 지점을 지지하는 꿀벌의 수가 B 지점을 지지하는 꿀벌의 수보다 많아지고 있었다. 오후 내내 내리던 비는 밤에도 계속되어 다음 날 아침 8시에야 그쳤다. 정찰벌들은 오전 9시부터 다시 춤을 추기 시작해 마침내 73마리 모두가 만장일치로 남서쪽 G 지점을 가리켰다. 정오가 되기 직전 벌들은 남서쪽으로 날아갔고, 우리도 곧장 벤 앤드 제리스로 향했다.

정찰벌들의 춤 경쟁을 지켜보는 것도 재미있었지만, 그림 4.5와 4.6 같은 도표를 만들고 분석하는 작업은 훨씬 더 즐거웠다. 몇 주 후, 우리는 48시간 동안 기록한 영상에서 필요한 정보를 전부 발췌해 도표를 완성했다. 이 도표들은 정찰벌의 의사 결정 과정에서 드러난 주요 특징을 분명하게 보여준다. 첫째, 논쟁이 서서히 진행되는 정보 축적 단계에서 꿀벌들은 광범위하게 분산된 여러 대안을 '토론 테이블 위에' 올려놓는다. 수재나와 내가 관찰한 세 집단의 꿀벌은 각각 13개, 5개, 11개의 장소에 대해 논의했다. 이 장소들은 꿀벌이 모여 있는 곳에서 각 방향으로 꽤 떨어진 거리(200~4800미터)에 있었다. 이 사실은 용감무쌍한 정찰대가 집터 후보지를 찾기 위해 70제곱킬로미터에 달하는 지역을 헤맸음을 의미한다. 이미 살펴보았듯이 집단 1의 L과 M 지점처럼 대부분의 후보지는 논쟁 전반부에 소개되지만, 가끔 후반부에 소개되기도 했다. 물론 꿀벌 집단은 모든 대안을 동시에 고려하지는 않았다. 하지만 그렇다고 해서 어리석은 결정에 이르지도 않았다(5장 참조).

둘째, 모든 논쟁 혹은 거의 모든 논쟁은 춤추는 정찰벌들이 단 하나의 장소를 지지해 합의에 이르는 것으로 끝난다. 따라서 우리가 당면한 문제는 상이한 선택을 선호하는 벌들 간의 치열한 경쟁이 어떻게 조화로운 합의로 전환되는지를 밝히는 것이다. 구체적으로 표현하면, 나머지 모든 장소를 지지하는 꿀벌의 수가 0이 되는 동시에 모든 꿀벌이 하나의 장소(5장에서 살펴보겠지만 대개의 경우 최적의 장소)를 지지하는 상황이 어떻게 가능할까? 이와 관련해서는 6장에서 꿀벌이 훌륭한 속임수를 써서 합의에 이르는 과정을 살펴볼 것이다.

셋째, 꿀벌의 의사 결정은 수십 수백 마리가 참여하는 지극히 폭넓고 민주적인 과정이다. 수재나와 나는 세 집단에서 각각 73마리, 47마리, 149마리의 꿀벌이 춤추는 광경을 지켜보았다. 그러나 아마 이 수는 정상적인 한 집단에서 춤추는 벌의 평균 수치에 미치지 못할 것이다. 왜냐하면 우리는 꿀벌을 일일이 표시하기 위해 소규모 집단—3252마리, 2357마리, 3649마리—을 관찰했기 때문이다. 야생 꿀벌 집단의 규모는 대부분 6000마리에서 1만 4000마리에 이른다. 우리가 표시한 꿀벌 집단에서 춤벌의 평균 비율은 2.8퍼센트였다. 이는 정찰벌의 수수께끼를 연구한 코넬 대학교의 학부생 데이비드 길리(David Gilley)가 야생 꿀벌 집단 내의 춤벌 비율이라고 보고한 5.4퍼센트에 근접한다(여기에 대해서는 잠시 후 살펴볼 것이다). 꿀벌 집단의 3~5퍼센트가 춤으로 논쟁에 참여한다는 점을 고려하면, 일반 집단에서는 약 1만 마리의 꿀벌 중 300~500마리가 의사 결정 과정에 참여한다고 추산할 수 있다.

용감무쌍한 탐험대

집터 정찰대라는 임무는 대부분 매년 늦봄이나 초여름 무렵 단 며칠만 하는 일이다. 이러한 사실은 일벌의 수명이 짧다는 것—일벌은 1년 중 몇 달 되지 않는 따뜻한 기간 동안 3~5주밖에 살지 못한다—과 더불어 꿀벌이 몇 세대 동안 새로운 보금자리를 찾아 헤매지 않아도 된다는 뜻이다. 그러나 몇몇 일벌은 분봉 시기에 집터 정찰대의 소임을 다한다. 이 용감무쌍한 탐험대는 전체 분봉 과정의 견인차 역할을 한다. 분봉 시기를 결정하고(2장) 최적의 집터를 고르기 위해 생사를 가르는 결정을 내리고(7장) 분봉을 위한 비행을 진두지휘한다(8장). 이 중요한 꿀벌들은 누구일까? 그들을 행동하게 만드는 것은 무엇일까?

집터 정찰대는 원래 먹이 징발대였다. 그전까지는 화려한 꽃을 찾아다녔으나 급격히 행동을 전환해 어두운 틈을 찾아다닌다. 먹이 징발대가 집터 정찰대로 변신했다는 주장을 뒷받침하는 첫 번째 근거는 마르틴 린다우어의 실험에서 비롯되었다. 1954년 5월 11일 린다우어는 뮌헨 동부의 한 지역에 꿀벌 집단을 풀어놓았다. 너른 벌판이 지평선까지 펼쳐 있고, 보금자리 구멍을 제공할 만한 나무와 집도 더러 있었다. 그런데 먹이가 지나치게 풍부해 일주일도 채 안 되어 벌집에 유충과 꽃가루 및 꿀이 가득 차기 시작했다. 린다우어는 벌들이 빨리 분봉을 할 것이라고 판단했다. 그리고 마침내 5월 27일 분봉했다. 분봉하기 열흘 전인 5월 17일 린다우어는 벌통에서 250미터 떨어진 곳에 선반을 설치하고 그 위에 진한 설탕 시럽(과립형 자당을 벌꿀에 녹인 것)을 담은 먹이통을 설치했다. 며칠 후 100마리 넘는 꿀벌이 먹이통으로 몰려들었다. 5월 22일 린다우어는 먹이통을 놓아둔 선반 뒤쪽에 인공 벌통 2개를 설치했다. 하나는 짚으로 엮은 벌통이고, 다른 하나는 나무로 된 벌통이었다. 다음 며칠 동안, 린다우어는 설탕 시럽이 든 먹이통을 찾아온 꿀벌들의 행동이 어떻게 변하는지 관심 있게 지켜보았다. 먹이통을 찾아오는 꿀벌의 수는 점점 줄어들었다. 그나마 찾아오던 꿀벌의 방문 횟수도 점점 감소했다. 벌들은 가끔 머뭇거리며 진한 설탕 시럽을 빨아먹기만 갔다. 그리고 마침내 5월 25일 아침 린다우어는 다음과 같은 사실을 목격했다. "먹이 징발대는 먹이통에 몰려드는 척하면서 아주 잠깐 동안 홀짝거릴 따름이었다. 그러다 공중으로 날아올라 '잠시 주변을 맴돌았다.'" 근처에 있는 참나무의 옹이구멍과 더불어 린다우어의 벌통들이 꿀벌의 시선을 사로잡았다. 오후에는 그가 표시해둔 6마리의 먹이 징발대(73번, 100번, 106번, 113번, 119번, 156번 꿀벌)가 짚으로 된 벌통을 열다섯 번, 나무로 된 벌통을 여덟 번 조사했다. 요컨대 먹이 징발대 중 일부가 정찰대가 된 것이 확실했다!

이 주장을 뒷받침하는 두 번째 근거는 데이비드 길리의 연구에서 찾아볼 수 있다. 재능 있는 학부생이던 그는 내 실험에 참가한 뒤 곧 꿀벌과 사랑에 빠졌다. 코넬 대학교에서 생물학 전공자가 명예 학위를 취득하려면 독창적 연구에 기초한 학위 논문을 써야 한다. 데이비드는 꿀벌에 대한 학위 논문을 시작하기 위해 3학년 봄에 나를 찾아왔다. 나는 어떤 꿀벌이 집터 정찰대가 되는지 좀더 조사해볼 것을 제안했고, 그는 이를 흔쾌히 받아들였다. 린다우어는 정찰대 '일부'가 이전에 먹이 징발대였다는 사실을 증명했다. 데이비드는 '모든' 혹은 '대다수' 정찰대가 이전에 먹이 징발대였는지를 연구했다. 만약 그렇다면, 정찰대는 무리 중에서 가장 나이 많은 꿀벌들이어야 한다. 왜냐하면 먹이 징발대가 무리 중에서 가장 나이 많은 꿀벌이라는 것이 이미 밝혀졌기 때문이다. 이것을 검증하기 위해 데이비드는 1996년 5월 초 5개의 소집단을 마련하고, 5월 5일부터 7월 22일까지 사흘마다 부화기에 넣어둔 벌집에서 갓 나온 꿀벌을 100마리씩 집어넣었다. 각 연령 집단(age cohort)의 꿀벌에는 모두 특정한 색의 페인트로 점을 찍어 표시했다. 데이비드가 몇 주에 걸쳐 색색의 꿀벌로 벌통을 가득 채우는 동안 꿀벌들은 새끼 벌과 꽃가루, 꿀로 벌집을 가득 채웠다. 6~7월이 되

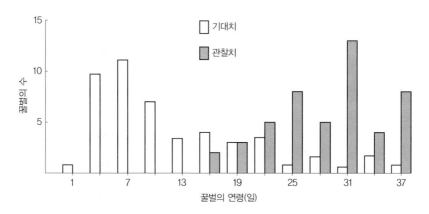

그림 4.7 전체 집단의 연령 분포 대비 정찰대의 연령 분포. 색칠한 막대는 각 연령 집단에서 관찰한 정찰벌의 수를 나타낸다. 색칠하지 않은 막대는 전체 집단에서 정찰벌을 무작위로 골라냈을 때 기대할 수 있는 각 연령별 정찰벌의 수를 나타낸다.

자 분봉이 시작되었다. 분봉한 꿀벌 집단이 연구소 건물 밖에 군집을 형성했다. 데이비드는 그 벌들을 참을성 있게 관찰했다. 그러다 춤벌이 나타나면 나이를 기록한 후 (그 벌을 한 번 더 세지 않기 위해) 또 다른 표시를 해두었다. 그는 약 50마리에 달하는 집터 정찰대의 나이를 기록한 후 전체 집단을 이산화탄소로 마취시켜 냉동실에 넣은 다음 각 연령 집단의 수를 세어 보았다. 데이비드는 이것을 기초로 집터 정찰대의 연령 분포를 추정할 수 있었다. 그림 4.7은 한 꿀벌 집단의 전형적인 결과를 보여준다. 이 그림에서 우리는 상당수의 집터 정찰대가 예상보다 나이가 더 많다는 사실을 확인할 수 있다. 이러한 결과는 정찰대 전체는 아닐지라도 대다수가 이전에 먹이 징발대였다는 사실을 뒷받침한다. 집터 정찰대와 먹이 징발대는 모두 중심 장소(분봉 집단 혹은 분봉 이전의 보금자리)에서 장거리 여행을 떠난 다음 집을 찾아 돌아와야 한다. 요컨대 먹이를 찾아다닌 경험이 바로 최고의 정찰대를 만들어내는 것이다.

이전에 먹이를 찾아다닌 경험 덕분에 집터 정찰이라는 특별 임무에도 잘 대응할 수 있다는 점은 확실하다. 그러나 이것이 모든 것을 설명해주지는 않는다. 왜냐하면 상당수의 먹이 징발대는 집터를 조사하지 않기 때문이다. 오늘날에는 꿀벌을 집터 정찰대로 만드는 특정 유전자가 있음이 밝혀졌다. 생물학자들은 여러 동물 종에서 개체 간의 행동 차이는 유전자와 경험의 차이에서 비롯된다는 사실을 여러 차례 증명했다. 따라서 꿀벌 집단 내에서 정찰대와 비정찰대가 '양육(경험)'뿐만 아니라 '본성(유전자)'의 차이로 인해 구분된다는 주장은 전혀 놀랍지 않다. 행동유전학자인 일리노이 대학교 어배너-샘페인 캠퍼스의 교수 진 E. 로빈슨(Gene E. Robinson)과 애리조나 주립대학교의 교수 로버트 E. 페이지(Robert E. Page Jr.)는 정찰대가 되려면 적합한 유전자를 갖고 있어야 한다고 주장했다. 그들이 실험한 세 집단의 여왕벌은 서로 관련 없는 3마리 수벌(A, B, C)의 정액으로 인공 수정되었다. 세 마리의 수벌은 유전자 표지(genetic marker: 유전적 해석의 지표가 되는 특정한 DNA 영역 또는 유전자—옮긴이)로 뚜렷이 구별되었으므로 어떤 수벌이 정액을 제공했는지 알 수 있었다. 로빈슨과 페이지는 세 집단을 인위적으로 분봉한 후(그 방법은 추후에 설명하겠다), 각 집단에서 40마리의 정찰대(춤추는 벌)와 40마리의 비정찰대(춤추지 않는 벌)를 모았다. 그리고 모아놓은 꿀벌에 대해 친부 확인 검사를 하고, 그 결과를 통계적으로 분석했다. 이는 특정한 수벌의 자손이 다른 수벌의 자손보다 정찰대가 될 가능성이 높은지를 알아보기 위한 실험이었다. 그들은 셋 중 두 집단에서 긍정적인 답을 얻었다. 세 마리 수벌의 자손들은 정찰대가 될 가능성이 판이하게 달랐다. 예를 들어, 한 집단의 수벌은 60퍼센트의 정찰대와 20퍼센트에 못 미치는 일벌의 아버지가 되었다. 과연 이 수벌의 어떤 유전자가 한 번도 가본 적 없는 곳을 대담하게 탐험하는 정찰대를 만들어냈을까?

　물론 일부 먹이 징발대, 특히 탐험 유전자를 지닌 먹이 징발대는 분봉 시기에만 집터를 찾는 특별 임무를 수행한다. 그렇다면 이 벌들은 먹이 징발대에서 집터 정찰대로 임무를 바꾸는 적절한 시기를 어떻게 알까? 로빈슨과 페이지가 꿀벌 집단을 인위적으로 조작한 방법을 통해 한 가지 실마리를 찾을 수 있다. 이 방법은 기본적으로 여왕벌과 일벌 실험 집단을 '집은 잃었지만 배고프지 않게' 만들어야 한다. 이를 위해 우선 벌통 안을 샅샅이 살펴 찾아낸 여왕벌을 성냥갑 크기의 '여왕벌 우리' 안에 안전하게 분리한다. 그다음에는 벌통을 흔들어 떨어져 나온 수천 마리의 일벌을 커다란 깔때기를 사용해 신발 상자 크기의 '벌 우리'에 넣는다. 이때 전체 우리의 바닥과 윗면은 나무이고, 옆면은 (환기를 위한) 유리창이어야 한다. 이 시점에서 벌 우리 안에 '여왕벌 우리'를 매달아 일벌이 여왕벌을 되찾으면, '벌 우리'의 윗면을 닫아 꿀벌들을 가둔다. 마지막으로, '벌 우리'의 옆면에 설탕 시럽을 넉넉하게 발라 우리 안의 벌을 배불리 먹인다. 여기서는 며칠 전부터 벌들을 충분히 먹여 배부른 상태를 유지하는 것이 대단히 중요하다. 그렇지 않을 경우 우리 안의 일벌을 흔들 때 어디에 여왕벌이 (여전히 '여왕벌 우리'에 갇힌 채로) 있든 일벌들은 제멋대로 모여 있고 정찰벌들은 행동을 개시하지 않을 것이다. 나는 이 사실을 직접 경험한 실패를 통해 배웠다. 꿀벌 집단을 인위적으로 만들기 시작할 무렵, 나는 이따금 미리 먹이를 충분히 주지 않는 실수를 범했다. 그러곤 왜 정찰대들이 춤을 추지 않는지 의아해하면서 며칠을 기다렸다. 먹이 징발대가 집터 정찰대로 변신하려면 며칠간 배부른 상태로 두는 것이 핵심적인 자극인 듯싶다.

　1954년 5월 수행한 연구에서 린다우어는 배고픈 먹이 징발대가 배부른 집터 정찰대로 변신하는 과정을 관찰했다. 이때 린다우어는 벌통 안팎에서 먹이 징발대의 행동을 관찰하기 위해 유리로 된 벌통을 설치했다. 5월 17일 벌통에서 250미터 떨어진 곳에 설탕물 통을 놓아두었을 때 자연 먹이는 거의 없었다. 그가 설치한 먹이통을 발견한 벌은 설탕 시럽을 가득 묻히고 벌통으로 돌아가 활발하게 춤을 추었다. 다음 며칠 동안 린다우어는 먹이통 주변에서 100마리 이상의 먹이 징발대를 목격했다. 그러나 5월 22일부터 서양칠엽수의 꽃이 풍부한 꽃꿀을 제공하기 시작하자 벌통은 점점 벌꿀로 가득 찼다. 따라서 먹이 징발대가 애써 운반해온 린다우어의 설탕 시럽은 별 소용이 없었다. 이럴 경우 먹이 징발대는 춤을 추거나 먹이를 찾으러 다닐 의욕을 잃어버린다. 벌통이 유충과 먹이로 가득 찬 (그래서 분봉이 임박한) 강성한 집단에서 먹이 징발대는 꽃꿀을 더 이상 나를 필요가 없다고 판단해 벌통 안에서 배부른 상태로 꾸물거린다. 이런 식으로 강제된 비활동성이 태생적으로 탐험하기 좋아하는 몇몇 먹이 징발대를 자극해 집터를 탐색하게 만든다. 활발하게 움직이던 먹이 징발대는 벌통 안 구석진 곳이나 입구 밖에 '턱수염' 모양으로 매달린 꿀벌 사이에 나태하게 머물러 있었다. 하지만 며칠 후, 미리 표시해둔 벌들이 먹이가 아닌 집터를 찾아 나서기 시작했다는 사실은 내게 시사하는 바가 많았다. 이러한 관찰은 먹이 징발대로 하여금 정찰대로 변신하게끔 하는 것이 배부름 그 자체인지 아니면 강제된 나태와 관련이 있는지를 검증하는 실험 조사의 완벽한 출발점이 된다. 학생들은 모름지기 이런 점에 주목해야 한다.

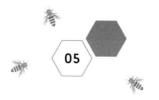

05

최적의 보금자리에 대한 합의

사랑싸움은 대개
화해라는 결말에 이른다.

—존 밀턴, 《투사 삼손(Samson Agonistes)》(1671)

앞장에서 우리는 정찰벌들 간의 다툼이 인간의 사랑싸움처럼 어떻게 "대개 화해라는 결말에 이르는지" 살펴보았다. 이제 우리는 꿀벌들이 도달한 화해가 과연 '만족스러운지' 살펴볼 것이다. 춤벌들이 합의해 고른 새 집터가 과연 최적의 장소일까? 이 질문에 대한 답은 '그렇다'이다! 하지만 '꿀벌들이 대개의 경우 많은 집터 후보지 중에서 최적의 장소를 선택한다'는 근거를 검토하기 전에 먼저 집터 정찰대가 직면한 선택 문제의 구조를 살펴보기로 하자. 이런 검토 작업을 거침으로써 꿀벌 집단이 민주적 의사 결정을 한다는 우리의 평가를 더욱 분명히 할 수 있다.

　보금자리를 선택하려는 꿀벌 집단은 살 집을 선택하려는 사람들과 유사한 의사 결정 문제에 맞닥뜨린다. 여러 개의 대안이 존재하고(예컨대 단독주택인가, 아파트인가) 각 대안마다 있는 여러 가지 속성(이웃, 침실 개수 등)을 고려

05 최적의 보금자리에
　대한 합의

해야 하는 상황에서 선택은 꽤나 복잡한 문제다. 또 모든 의사 결정 문제에서 좋은 해답을 찾는 길은 이중적 과정이다. 요컨대 먼저 선택 가능한 대안들을 찾아내고, 다음으로 그 대안들 가운데 선택을 해야 한다. 이상적인 세계에서라면 의사 결정자가 모든 대안의 속성을 이해하고, 이를 고려해 각 대안의 가치를 평가하고, 그중 가장 높은 가치를 지닌 대안을 합리적으로 선택할 것이다. 이것이 바로 최적의 의사 결정이다. 그러나 현실세계에서는 진정한 의미의 최적 의사 결정이 거의 불가능하다. 왜냐하면 의사 결정자는 정보를 획득하고 처리하는 데 시간과 에너지 및 기타 자원을 들여야 하고, 이러한 비용이 일반적으로 관련 정보를 전부 활용할 수 없게 만들기 때문이다. 예를 들어, 대도시에서 아파트를 구하는 사람은 엄청난 시간과 돈 그리고 정신적 노력을 들여 임대 부동산 시장 전체를 조사하고 평가한 후 완벽한 선택을 해야 한다.

그러나 의사 결정자는 시간과 자원, 정신력을 무제한 소유하고 있지 않다. 심리학자와 경제학자들은 이 점을 고려해 현실 세계의 의사 결정—이른바 제한적 합리성—이 '발견법(heuristics: 발견한 일부 요소만 고려하는 문제 해결 방법—옮긴이)'이라는 단순화된 선택 메커니즘에 의존한다고 본다. 이러한 선택 메커니즘은 일반적으로 의사 결정자가 대안들을 고려할 때 '폭'이나 '깊이'를, 혹은 둘 다를 줄이는 방식이다. 예를 들어 '만족화(satisficing)'라는 의사 결정법은 대안 탐구의 폭을 축소한다. 요컨대 수용할 수 있는 일정한 한계를 설정하고 한 대안이 이를 초과하는 즉시 대안 탐구를 중단하는 지름길을 택하는 것이다. 한 여자가 먼 도시로 이사를 가 살게 될 아파트를 구한다고 가정해보자. 여자는 새 직장에서 바로 일을 시작해야 하기 때문에 집을 전체적으로 훑어볼 수 없다. 만약 그녀가 첫 번째로 마음에 드는 아파트를 곧장 계약했다면 당연히 최적 결정법 대신 만족화 결정법을 택한 것이다. 한편 '요인별 제거법(elimination by aspects)'은 의사 결정 업무의 깊이를 축소한다. 이를 활용하는 사람은 우선 어떤 속성이 가장 중요한지 결정하고(통근 시간), 수용 한계를 설정한 다음(20분 이내), 이 한계를 넘어서는 아파트를 모두 제거한다. 그리고 결정 및 완전한 최종 평가를 내릴 만큼 가능성을 충분히 좁힐 때까지 속성(월 임대료 1000달러 이하, 다섯 블록 이내에 조깅할 만한 공원이 있을 것) 하나하나에 대해 이 과정을 반복한다. 하지만 앞의 여자는 낮은 임대료와 아름다운 공원 근처이면서 통근 시간이 22분인 아파트를 고려하지 않았으므로 아마 최적의 아파트를 구할 수 없을 것이다. 그러나 살 집을 구하는 데 필요한 시간과 비용 그리고 정신적 노력을 줄인 것은 확실하다.

이와 같이 인간을 비롯한 다른 동물은 대부분 발견법이라는 도구 상자에 의존해 결정을 내린다. 그러나 놀랍게도 꿀벌은 이런 의사 결정의 지름길을 택하지 않고 폭넓고 깊게 조사한 후 결정한다. 4장에서 살펴보았듯이, 꿀벌 집단은 정찰대의 다면적인 조사를 거친 후 집터에 대한 의사 결정을 했다. 린다우어가 연구한 전체 야생 꿀벌 집단에서 정찰대가 보고한 집터 후보지는 평균 24개(13~34개)였다. 심지어 수재나와 내가 연구한 소규모 인공 집단에서도 집터 후보지는 평균 10개(5~13개)였다. 3장에서 살펴보았듯이, 모든 집터 후보지는 적어도 6개의 속성(구멍의 부피, 입구 높이, 입구 크기 등)으로 평가된다. 그러므로 꿀벌 집단은 매우 정교한 의사 결정 전략을 추구하며, 이 전략은 최적의 집터 선택과 관련한 거의 모든 정보를 포괄한다(어떤 꿀벌 집단도 전지적이지 않다는 점에 주목하라. 집터 후보지를 찾으라고 수백 마리의 정찰대를 내보낸다 할지라도 모든 벌이 집터 후보지를 찾아낼 수는 없다). 꿀벌의 민주적 조직은 서로 협력하는 수많은 개체의 힘을 활용해 기본적인 두 부분—대안에 대한 정보 획득, 의사 결정을 위한 정보 처리—으로 이루어진 집단 의사 결정을 수행한다. 지금부터 우리는 꿀벌 민주주의가 거의 최적에 가까운 의사 결정을 한다는 주장의 근거를 살펴볼 것이다.

N개 중 최적?

정찰대들이 합의한 장소가 과연 최적인지 조사하려면 자연 집터를 향한 춤을 관찰하는 수준을 넘어설 필요가 있었다. 즉 질적으로 상이한 인공 집터를 여러 개 제시해야 했고, 인공 집터에 대한 꿀벌들의 관심을 끌려면 자연 집터가 없는 곳에서 연구를 진행해야 했다. 이렇게 실험 설계를 함으로써 나는 정찰대가 여러 대안 중에서 최적의 집터를 일관되게 찾아내는지 알 수 있었다. 그 선택이 실제로 최적의 의사 결정이 아니라 할지라도 생물학자들은 이를 가리켜 'N개 중 최적(best-of-N)' 선택 문제를 푼다고 말한다.

우리는 꿀벌이 불완전한 집터 선택에 이르는 다양한 방법을 생각해볼 수 있다. 앞서 4장에서 정찰벌들이 모든 후보지에 대해 동시에 논하지 않는다는 점을 지적했다. 벌들은 몇 시간 때로는 며칠에 걸쳐 논쟁을 이어간다. 만약 최적 장소가 논쟁 막바지에 제시된다면, 이전에 제시되어 이미 많은 지지를 얻어낸 상대적으로 열등한 대안을 추월하기 힘들지도 모른다. 혹은 비록 초반에 최적 대안이 제시되었더라도 광고하는 벌이 그 훌륭함을 입증하지 못한다면 실패할 수도 있다(정찰대가 8자춤으로 집터 후보지의 질을 알려주는 방법은 6장에서 살펴볼 것이다). 그러나 최적 장소가 신속하고 적절하게 보고되었더라도 너무 멀리 있거나 입구를 쉽게 찾을 수 없는 경우, 그 최적 장소를 다른 벌들이 발견하기 어려우므로 논쟁에서 질 수도 있다. 두 상황 모두 최적 장소에 대한 지지자의 결집을 저해할 것이다. 이처럼 차선의 보금자리를 선택하게끔 하는 상황이 많이 존재한다는 점을 감안할 때, 나는 과연 꿀벌이 N개 중 최적 선택 문제를 푸는 데 얼마나 능숙한지 의문이 들었다. 이를 알아내려면 통제된 조건 하에서 실험해 꿀벌의 의사 결정 기술을 검증할 필요가 있었다.

평범한 15리터짜리 벌통

이 실험을 수행하기 위해 나는 1997년 여름 메인 만(灣)에 있는 애플도어 섬을 다시 찾았다. 20여 년 전 내가 운 좋게도 인공 집터에 관심 있는 꿀벌을 연구했던 곳이다. 20년이란 세월 동안, 나는 주로 뉴욕 주 북부 애디론 댁 산맥의 울창한 숲 깊숙이 자리한 크랜베리 호 생물실험소(Cranberry Lake Biological Station)에서 꿀벌을 연구했다. 그곳에는 꽃이 별로 없어 꿀벌은 인공 먹이에 열성적이었다. 북쪽 숲에서 수행한 꿀벌 연구는 무척 스릴 넘쳤다. 매해 여름 나는 학생들과 함께 꿀벌 집단의 아름다운 노동, 특히 식량을 효율적으로 모으는 노동의 비밀을 밝혀냈다. 게다가 맑은 호수에서 수영을 하고, 깊은 밤 하늘에서 빛나는 북극광을 보고, 아비새(loon: 북미산 큰 새로 사람 웃음소리 같은 특이한 울음소리를 낸다―옮긴이)의 잊을 수 없는 울음소리를 들으며 잠드는 생활의 매력에 깊이 빠졌다. 하지만 1997년 나는 눈부신 햇빛과 맹렬한 갈매기 떼, 무성한 덩굴옻나무, 상쾌하고도 짭짤한 바다 공기가 있는 애플도어 섬으로 돌아갈 준비를 했다.

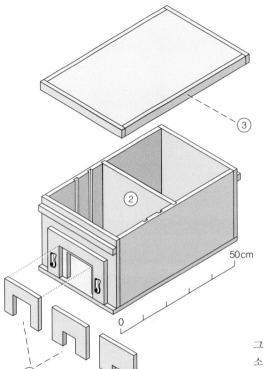

그림 5.1 실험을 위한 벌통 설계: 1. 입구 축소 장치. 2. 제거 가능한 내벽으로 벌통의 부피를 조절. 3. 빛이 통하지 않는 덮개.

　나의 첫 번째 목표는 꿀벌 입장에서 그런대로 괜찮지만 이상적이지는 않은 인공 벌통을 제작하는 것이었다. 이 문제를 해결한다면 꿀벌이 최적의 선택을 하는지도 검증할 수 있을 터였다. 나는 꿀벌에게 4개의 쓸 만한 집터와 1개의 이상적 집터, 총 5개의 벌통을 제시하고 믿음직한 벌들이 어떻게 최적 집터를 선택하는지 입증할 수 있도록 실험을 설계했다. 1970년대 중반 꿀벌의 집터 선호에 대한 연구를 통해 이미 꿀벌이 부피가 크고(40리터) 입구가 작은(15제곱센티미터) 벌통을 선호한다는 사실은 알고 있었다. 그래서 구멍의 부피를 줄이거나 입구를 확장해 벌통의 적합성을 줄여보기로 했다. 그림 5.1은 내가 설계한 벌통이다. 이 벌통은 원래 40리터짜리지만 내벽을 어디다 끼우느냐에 따라 부피를 20, 15, 10리터로 줄일 수 있다. 마찬가지로 입구를 교체함으로써 15제곱센티미터인 벌통의 입구를 30 혹은 60제곱센티미터로 확장할 수 있다. 벌통의 부피나 입구 크기만 다르게 만드는 것이 핵심이다. 그래서 나는 모든 벌통을 한쪽 면이 개방된 보호막 안에 두었다(그림 5.2). 이 보호막은 모두 같은 방향에 있어 5개의 벌통이 바람, 태양, 비, 갈매기 배설물 등에 노출되는 정도가 동일했다.

8월 초 소형 트럭에 이타카에 있는 5개의 벌통과 5개의 보호막, 정찰대의 논쟁을 녹화할 때 썼던 벌떼용 스탠드, 인공 꿀벌 집단을 만들 3개의 벌통을 실었다. 그리고 뉴햄프셔 주 포츠머스로 가서 숄스 해양연구소의 주

그림 5.2 보호막 안에 설치한 벌통.

요 자산인 해양 조사선 존 M. 킹스베리(John M. Kingsbury)에 모든 장비를 실었다. 나와 6만 마리의 '동료'들을 포츠머스 부두에서 피스카타쿠아(Piscataqua) 강을 따라 '숄스 제도'라고 일컫는 연안의 섬들로 데려다줄 배였다. 열세 살 된 조카 이선 울프선-실리(Ethan Wolfson-Seeley)가 연구 조수로 나와 동행했다. 배는 곧 우리를 숄스 제도에서 가장 큰 섬인 애플도어(39헥타르)에 내려주었다. 나는 눈부신 햇살을 맞으며 뉴잉글랜드 해안의 아름다움을 음미했다. 특별히 좋아하는 장소 중 하나이자 나의 첫 과학적 발견을 이뤄냈던 곳으로 돌아오니 마음이 한껏 설레었다.

그러나 과거 애플도어에서의 꿀벌 연구가 무척 힘들었던 기억을 떠올리자 조금 불안한 마음도 들었다. 나는 바닷가재를 잡던 로드니 설리번이 오두막을 팔고 섬을 떠났다는 소식을 들었다. 오두막의 새 주인은 정찰벌들이 못 들어가게 굴뚝을 막도록 허락해줄까? 지난 20년 사이 숄스 해양 연구소에서 새 기숙사와 실험실을 지었다는 소식도 접했다. 그 새 건물들 어딘가에 꿀벌이 매력을 느낄 만한 집터가 있을까? 또 내가 실험을 위해 설계한 벌통의 부피와 입구 크기가 꿀벌에게 평범하지만 그런대로 쓸 만한 집터가 되어줄지 궁금했다. 벌통들이 과연 제 역할을 해줄까? 그러나 지금까지 내 연구가 계속 진척을 보여왔다는 사실을 떠올리며 더 이상 걱정하지 않기로 했다. 지금까지의 진전은 꿀벌을 세밀하게 관찰하고, 의외의 결과에 깊은 주의를 기울이고, '실패한' 시도를 앞으로 나아가기 위한 지침으로 삼은 덕분이었다. 물론 코넬 대학교에서 640킬로미터나 떨어져 있고, 대서양을 10킬로미터나 항해해야 나오는 애플도어 섬은 꿀벌에게 완전히 몰두할 수 있는 좋은 장소이기도 했다.

며칠 후, 이선과 나는 한 실험동의 현관에 꿀벌을 풀어놓고 섬의 북쪽

초원 지역에 벌통 2개를 설치했다. 벌통 2개 모두 현관에서 250미터 떨어진 지점에 설치했지만 방향은 약간 달랐다(그림 5.3의 A 지점과 B 지점). 정찰벌들의 흥미를 끌기 위해 부피가 크고(40리터) 입구는 작은(15제곱센티미터) 벌통이었다. 나는 이미 오두막의 새 주인(매사추세츠 출신으로 설리번처럼 권총을 갖고 있지는 않았다)과 인사를 나누었고, 굴뚝 꼭대기에 철망을 부착해야 하는 이유를 설명한 후 허락을 얻어냈다. 그런 다음 우리는 정찰벌들이 어떤 집터 후보지를 보고하는지 알아내기 위해 꿀벌들 옆에 참을성 있게 앉아서 8자 춤을 추는 광경을 지켜보았다. 우리가 설치한 벌통에 대해 보고하는 벌들은 모두 그대로 놔두었다. 하지만 다른 장소를 보고하는 벌들은 집게로 집어내 작은 우리에 넣고 냉동 보관했다. 이러한 검열이 연구를 성공적으로 이끄는 데 핵심 역할을 했다는 사실이 곧 드러났다. 때때로 '불량한' 집터 후보지를 격렬하게 옹호하는 벌들이 있었기 때문이다. 만약 이런 벌들을 바로 격리하지 않았다면 그 장소를 찾아갔던 다른 벌들이 돌아와 더 많은 벌을 모았을 테고 그 결과 걷잡을 수 없는 사태가 벌어졌을 것이다. 그해 여름, 이처럼 우리가 의도하지 않은 장소에 대한 정찰대의 흥미가 눈덩이처럼 불어난 사건은 실제로 세 번 일어났다. 그중 두 번은 가까스로 꿀벌의 흥미를 끄는 장소를 찾아낼 수 있었다. 우선 꿀벌이 신 나게 광고하는 춤을 읽은 후 거리와 방향을 알아내고 추정되는 장소를 지도에 표시했다. 그런 다음 그곳을 찾아가자 정찰벌들이 드나드는 작은 입구가 보였다. 한 곳은 낡은 판자더미 밑에 있는 공간이었고, 다른 곳은 돌담에 생긴 구멍이었다. 나는 두 장소를 허물어 쓸모없게 만들어버렸다. 그러나 세 번째는 추정 지역을 몇 시간 동안 샅샅이 뒤졌지만 결국 찾아내지 못했다. 그곳은 낡은 집 세 채가 있는 남쪽 해안이었다. 정찰벌은 그 집들 뒤쪽에 있는 흥

최적의 보금자리에
대한 합의

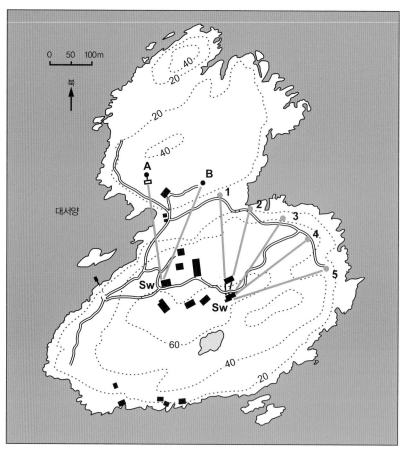

그림 5.3 1997년의 실험(2개의 벌통, A-B)과 1998년의 실험(5개의 벌통, 1-5)을 수행한 애플도어 섬의 배치도. 등고선은 해발 고도를 의미하고, Sw는 벌떼(Swarm)의 위치를 나타낸다.

측스러운 덩굴옻나무 덤불 어딘가에서 우리가 미처 수색하지 못한 최상의 집터 후보지를 발견한 게 틀림없었다. 우리가 없애버리지 못한 집터에 쏠리는 꿀벌들의 지극한 관심을 막을 방도는 없었다. 어쩔 수 없이 경로에서 벗어난 정찰벌들이 속한 꿀벌 집단을 아예 없애고 새로운 집단으로 실험을 다시 시작했다.

운 좋게도 다른 집단의 정찰벌은 우리가 설치한 벌통을 조사하는 데 심혈을 기울였고, 평범하지만 그런대로 쓸 만한 벌통을 어떻게 만들어야 하는지 알려주었다. 가장 먼저 우리는 입구 크기를 30제곱센티미터나 60제곱센티미터로 확대한 벌통은 '잘못되었다'는 사실을 깨달았다. 15제곱센티미터짜리 입구가 있는 40리터 벌통이 꿀벌의 흥미를 끈다는 사실은 정찰벌이 벌통을 발견하자마자 급속히 모여든 것으로 미루어 짐작할 수 있었다. 예를 들어, 1997년 8월 10일 오후 1시 직전에 발견된 벌통은 2시 30분까지 10마리 이상의 꿀벌이 주변을 기거나 날아다녔다. 정찰벌은 이 벌통이 매우 훌륭하다고 판단해 다른 벌들에게 지지를 호소했음이 틀림없었다. 실제로 1시경 무리가 모여 있는 곳에서 우리는 정찰벌 몇 마리가 8자춤을 추며 이 벌통을 활기차게 광고하는 것을 목격했다. 그러나 2시 30분

그림 5.4 정찰벌 몇 마리가 주변을 날아다니며 조사하고 있는 벌통.

입구를 60제곱센티미터로 확대하자 벌통 근처에 있는 꿀벌의 수가 곤두박질치더니 3시가 되자 한두 마리밖에 남지 않았다. 이처럼 정찰벌이 벌통을 급격하게 포기한 이유는 그것이 더 이상 매력적이지 않다는 점을 시사했다. 오후 3시 입구를 다시 15제곱센티미터로 축소하자 벌통 주변의 정찰대 수가 다시 급상승해 4시 30분경에는 12마리가 넘었다. 그러나 4시 30분 입구를 다시 60제곱센티미터로 늘이자 정찰대 수가 다시 급락해 6시쯤에는 한 마리도 찾지 않았다. 다음 날에도 입구가 15제곱센티미터일 때는 벌이 몰려들다가 입구를 30제곱센티미터로 늘리자 곧 급격히 감소하는 동일한 패턴을 보였다. 이런 결과는 며칠 후 실험한 두 번째 꿀벌 집단의 경우에도 동일했다. 정찰대는 입구가 30이나 60제곱센티미터인 벌통은 질적으로 떨어질 뿐만 아니라 심지어 쓸 만하지도 않다고 판단했다. 우리는 벌통 주변에 있는 꿀벌의 수를 세는 것만으로도 정찰대의 의견을 수렴할 수 있었다(그림 5.4).

이어서 우리는 벌통 부피를 40리터 이하로 축소해 중급 수준의 벌통을 만들기로 했다. 이러한 접근법은 꽤 효과가 있었다. 첫 번째 실험은 1997년 8월 13일 느지막이 두 벌통을 모두 찾아낸 정찰벌들을 대상으로 수행했다. 다음 날 아침, 우리는 부피가 40리터인 벌통과 15리터인 벌통을 2개 설치했다. 두 벌통의 입구는 모두 15제곱센티미터였다. 그림 5.5에서 볼 수 있듯이 40리터 벌통 주변의 정찰대 수는 아침 내내 꾸준히 증가해 이른 오후에는 9마리가 되었다. 반면 15리터 벌통 주변을 맴도는 정찰벌은 한두 마리에 불과했다. 정찰벌들은 40리터 벌통을 고급 집터라고 여기는 것이 틀림없었다. 그렇다면 15리터 벌통을 고급은 아니지만 꽤 쓸 만한 중급의 보금자리라고 판단하는 것일까? 우리는 오후 12시 30분 40리터 벌통

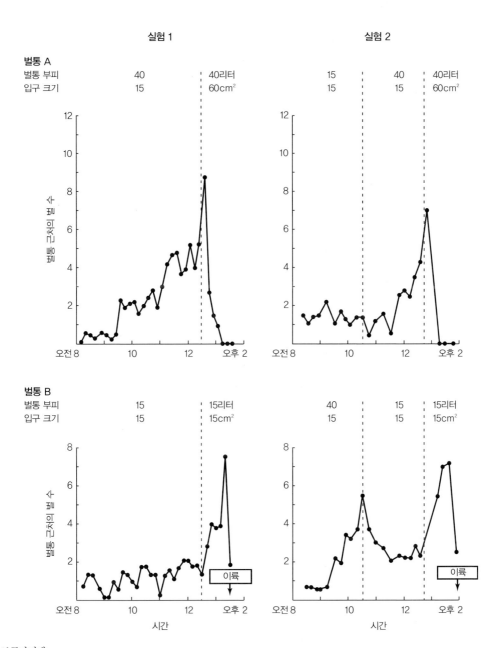

그림 5.5 중급 수준의 집터가 되도록 설계한 두 번의 실험 결과. 벌통 부피와 입구 크기를 다양하게 설정한 2개의 벌통을 설치했다. 점선은 벌통의 조건을 바꾼 시점.

의 입구를 60제곱센티미터로 확대해 쓸 만하지 않게 만든 다음 정찰벌들이 15리터 벌통을 받아들이는지 지켜보기로 했다. 벌들은 15리터 벌통을 받아들였다! 정찰대의 수는 40리터 벌통에서 감소한 반면 15리터 벌통에서 높게 치솟았다. 1시 28분 꿀벌 집단은 모두 15리터 벌통으로 날아갔다 (꿀벌 집단이 비행하기 직전, 최종 선택한 벌통에 머무르는 정찰벌의 수가 급락한 이유는 8장에서 살펴볼 것이다). 이 첫 번째 실험은 정찰벌들이 15리터 부피와 15제곱센티미터 입구가 있는 벌통을 평범하지만 그런대로 쓸 만한 보금자리로 여긴다는 것을 보여준다.

다른 두 꿀벌 집단을 상대로 추가 실험을 했을 때도 첫 번째와 유사한 결과를 얻었다. 정찰벌들은 입구가 15제곱센티미터로 동일한 두 벌통 중에서 15리터보다 40리터 부피의 벌통을 훨씬 더 선호했다. 그러나 40리터 벌통의 입구를 60제곱센티미터로 늘려 질을 떨어뜨리자 15리터 벌통을 미래의 보금자리로 선택했다.

꿀벌 마음의 창

평범하지만 그런대로 쓸 만한 보금자리를 만드는 올바른 공식을 찾아냈다는 또 다른 증거는 벌통이 아닌 꿀벌 집단에서 발견할 수 있었다. 우리는 꿀벌 집단이 모여 있는 곳에서 정찰대가 40리터와 15리터짜리 (입구가 작은) 벌통을 향해 동시에 춤추는 광경을 보았다. 두 벌통은 정확하게 30도 간격으로 떨어져 있으므로 춤벌 하나하나의 엉덩이춤 각도가 어느 벌통을 설명하는지 알려주었다(그림 5.3). (정말 고맙게도 우리는 두 장소를 광고하는 정찰벌들을 각각 표시해 구별하는 수고를 덜 수 있었다!) 꿀벌이 동료를 꽃밭으로 끌어들이기 위해 8자춤을 출 때, 꽃밭의 질에 따라 춤의 강도를 결정한다는 사실은 이미 잘 알려져 있다. 예를 들어, 달콤한 꿀로 넘치는 꽃밭을 광고하는 꿀벌은 200초 동안 100바퀴를 돌며 열렬하게 춤을 추지만, 그보다 좋지 않은 꽃밭을 보고하는 꿀벌은 겨우 20초 동안 10바퀴를 돌며 다소 약한 춤을 춘다. 꽃밭의 질과 춤의 강도(순환 횟수) 사이의 이 같은 상관관계는 8자춤이 꿀벌에게 일종의 마음의 '창(窓)'이며, 특히 동료 꿀벌에게 광고하는 먹이의 질을 자세히 보여준다.

이 마음의 창이 꽃밭뿐만 아니라 집터 후보지를 광고할 경우에도 작동한다고 여긴 우리는 40리터와 15리터짜리 벌통을 광고하는 정찰대가 집터 후보지의 질을 어떻게 판단하는지 조사하기로 했다. 이를 위해 40리터와 15리터짜리 벌통을 보고하면서 나란히 춤을 추는 정찰벌들을 녹화했다. 두 벌통 모두 정찰대를 끌어들였다는 것은 둘 다 벌들에게 상당한 흥미를 유발했다는 뜻이다. 한편, 우리는 녹화한 자료를 검토하고 춤의 강도를 측정하는 동안 훨씬 더 많은 사실을 알게 되었다. 40리터 벌통을 광고한 벌들은 평균 85초 동안 35바퀴를 돌며 강렬한 춤을 춘 반면, 15리터 벌통을 광고한 벌들은 평균 45초 동안 14바퀴를 돌며 상대적으로 약한 춤을 추었다. 이러한 결과는 꿀벌이 15리터 벌통을 그런대로 쓸 만하지만 그저 평범한 보금자리로 여긴다는 사실을 강하게 뒷받침한다. 그런대로 쓸 만하다는 점은 정찰대가 15리터 벌통을 향해 춤을 추었다는 사실로 판단할 수 있으며(정찰대는 쓸 만하지 않은 장소는 광고하지 않는다), 평범하다는 점은 그 벌통을 향해 상대적으로 약한 춤을 추었다는 사실로 미루어 알 수 있다.

중대한 실험

1997년의 화창한 8월, 나는 애플도어 섬에서 꿀벌을 통해 실험용 벌통 조작 방법을 배웠다. 그 덕분에 꿀벌 집단에게 다섯 군데의 집터 후보지, 즉 싸구려 집터 네 곳과 이상적 집터 한 곳을 제공할 수 있었다. 이때 나는 꿀벌에게 5개 중 최적 선택 문제를 낼 준비가 되어 있었다. 하지만 유감스럽게도 의사 결정 기술에 관한 이 중대한 실험은 다음 해 여름까지 미루어야 했다. 코넬 대학교의 가을 학기는 8월 마지막 주에 시작한다. 게다가 나는 가을 학기마다 동물행동학에 관한 대중 강좌를 열어야 했다. 강의 때문이라도 이타카로 돌아가야만 했다. 또한 수업 시간에 학생들에게 꿀벌의 행동을 관찰하고 경탄할 만한 기쁨을 주려면 유리벽으로 된 특별한 벌통을 준비해야 했다.

그리고 1998년 6월, 나는 영특하고 헌신적인 코넬의 학부생 수재나 버먼과 함께 애플도어 섬으로 돌아갔다. 그녀는 지난해 여름에도 정찰벌들의 논쟁을 기록하는 작업을 도와주었다. 우리의 목표는 5개 중 최적 선택 문제를 제시해 꿀벌의 의사 결정 기술을 검증하는 것이었다. 이 실험은 두 사람이 팀을 이뤄 수행해야 한다. 한 사람은 설치한 벌통 이외의 장소를 광고하는 정찰벌을 제거하고(그림 5.6), 다른 한 사람은 벌통을 방문하는 정찰벌들을 세기 위해 돌아다녀야 한다. 그림 5.3에서 볼 수 있듯이 우리는 벌통을 섬 동쪽에 부채꼴 형태로 배열했다. 요컨대 원래 꿀벌 집단이 모여 있던 곳에서 동일한 거리(약 250미터)에 서로 다른 방향(적어도 15도 간격)으로 배치했다. 우리는 실험을 할 때마다 5개의 벌통 안에 내벽을 설치해 한 벌통 안의 공간은 40리터가 되게 하고, 나머지 4개는 15리터가 되도록 했다. 다음 단계로 실험 대상인 꿀벌 집단을 스탠드 위에 고정했다. 꿀벌이 군집을

그림 5.6 무리들 위에서 춤벌이 엉뚱한 집터 후보지를 광고하는지 검열하는 수재나 버먼.

형성하고 정찰대가 그곳을 떠나면, 우리 중 한 명은 5개의 벌통 이외의 장소를 보고하지 못하도록 정찰벌의 춤을 감독하고, 다른 한 명은 30분마다 벌통들을 찾아가 그곳에 있는 정찰벌의 수를 기록했다. 다섯 차례 실험하는 동안 우리는 매번 다른 꿀벌 집단을 대상으로 삼았고, 이상적인 벌통의 위치도 달리했다. 이때 중요한 점은 매 실험마다 이상적인 벌통을 원래 위치에 놓아둔 채 부피만 다르게 설정했다는 것이다. 40리터 부피의 이상적인 벌통은 매번 다른 곳에 있었다는 얘기다.

그림 5.7은 총 다섯 번 실시한 실험의 결과를 보여준다. 각각의 실험이 진행되는 동안 벌통 주변에 정찰벌이 몇 마리나 나타났는지 알 수 있다. 정찰대는 다섯 번 모두 5개의 벌통을 전부 혹은 거의 찾아냈다. 이 사실은 모든 꿀벌 집단이 대다수 후보지에 대한 정보를 획득한다는 것을 의미한다. 아울러 정찰대가 벌통들을 하루 만에 다 찾아내더라도 결코 동시에 발견하지는 않았으며 '이상적인 벌통을 첫 번째로 찾아낸 경우는 단 한 번도 없었다'. 예를 들어, 실험 1에서 정찰대는 오전 무렵 평범한 벌통들 주변에 나타났지만 이상적인 벌통에는 오후 무렵까지 나타나지 않았다. 게다가 때때로 이상적인 벌통을 찾아내기도 전에 하나 이상의 평범한 벌통

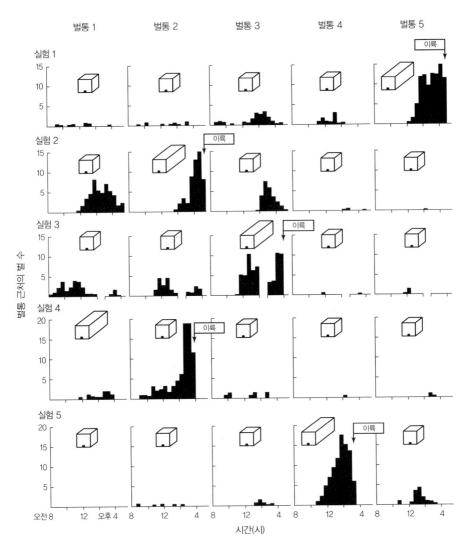

그림 5.7 5개 중 최적 선택 실험을 다섯 차례 수행한 결과.

에 정찰벌 여러 마리가 모여들기도 했다. 예컨대 실험 2에서 평범한 벌통 1 주위에 모여든 정찰벌의 수는 오전 11시 30분부터 오후 2시까지 꾸준히 증가했다. 그 수는 이상적인 벌통 2를 발견한 오후 2시 직전까지 5마리 이상에 달했다.

이상적인 벌통은 가장 먼저 발견된 적이 한 번도 없었다. 따라서 지지자를 얻는 경주에서 항상 뒤처진 상태로 출발했다. 그럼에도 불구하고 다섯 번의 실험 중 네 번이나 이상적인 벌통이 가장 많은 지지자를 얻어 최종 집터가 되었다는 사실은 무척 인상적이다. 5개의 꿀벌 집단은 이 실험에서 5점 만점에 5점을 얻지는 못했지만 인상적인 의사 결정 기술을 보여주었다. 그 이유를 제시하기 전에 이러한 관찰 결과를 순전히 우연하게 얻을 수 있는 확률을 생각해보자. 만약 꿀벌이 5개의 벌통 중 어느 하나를 '무작위로' 선택한다면 다섯 번 중 네 번에 걸쳐 최적의 벌통을 선택할 확률은 거의 0에 가까운 0.0064에 불과하다. 다시 말해, 다섯 번의 선택 중 우연히 네 번은 맞고 한 번 틀릴 확률은 156번 시도해 한 번 성공하는 확률과 같다(1/156=0.0064). 따라서 확률적으로 볼 때 용감무쌍한 정찰대가 발견한 후보지 중 최적 장소를 미래의 보금자리로 선택할 가능성이 꿀벌의 민주적 의사 결정을 통해 크게 증가한다고 할 수 있다.

꿀벌의 예상치 않은 행동을 목격했을 때 "이 뜻밖의 일은 무엇을 말하는 것일까?" 하는 질문을 던지고 깊이 생각하는 습관은 꽤 유용하다. 네 번째 5개 중 최적 선택 실험에서 꿀벌은 평범한 벌통을 선택했다. 이 사례는 집터 후보지에 대한 꿀벌의 지식이 처음엔 얼마나 취약하고 쉽게 사라지는지와 관련해 새로운 인식의 지평을 열어주었다. 그림 5.7에서 확인할 수 있듯이 최적의 벌통을 선택한 다른 네 번의 실험에서 이상적인 벌통을 발견한 후 정찰벌의 수는 두 가지 면에서 급격히 변화했다. 이상적인 벌통에서는 급격히 증가하고 평범한 벌통에서는 서서히 감소한 것이다. 그러나 실험 4에서는 이상적인 벌통을 발견한 후 어떤 변화도 일어나지 않았다. 왜 그럴까? 무슨 이유에서인지 최적의 벌통을 발견한 2마리의 정찰벌 모두 8자춤을 추지 않았다. 이때 어떤 벌도 자신의 발견을 보고하지 않은 점은 이상하다. 왜냐하면 실험 2와 3에서는 같은 장소(5개의 벌통 중 북쪽 맨 끝)에서 평범한 15리터 벌통을 발견한 뒤 8자춤을 추었기 때문이다. 따라서 장소 자체는 문제가 되지 않는 것이 틀림없다. 실험 4에서 최적 벌통을 발견하고도 춤을 추지 않은 이상한 행동의 원인이 무엇이든 벌들은 분명히 최적 집터를 '간과했다'. 한편, 정찰벌들은 평범한 벌통 중 한 곳에 서서히 모여들었고, 결국 차선의 보금자리를 선택했다. 이 같은 이례적인 결과는 의사 결정을 성공으로 이끄는 핵심 요소가 무엇인지 말해준다. 정찰벌이 집터 후보지를 발견한 경우, 이 장소를 무리에게 보고해 하나의 대안으로서 쟁점화시켜야 한다는 것이다. 다음 장에서는 논쟁에 참여하는 집터 정찰대에게 신뢰성 있는 집터의 요건을 발견하도록 하는 뛰어난 행동 규칙이 있다는 사실을 보여줄 것이다. 모름지기 좋은 결정이 나오려면 좋은 정보가 있어야 한다.

벌들이 가장 잘 안다

방금 설명한 실험 결과가 과연 꿀벌이 '훌륭한' 의사 결정자라는 사실을 의미하는 것인지 의심스러울 수 있다. 'N개 중 최적' 실험을 통해 이러한 결론을 이끌어내려면 몇 가지 가정이 필요하다. 그중 하나는 입구가 15제곱센티미터인 40리터짜리 구멍은 고급 집터이고 입구가 15제곱센티미터인 15리터짜리 구멍은 중급 집터라는 가정이다. 따라서 중급이 아닌 고급 집터를 선택할 경우 꿀벌은 생존과 번식에 유리하다. 이런 가정은 내게 매우 합리적인 것처럼 보인다. 이러한 선호가 자연 선택에 부합하지 않는다면 꿀벌이 왜 15리터 구멍 대신 40리터 구멍을 택하겠는가? 물론 여러 종의 새나 파충류, 곤충, 물고기를 비롯한 다른 동물에 대한 연구 역시 좋은 집터를 선택할 때 번식에 성공할 가능성이 높아진다는 사실을 뒷받침한다.

2002년 나는 꿀벌이 생존과 번식에 유리한 집터를 선택하는 데 탁월한 능력을 지녔다는 가정을 검증하기로 마음먹었다. 유감스럽게도 이번 검증 과정에서 많은 꿀벌이 죽었다. 꿀벌이 선호하는 벌통과 그렇지 않은 벌통에서의 생존 가능성을 비교해야 했기 때문이다. 그러려면 봄에 두 종류의 꿀벌 집단을 인위적으로 조성해 각각 다른 크기의 벌통에 살게 하고 여름 내내 내버려둔 다음, 꿀벌 집단이 그해 겨울까지 살아남을 가능성이 어떻게 달라지는지 관찰해야 한다(2장에서 살펴봤듯이 야생 꿀벌은 대부분 첫 번째 겨울을 나지 못하고 굶어 죽는다). 각 인공 꿀벌 집단의 수는 야생 꿀벌 집단의 전형적인 규모인 약 1만 마리로 설정했다. 그리고 벌통 크기에 맞춰 밀랍 벌집을 유지하는 데 필요한 직사각형 나무틀을 5개 혹은 15개씩 설치했다. 왜냐하면 15리터 또는 45리터짜리 나무 구멍 안에 짓는 밀랍 벌집을 지탱하려면 이만큼의 틀이 필요하기 때문이다. 야생 꿀벌 집단은 빈 나무 구멍에 자리를 잡고 벌집을 짓는 데 상당한 에너지를 쏟는다. 나는 나의 인공 꿀벌 집단에게도 같은 과제를 주기 위해 집을 짓는 데 필요한 빈 틀을 갖춘 벌통에 벌들을 직접 집어넣었다(더불어 꿀벌이 나무틀 안에 맵시 있는 벌집을 지을 수 있도록 틀에 하나 걸러 하나씩 밀랍 '파운데이션'을 발랐다). 이 실험을 수행하는 동안 나는 매년 6월 초 유형별로 다섯 무리씩의 꿀벌 집단을 마련해 열두 달 동안 추적하면서 이들이 다음 해 봄까지 살아남는지 지켜보았다.

나는 지금까지 그 과정을 세 번 반복하며(2002~2003년, 2003~2004년, 2004~

2005년) 30개 꿀벌 집단의 운명을 지켜보았다. 그 결과 틀이 15개인 벌통의 꿀벌은 겨울 동안 살아남을 확률이 0.73(15개 집단 중 11개)이었다. 반면, 틀이 5개인 벌통의 꿀벌은 살아남을 확률이 0.27(15개 집단 중 4개)이었다. 이와 같은 엄청난 생존 확률의 차이가 단순하게 우연히 발생할 확률은 극히 적다 (p=0.02). 큰 벌통의 꿀벌 집단은 겨울을 나는 데 필요한 꿀을 충분히 저장할 수 있어 생존에 유리했던 게 거의 확실하다. 내가 이런 주장을 할 수 있는 이유는 모든 꿀벌 집단의 벌통 무게를 재어봤기 때문이다. 요컨대 실험을 시작한 6월과 꿀벌의 먹이에 된서리가 내린 후인 10월에 벌통의 무게를 측정했다. 크기가 서로 다른 두 벌통의 평균 무게는 23킬로그램과 10킬로그램으로 확연히 차이가 났다. 이러한 차이는 대체로 꿀의 무게 때문이었다. 또한 이 실험에서 살아남지 못한 집단을 조사했더니 거의 모든 경우 벌통에 꿀이 없었다. 꿀 없는 가난한 벌들이 굶주려 죽은 것이다. 꿀벌은 집터의 필수 조건에 대해 누구보다 잘 알고 있으며 이러한 선호를 발휘해 최적의 선택을 한다. 벌통 안의 넉넉한 공간이 생존을 결정하는 냉혹한 확률 게임이 그 확실한 증거다. 아울러 꿀벌 집단이 최적의 보금자리를 찾기 위해 갖은 수고를 다하는 이유이기도 하다.

06

합의 형성

 ——————

> 우리는 집회에서의 분열을 반대하고 만장일치를 희망한다.
> 우리가 신의 의지를 가장 확실하게 알 수 있는 길은
> 공통의 유대감이라는 실체 안에 있다고 믿는 것이다.
>
> —친우회(Society of Friends: 기독교 퀘이커 교파의 공식 명칭—옮긴이), 《치리서(Book of Discipline)》(1934)

반대 없는 결정. 이는 보금자리를 찾기 위한 꿀벌의 민주적 의사 결정에서 흔히 등장한다. 솔직히 말하면, 이 사실은 내게 상당한 놀라움으로 다가왔다. 앞의 두 장에서 우리는 정찰벌들의 논쟁 과정을 살펴보았다. 정찰벌들은 집터 후보지를 제시한 후 서로 겨루는 여러 대안을 활발하게 광고하며 중립적인 벌을 자기편으로 적극 끌어들인다. 이 모든 행동은 시끌벅적한 댄스파티를 떠올리게 한다. 그러나 이런 혼란 속에서도 서서히 질서가 생겨나고, 마침내 '모든' 춤벌이 단 '하나의' 최적 보금자리를 지지하면서 논쟁은 대부분 끝난다. 이번 장에서는 꿀벌이 오랜 논쟁 끝에 어떻게 만장일치를 이루는지 구체적으로 살펴볼 것이다.

합의 형성은 인간 사회에서 때로 민주적 의사 결정의 토대가 된다. 배심원 제도나 퀘이커 교도의 집회, 또래 집단을 그 예로 들 수 있다. 하지만

합의 형성은 그다지 흔하지 않다. 인간 사회에서는 구성원이 각자의 선호에 따라 완전히 분리된 채 논쟁이나 선거, 기타 민주적 과정을 끝내는 경우가 더 흔하다. 이때 분열된 의견을 하나의 선택으로 바꾸려면 몇 가지 형식적인 결정 규칙을 적용해야 한다. 다수결 제도나 가중 투표 제도(국제기구 등에서 투표권의 수를 가중치에 따라 다르게 제공하는 투표 방식―옮긴이)가 그 예이다. 우리는 이런 종류의 집단 결정을 '당사자 민주주의(adversary democracy)'라고 일컫는다. 왜냐하면 이러한 종류의 결정은 당사자의 이익과 선호가 상충하는 집단에서 나타나기 때문이다. 반면 꿀벌의 집단 결정은 '통합 민주주의(unitary democracy)'다. 이러한 민주주의 형태는 단일한 이익(최적의 집터 선택)과 공통의 선호(작은 입구 등)를 지닌 개체와 관련이 있다. 꿀벌의 통합 민주주의가 작동하는 형태를 들여다보면 우리에게 친숙한 당사자 민주주의와 다른 점들이 무척 흥미롭다. 나는 이 책 뒷부분(10장)에서 사람들이 꿀벌에게서 배울 수 있는 실질적인 교훈을 논하고자 한다. 특히 꿀벌처럼 공통의 이익이 있을 때 집단 결정을 향상시키는 방법을 다룰 것이다.

　서로 간의 유대를 바탕으로 정찰벌들이 논쟁을 끝낸다는 것은 전체 꿀벌 집단의 생존이라는 측면에서 매우 중요하다. 꿀벌 집단은 단 한 마리의 여왕벌밖에 갖고 있지 않으므로 화합해야 하는 하나의 독립체로서 결국 같은 집터로 비행해야 한다. 분열된 결정은 소모적이며 심지어 치명적일 수도 있다. 앞서 린다우어의 발코니 집단에서 보았듯이(그림 4.3 참조) 비행할 때까지도 정찰벌들이 여러 장소를 강력하게 광고할 경우 어떤 장소로도 성공적으로 날아갈 수 없고, 그러는 동안 꿀벌들은 시간과 에너지를 소진해버린다. 또한 정찰벌들이 여러 무리로 나뉘어 줄다리기를 하는 동안 여왕벌을 잃어버리기라도 하면 파멸을 면할 수 없다. 완전한 실패의 대가는 이토록 처절하다. 따라서 비행을 시작하기 전에 여러 곳 중 단 하나의 장소로 합의를 보는 것이 무엇보다 중요하다.

정찰벌들이 만장일치에 이르는 과정을 이해하려면 벌들의 논쟁을 여러 측면에서 기록한 자료를 다시금 분석해보는 것이 좋다. 그림 4.6에서 요약한 집단 3의 논쟁을 생각해보자. 정찰벌들이 어떻게 합의를 형성하는지 이해하려면 반드시 설명해야 할 두 가지 놀라운 현상이 있다. 첫 번째 현상은 최종 선택한 장소(남서쪽 G 지점)에 대한 지지가 서서히 증가해 마침내 논쟁을 장악하는 흥미로운 방식이다. 7월 20일 오후 1~3시에 30마리 중 겨우 4마리(13퍼센트)의 춤벌만이 G 지점을 광고했다. 그러나 7월 21일 오전 9~11시에는 G 지점을 광고하는 춤벌이 52마리 중 32마리(62퍼센트)로 늘어났다. 그리고 꿀벌 집단이 비행을 시작하기 직전인 7월 22일 아침에는 73마리 중 73마리(100퍼센트)가 전부 G 지점을 광고했다. 아마 G 지점이 이 꿀벌 집단이 생각한 열한 곳 중 최고였을 것이다. 꿀벌은 일반적으로 집터 후보지를 잘 살펴본 후에 최적지를 선택하기 때문이다(5장 참조). 따라서 벌들의 합의 형성을 통한 의사 결정 시스템에서 첫 번째 중요한 수수께끼는 다음과 같다. 즉 논쟁 과정에서 최적 장소에 대한 정찰벌들의 지지가 증가하는 이유는 무엇일까?

그림 4.6에서 볼 수 있는 두 번째 놀라운 현상은 열등한 장소에 대한 모든 지지가 전부 사라지는 방식이다. 때로는 동쪽 A 지점처럼 지지하는 벌이 순식간에 사라지기도 하고, 남쪽 B 지점처럼 서서히 사라지기도 한다. 그러나 빠르건 늦건 열등한 장소를 지지하던 춤벌들은 모두 흥미를 잃고 춤을 중단한다. 기각된 장소의 지지율 변화는 해당 장소에서도 확인할 수 있다. 예를 들어 그림 5.7에 나오는 애플도어 섬의 'N개 중 최적' 선택 실

06 합의 형성

141

험을 보자. 선택된 벌통 이외에 다른 모든 벌통 주변의 정찰대 수가 마지막에는 0으로 완전히 사라졌다. 따라서 벌들의 합의 형성 방법에서 두 번째 중요한 수수께끼는 다음과 같다. 즉 논쟁 과정에서 열등한 장소를 향한 정찰벌들의 지지가 감소하는 이유는 무엇일까?

활발한 춤 대 밋밋한 춤

앞서 언급했듯이 하나의 꿀벌 집단은 약 1만 마리의 일벌로 이루어지고, 일벌 중 수백 마리는 집터 정찰대로 활동한다. 또한 정찰벌은 수십 개의 집터 후보지를 찾아내 8자춤으로 광고한다. 모든 후보지는 처음에 정찰벌 한 마리가 발견한다. 정찰벌은 좋은 보금자리가 되어줄 옹이구멍이나 틈, 기타 어두운 곳을 헤매다 우연히 후보지를 발견한다. 이는 단지 수십 마리의 정찰벌만이 진정으로 논쟁거리가 될 장소를 발견한다는 것을 의미한다. 다른 정찰대들은 대부분 특정 장소를 지지하는 벌을 통해 그에 대한 정보를 얻는다. 그리고 각각의 지지자들은 어떤 장소를 광고하는 춤벌을 따라 그곳으로 날아가서 자율적인 평가를 내린 후, 만약 그 장소가 만족스럽다면 무리로 돌아와 그곳을 광고하는 춤을 출 것이다.

이런 점에서 볼 때, 꿀벌이 미래의 보금자리를 선택하는 민주적 과정은 일종의 선거와 같다. 여러 후보자(집터 후보지), 후보자들의 유세 경쟁(8자춤), 상이한 후보자를 지지하는 유권자(특정 장소를 지지하는 정찰벌), 여전히 중립적인 유권자 집단(아직 어떤 장소도 지지하지 않는 정찰벌)이 있다. 특정 장소를 지지하는 정찰대는 8자춤을 통해 중립적인 다른 벌들을 추가 지지자로 만들 수 있다. 아울러 한 번 어떤 장소를 지지했더라도 냉담한 유권자가 되어 중립

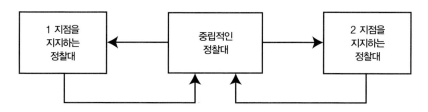

그림 6.1 정찰벌의 상태 전환을 나타낸 도표. 정찰벌은 중립적인 벌에서 어떤 장소에 대한 지지자로 전환할 수 있고, 반대로 다시 중립적인 벌이 될 수도 있다.

적인 정찰대 무리에 가담할 수 있다. 이러한 의사 결정의 전 과정은 중립적인 벌들이 서로 다른 장소에 대한 지지자로 전환하는 긍정적인 피드백 고리를 통해 체계적으로 설명할 수 있다. 마찬가지로 지지자들이 중립적 벌의 무리로 돌아가는 '누수(leakage)'에 대해서도 설명할 수 있다(그림 6.1).

정찰벌들의 논쟁을 이런 방식으로 바라볼 때, 최적의 장소를 지지하는 벌들이 마지막까지 논쟁을 성공적으로 장악하려면 아마도 지지자를 얻기 위해 그 장소를 광고하는 데 열정을 쏟아야만 한다. 과연 그럴까? 더 구체적으로 질문하면, 정찰벌이 8자춤을 통해 집터 후보지를 광고할 때 장소의 절대적 우수성에 따라 춤의 강도를 조절할까? 모든 정찰대에게 그런 성향이 있다면 최고의 집터 후보지를 지지하는 벌이 가장 열렬하게 춤을 추어야 한다.

그에 대한 첫 번째 증거는 1953년 여름에 수행한 린다우어의 실험에서 찾아볼 수 있다. 그는 인공 꿀벌 집단을 뮌헨 동부의 넓은 황야 지대에 마련하고, 그곳에서 75미터 떨어진 곳에 빈 나무 벌통 2개를 설치했다. 실험 첫째 날, 정찰대는 강한 바람에 노출된 벌판에서 벌통 2개를 금세 찾아낸 후 자신의 발견을 알리기 위해 다소 느릿느릿 춤을 추었다. 이어 두 벌통에 호기심 많은 정찰벌들이 조금씩 모여들었다. 첫째 날 저녁 무렵, 린다우어는 두 벌통에 나타난 총 30마리의 춤벌에게 표시를 해두었다. 둘째 날, 린다우어는 무리 위에서 특히 활발하게 춤추는 정찰벌을 발견했다. 그 벌은 작은 숲 한쪽 구석의 나무 그루터기 아래 있는 아늑한 땅속 구멍을 광고하는 것으로 드러났다. 입구 너비가 3센티미터, 부피가 30리터인 이 장소는 두터운 덤불이 바람을 완벽하게 막아주고, 얼마 전 비가 심하게 내렸음에도 습도가 알맞았다. 꿀벌의 완벽한 보금자리였다! 그때까지 린다우어는 제삼의 장소를 광고하는 벌을 모두 죽였지만 그날은 지혜를 발휘해 그러지 않았다. 흥분한 벌은 자신의 발견을 계속해서 알렸다. 한 시간 만에 다른 활발한 춤벌들도 그 자연 집터를 가리켰고, 또 한 시간이 지나자 정찰벌들은 만장일치로 같은 장소를 지지했다. 그 보금자리는 논쟁에서 완벽한 승자였다.

이 1등급 집터를 찾아낸 정찰벌은 린다우어의 인공 벌집을 방문하지 않았지만 시선을 사로잡는 춤으로 새로운 장소를 알렸다. 요컨대 이 나무 그루터기 아래 집터를 광고한 첫 번째 벌과 동료 벌들은 린다우어의 벌통을 광고한 벌들보다 더 열렬하게 춤을 추었다. 이는 정찰벌의 춤이 집터 후보지의 '위치'뿐만 아니라 '질'에 대한 정보도 제공한다는 것을 의미한다. 린다우어는 이때 자신이 관찰한 것을 다음과 같이 요약했다. "가장 활발한 춤벌은 1등급 보금자리를 가리켰고, 다소 밋밋한 춤벌은 2등급 보금자리를 가리켰다."

보금자리의 질을 나타내는 춤의 강도

꿀벌이 훌륭한 의사 결정을 내리려면 고급 집터를 옹호하는 정찰대가 더 많은 지지자를 끌어들여야 한다. 그러기 위해서는 정찰벌들이 보금자리의 질에 비례해 춤의 강도를 조절하는 것이 매우 중요하다. 그럼에도 불구하고 나는 2007년 여름이 되어서야 비로소 집터 정찰대가 8자춤을 통해 보금자리에 대한 질적 정보를 알리는 방법을 면밀히 관찰하기 시작했다. 이 중요한 문제에 대한 린다우어의 연구는 기초적인 관찰에만 머물러 있었다. 따라서 오랫동안 더 타당한 근거가 필요하다고 생각했지만 차일피일 미루기만 하던 터였다.

나는 그렇게 줄곧 그 문제에 관한 분석의 간극을 좁히지 못한 채 남겨두었다. 왜냐하면 더 좋은 보금자리가 더 강한 춤을 유발한다는 린다우어의 주장을 한 치도 의심하지 않았기 때문이다. 린다우어의 주장은 내가 곳곳에서 관찰한 사실과 일치했다. 예를 들어, 나는 정찰대 몇 마리가 다른 벌들보다 더 길고 더 활발하게 춤추는 광경을 자주 목격했다. 또한 애플도어 섬에서 수행한 '5개 중 최적' 선택 실험을 통해 정찰벌이 40리터나 15리터 벌통 중 하나를 향해 함께 춤을 추고(5장 '꿀벌 마음의 창' 참조), 더 좋은 집터 후보지를 보고하는 벌들이 더 격렬하게 춤을 춘다는 것을 발견했다. 게다가 꿀벌이 꽃밭 등으로 먹이 징발대를 적절하게 배치하는 방법—먹이 징발대가 다양한 먹이 후보지에 등급을 매겨 광고하는 집단 결정 과정—에 대해 나와 다른 연구자들이 수행한 연구에서도 먹이가 풍부할수록 8자춤의 횟수가 늘어난다는 사실이 드러났다. 즉 먹이가 더 풍부할수록 8자춤은 더 강렬하다. 또한 춤벌이 먹이의 풍부함에 따라 어떻게 순환 횟수를 조절하는지도 알아냈다. 벌들은 춤의 순환 '비율(R, 단위: 초당 순환 횟수)'과 순환 '지속 시간(D, 단위: 초)'이라는 두 가지 측면을 조절함으로써 먹이가 얼마나 풍부한지를 나타낸다(그림 6.2 참조). 총 순환 횟수(C, 단위: 회)는 춤의 순환 비율과

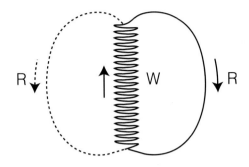

그림 6.2 8자춤을 추는 벌의 움직임 패턴. 8자춤은 여러 번의 순환으로 구성되고, 한 번의 순환은 엉덩이춤(W)과 반원 돌기(R, 왼쪽과 오른쪽으로 번갈아 돈다)로 이루어진다. 엉덩이춤의 지속 시간은 목표물(먹이나 집터)의 거리에 따라 달라진다. 반원 돌기에 걸리는 시간은 목표물의 우수성에 따라 달라진다. 목표물이 바람직할수록 반원 돌기 시간은 감소하고 춤은 한층 활발해진다.

지속 시간의 곱이다(C=R×D). 따라서 꽃꿀이 풍부한 먹이 후보지는 열등한 먹이 후보지보다 더 활발하고(R 값이 더 높고) 더 오래 지속되는(D 값이 더 큰) 춤을 이끌어낸다. 먹이 징발대에 대한 이런 발견은 린다우어의 보고와 완벽하게 들어맞는다. 린다우어는 집터 정찰대가 열등한 집터 후보지에 대해서는 "소극적인 춤"을 춘다고 보고한 반면 우월한 집터 후보지에 대해서는 "활발하고 오래 지속되는 춤을 이끌어낸다"고 기록했다.

그러나 2007년의 연구에서는 정찰벌들이 집터의 질을 춤을 통해 어떻게 암호화하는지 풍부하고도 확고한 정보를 얻어야만 했다. 그러려면 우리는 애플도어 섬처럼 통제된 조건 하에서 연구를 수행해야 했다. '우리'라고 말한 이유는 내가 이 프로젝트를 위해 2명의 공동 연구자와 팀을 구성했기 때문이다. 한 명은 코넬 대학교의 학부생 마리엘 뉴섬(Marielle Newsome)이고, 다른 한 명은 캘리포니아 대학교 리버사이드 캠퍼스에서 온 행동생물학자 커크 비셔(Kirk Visscher)였다. 마리엘은 아버지와 함께 양봉을 한 경험이 있고 미시간 대학교 대학원에서 곤충의 행동을 연구할 계획이었기 때문에 이 실험을 매우 열정적으로 수행했다. 커크는 하버드에 다닐 때부터 꿀벌에 대한 연구를 여러 번 함께한 공동 연구자였다. 똑똑하고 능숙하고 성격도 좋으며 매우 열정적인 커크는 항상 최고의 파트너였다.

우리의 계획은 인공 꿀벌 집단을 애플도어 섬 중앙에 배치하고, 그곳에서 250미터 떨어진 장소에 벌통 2개를 설치하는 것이었다. 벌통은 겨우 40미터 떨어져 있어 정찰대가 2개를 거의 동시에 찾을 가능성이 높았다(그림 6.3). 한 벌통은 40리터 고급 벌통이고, 다른 벌통은 15리터 중급 벌통이었다. 우리는 데이터 로거(data logger: 프로세스 진행 과정에서 나타나는 각종 변수를 자동으로 기록하는 장치—옮긴이)로 5~7마리의 정찰벌이 처음 '자기' 벌통에 나타난 시각을 기록하고, 비디오카메라로 그 벌들이 무리에게 돌아가 자기가 발견한 장소를 광고하기 위해 얼마나 격렬하게 춤을 추는지 녹화했다. 저녁 무렵 녹화한 자료를 분석하면 정찰벌 하나하나가 언제 춤을 추고 몇 바퀴를 돌았는지 알 수 있었다. 애초 이 실험이 벅차 보인 까닭은 정찰벌의 행동 패턴을 연구하려면 벌통에서 목격한 벌 하나하나를 구별해야 했기 때문이다. 그러려면 정찰벌을 모두 구별할 수 있도록 일일이 표시하는 작업이 필요했다(그림 4.4 참조). 하지만 수천 마리 중에서 어느 벌이 벌통에 먼저 나타날지 미리 아는 것은 도저히 불가능했다.

다행스럽게도 커크는 정찰벌의 신원 문제를 푸는 기발한 해결책을 갖고 있었다. 이전 연구에서 커크는 벌통을 방문한 정찰벌을 괴롭히지 않고 페인트로 표시하는 방법을 찾아냈다. 그는 먼저 정찰벌이 벌통 내부를 조사하기 위해 안으로 들어가면 벌통 입구에 작은 포충망을 설치했다. 그리고 약 1분 후 다시 밖으로 나오려던 벌이 포충망에 걸리면 성긴 그물을 접어 살짝 고정한 다음, 페인트가 날개에 묻지 않도록 조심하면서 그물코 사이로 가슴 부위에 표시를 했다(그림 6.4). 이어 마지막으로 정찰벌을 그물에 걸렸던 벌통 입구 근처에서 풀어주었다. 풀려나자마자 다시 벌통을 조사한 것으로 미루어 정찰벌은 그 기이한 경험—외계인에게 당한 진짜 납

그림 6.3 주황색 보호막 안에 설치한 벌통을 찾아온 정찰벌의 수를 기록하는 마리엘 뉴섬. 40미터 떨어진 뒤쪽에서는 커크 비셔가 두 번째 벌통에 찾아온 정찰벌의 수를 기록하고 있다.

치―이 전혀 고통스럽지 않은 듯했다.

거의 7월 내내 애플도어 섬에서 총 일곱 번의 실험을 하는 동안 40리터 벌통을 광고한 정찰대는 41마리, 15리터 벌통을 광고한 정찰대는 37마리임을 확인했다. 정찰벌은 자기 장소를 기껏해야 몇 시간에 걸쳐 보고했고, 그 정보는 대체로 벌통과 무리를 몇 번 왕복하는 동안 다 퍼져나갔다. 우리는 이 실험에서 바로 이 첫 번째 사실에 주목했다. 그림 6.5는 2007년 7월 17일 실험에서 정찰벌 11마리를 기록한 내용으로, 이러한 행동의 특징을 보여준다. (빨간 점을 찍어서 레드라는 이름이 붙은) 첫 번째 정찰벌은 오전 9시 33분 40리터 벌통에 나타났다. 레드는 10분 동안 벌통 안팎을 조사한 후 무리로 돌아가서 자신의 발견을 알리는 8자춤을 6분 동안 162회 돌면서 신 나게

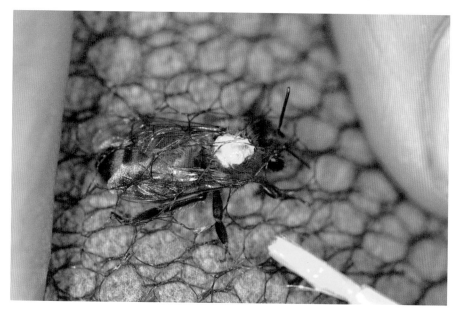

그림 6.4 가슴에 페인트 표시를 한 정찰벌이 성기게 짠 포충망에 걸려 있다.

추었다. 다시 무리를 떠난 레드는 오전 10시 40리터 벌통에 다시 나타났고, 10시 10분 무리로 돌아오기 전까지 벌통을 조사했다. 동료들에게 돌아온 다음에는 6분 동안 무리 위를 기어 다닐 뿐 8자춤을 추지는 않았다. 레드는 10시 16분~10시 26분 사이에 세 번째로 벌통을 방문했다. 하지만 첫 번째 비행 후에만 162회 돌면서 열정적이고 지속적으로 춤을 추었을 뿐이다. 레드는 10시 30분이 되자 벌통을 방문조차 하지 않았다. 이와 같이 정찰벌 레드는 40리터 벌통을 발견한 뒤 자신의 중요한 발견을 열정적인 8자춤으로 동료들에게 알렸지만, 흥미롭게도 다음 한 시간여 동안은 춤을 추지 않았을 뿐만 아니라 자신의 고급 집터를 방문하도록 동료를 유도하는 열의를 잃어버렸다(어떻게 그리고 왜 정찰벌이 집터 후보지를 광고하고 방문하는 행위를 중단하는지는 이번 장 후반부에서 살펴볼 것이다). 이후 오전 내내 레드는 무리

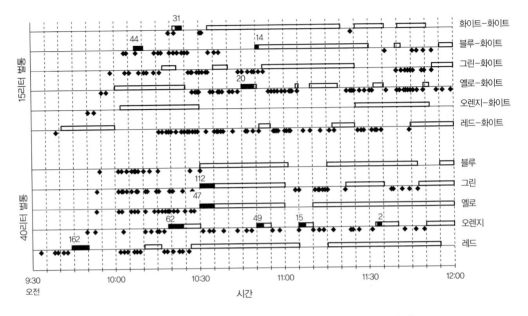

그림 6.5 15리터와 40리터 벌통을 보고하는 정찰벌 11마리의 활동. 시간을 나타내는 가로축의 검은색 마름모꼴 점은 벌이 벌통에 나타난 시점이다. 막대는 무리에서 보낸 시간이고, 막대 안에 검게 색칠한 부분은 무리 위에서 8자춤을 춘 시간이다. 검게 칠한 부분 위의 숫자는 춤의 순환 횟수를 나타낸다.

안에 머물면서 때때로 이리저리 기어 다닐 뿐 거의 활동하지 않았다. 정찰벌 레드를 대다수 조용한 꿀벌과 구별하는 방법은 선명한 빨간색 점뿐이었다.

그림 6.5에서 다른 정찰벌 10마리의 기록을 보면, 레드의 행동이 전형적이라는 사실을 알 수 있다. 정찰벌이 40리터 고급 벌통과 15리터 중급 벌통 중 어느 쪽을 방문했든 집터 후보지에 대한 방문 패턴은 기본적으로 같았다. 꿀벌은 모두 5~35분 동안 첫 번째 조사를 한 다음 무리로 돌아가 8자춤을 추며 5~30분을 보냈다. 그리고 다시 10~30분 동안 벌통을 방문한 후 무리로 돌아가 5~40분 동안 머물렀으며, 더러는 8자춤을 추기도 했다.

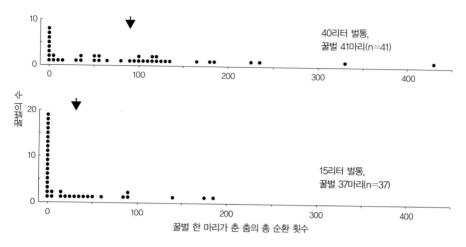

그림 6.6 40리터와 15리터 벌통을 보고한 정찰벌 한 마리당 춤의 순환 횟수 분포도. 가로축의 숫자는 정찰벌 한 마리가 여러 번 여행하며 무리 위에서 춘 춤의 순환 횟수를 더한 것이다. 검은색 화살표는 두 분포도의 평균값을 나타낸다.

보통 이렇게 한 시간쯤 더 무리와 벌통 사이를 왕복하는 동안, 정찰벌은 그 장소를 광고할 동기를 잃어버린 채 얼마 후에는 방문 의지마저 상실했다.

이 실험에서 중요한 발견은 고급 벌통(40리터)과 중급 벌통(15리터)을 보고한 정찰벌이 장소를 광고하는 춤의 격렬함에서 확연히 차이가 있었다는 점이다. 즉 정찰벌이 능동적으로 정찰 임무를 수행하는 동안 춘 춤의 총 순환 횟수에서 차이가 났다. 그림 6.6에서 볼 수 있듯이 두 그룹 내의 꿀벌 사이에서도 커다란 변동이 있었지만, 벌 한 마리당 총 순환 횟수는 평균 89 대 29로 40리터 벌통이 15리터 벌통에 비해 더 높았다. 또한 정찰벌들은 첫 번째 방문을 하는 동안 그 장소가 고급인지 중급인지 알아낸 게 틀림없다. 왜냐하면 정찰벌들이 첫 비행을 마치고 무리로 돌아왔을 때 춤을 춘 비율은 40리터 벌통에서 돌아온 경우는 76퍼센트(41마리 중 31마리)였지만, 15리터 벌통에서 돌아온 경우는 43퍼센트(37마리 중 16마리)에 불과했기 때문이다.

처음에는 벌통을 보고하는 정찰벌이 춤의 강도에서 너무 큰 변화('잡음')를 보인다는 점이 놀라웠다. 왜냐하면 고급 벌통과 중급 벌통 모두 꿀벌의 보고가 폭넓게 분산됨으로써 두 벌통을 광고하는 춤의 강도 또한 상당 부분 중첩되었기 때문이다. 고급 벌통이 더 많은 순환 횟수를 이끌어낸다는 주장은 오로지 평균값에서만 의미가 있었다. 그러나 좀더 깊이 생각해보니, 꿀벌 집단 전체를 놓고 보면 여러 후보지에 대한 보고가 많은 벌들에게 확산되었다는 것을 깨달을 수 있었다. 개체 차원의 보고에서 장소의 질에 잡음이 들어갔더라도 집단 차원에서는 보고가 명확하게 이루어졌다는 얘기다. 다시 말해, 집단 차원에서는 질적으로 다른 대안들의 광고 강도에 뚜렷한 차이가 있었다. 개체 차원의 보고에 비해 집단 차원의 보고가 더 우월한 이유는 다음과 같다. 만약 그림 6.6의 두 분포도에서 꿀벌 '한 마리'의 보고를 무작위로 선택한다고 하자. 이 꿀벌과 다른 꿀벌들의 순환 횟수를 번갈아 비교하면, 40리터 벌통에 대한 광고가 15리터보다 강할 확률이 약 80퍼센트라는 것을 확인할 수 있다. 이는 우월한 집터를 광고하는 벌 한 마리가 열등한 집터를 광고하는 벌 한 마리보다 항상 더 열심히 보고하는 것은 아니라는 사실을 의미한다. 그러나 두 분포도에서 무작위로 '6마리'의 보고를 선택하고 순환 횟수를 비교하는 과정을 반복하면, 80퍼센트가 아닌 100퍼센트의 확률로 40리터 벌통에 대한 광고가 15리터 벌통보다 강하다는 것을 알 수 있다. 우월한 집터를 광고하는 6마리 벌은 열등한 집터를 보고하는 6마리 벌보다 항상 집단적으로 더욱 강하게 광고한다. 따라서 어떤 꿀벌 집단이 40리터와 15리터짜리 쓸 만한 벌통 중에서 하나를 선택해야 할 때, 설득력—집터 후보지에 대한 춤의 총 순환 횟수—

은 우월한 장소에서 더 클 것이다.

집터의 질에 대한 정보를 집단 차원에서 보고하면, 여러 대안을 광고하는 다수의 벌이 있는 개체 차원의 보고에서 발생하는 잡음을 깔끔하게 해결할 수 있다. 그러나 의사 결정 과정 초반, 정찰대가 단순히 발견·조사·보고를 시작하는 때라면 집터 후보지를 보고하는 벌이 몇 마리밖에 되지 않으므로 잡음이 심각한 문제가 될 수 있다. 집터 후보지를 보고할 때 개체 차원의 잡음 때문에 발생하는 의사 결정의 오류 가능성은 여러 장소를 발견하는 단계에서 특히 커진다. 정찰벌이 어떤 집터 후보지를 발견한 후 8자춤을 통해 보고하는 데 실패한다면 아예 그 장소에 대한 논쟁이 이루어질 수 없기 때문이다. (매우 희박한 일이지만) 또 다른 벌이 같은 장소를 찾고도 보고하지 않는다면, 그 장소는 꿀벌 집단의 관심에서 멀어질 것이다. 이 문제를 해결하려면 집터 후보지에 대한 모든 벌의 보고 가능성을 높여 논쟁이 이루어지도록 해야 한다. 놀랍게도 꿀벌은 정확히 이런 방법을 실천하고 있는 것 같다. 마리엘과 커크와 나는 몇 차례의 실험에서 두 벌통을 처음 방문한 정찰벌 2마리가 무리로 돌아오자마자 거의 항상(0.86의 확률) 8자춤을 춘다는 사실을 발견했다. 반면 동일한 벌통을 이어서 방문한 벌―이들은 아마도 첫 번째 벌의 광고를 보고 모여들었을 것이다―은 8자춤을 출 가능성이 다소 낮았다(0.55의 확률). 우리는 무엇이 첫 번째 정찰벌에게 춤을 추는 동기를 강하게 부여했는지 알지 못한다. 어쩌면 다른 벌을 쫓아가지 않고 그 집터 후보지를 혼자서 발견했거나 직접 조사했기 때문일지도 모른다. 그러나 '발견자는 춤을 추어야 한다'는 규칙이 항상 지켜진 것은 아니다. 앞서 살펴본 '5개 중 최적' 선택 실험에서 우리는 여러 꿀벌 집단에게 전부 5개의 선택지(40리터 벌통 1개와 15리터 벌통 4개)를 제시했다.

그중 한 집단은 40리터 벌통을 따로따로 발견한 정찰벌 2마리가 모두 보고를 하지 않았기 때문에 그것을 선택하지 못했다(그림 5.7 참조). 요컨대 훌륭한 대안을 '간과한' 결과 평범한 벌통 중 하나를 선택한 것이다.

2007년 7월 우리의 주의를 끈 정찰벌의 행동에는 또 다른 중요한 특징이 있었다. 꿀벌은 단 10초 만에 40미터 떨어진 두 벌통 사이를 날아갈 수 있다. 그러나 페인트로 표시한 벌들은 모두 '단 한 곳'만을 방문했다. 이처럼 한 장소에만 집중하는 태도는 린다우어의 예측을 뒷받침한다는 의미에서 주목할 만하다. 린다우어는 정찰벌이 집터 후보지를 평가할 때, 집터의 우수성에 대한 타고난(유전자에 새겨진) 기준으로 절대적 가치를 평가한다고 예측했다. 즉 정찰벌은 집터의 우수성을 자기가 방문한 다른 집터 후보지와 비교해 상대적으로 평가하는 것이 아니다. 우리가 실험한 꿀벌 집단은 오랫동안 분봉하지 않은 집단에서 분봉했다. 따라서 이 꿀벌들이 애플도어 섬으로 오기 전에는 정찰대로서 어떤 경험도 쌓지 않았다고 확신할 수 있다. 또한 어떤 꿀벌도 섬에 설치한 벌통을 한 개 이상 방문하지 않았으므로 어떤 집터 후보지를 다른 곳과 비교하지 않았다고 확신할 수 있다. 그럼에도 불구하고 고급 집터를 방문한 꿀벌은 중급 집터를 방문한 꿀벌보다 더 강렬하게 춤을 추었다. 일벌은 이상적 집터가 갖춰야 할 요소에 대한 타고난 지식, 자신이 조사한 집터 후보지의 절대적 질을 결정하는 타고난 능력을 갖고 있음이 틀림없다. 이는 절대 무리한 주장이 아니다. 일벌에 대한 다양한 연구를 통해 일벌이 꽃을 찾으러 다닐 때 복잡한 모양, 특정한 색깔(녹색보다는 보라색), 특정한 향기(향기 없는 꽃보다는 향기 있는 꽃)를 지닌 꽃을 더 선호한다는 것이 밝혀졌다. 꽃이 보내는 신호(cue)와 관련한 이런 선천적 지식이 꽃에 대한 신참 먹이 정찰대의 주의력에 영향을 미친다.

마침내 정찰벌이 집터 후보지를 의식적으로 평가하지 않는다는 사실이 거의 확실해졌다. 정찰벌은 신경 체계를 활용해 지극히 무의식적으로 집터 후보지를 평가한다. 이 신경 체계는 구멍 크기, 입구 높이 등과 관련해 다양한 감각 정보를 통합하고 집터 후보지의 전체적인 우수성을 판단하는 꿀벌의 감각 안에서 작용한다. 터전을 잃은 정찰벌이 바람직한 나무 구멍을 찾아내는 일은 배고픈 인간이 맛있는 만찬을 즐기는 것만큼이나 진정 즐거울 것이다.

강자가 더 강해진다

최적의 집터 후보지에 대한 정찰벌들의 지지가 논쟁을 거치면서 점점 증가하는 한 가지 비결은 지지자들이 그 장소를 누구보다도 활발하게 알리기 때문이다. 정확하게 말하면, 최적의 집터 후보지에서 돌아온 정찰벌들은 이미 살펴보았듯 평균적으로 벌 한 마리당 춘 춤의 순환 횟수가 가장 많다(그림 6.6). 그리고 이런 사실은 실험뿐 아니라 실제 자연에서도 그대로 적용된다. 그림 4.6에서 설명한 정찰벌들의 논쟁을 다시 살펴보자. 이때 남서쪽 G 지점이 우세했던 이유는 아마 그곳이 최적의 집터 후보지였기 때문일 것이다. 논쟁을 하는 동안 G 지점을 광고한 벌들의 한 마리당 춤의 순환 횟수가 가장 많았다. 예를 들어, 7월 20일 오후 3~5시 A, B, D, G 지점 사이에 치열한 경쟁이 벌어졌을 때, 각 장소를 알린 벌 한 마리당 춤의 순환 횟수는 각각 59, 29, 42, 74였다. 마찬가지로 다음 날 오전 9~11시 후보지가 B와 G 지점으로 좁혀졌을 때, 벌 한 마리당 춤의 순환 횟수 평균값은 각각 16과 42였다(이날 오전 정찰벌들은 전날 오후에 비해 2분의 1 정도의 강도로 춤을

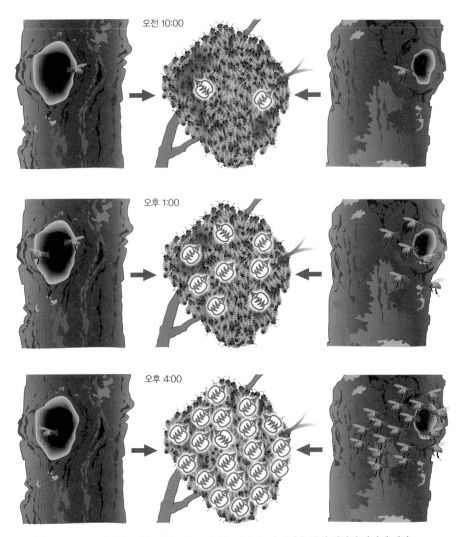

그림 6.7 집터의 질에 따라 8자춤의 강도를 조절하는 정찰대. 이 과정을 통해 최적의 집터에 대한 합의를 형성한다. 현재 2마리의 정찰대가 동시에 두 곳의 집터 후보지를 발견했다. 하나는 입구가 큰 구멍(왼쪽)이고, 다른 하나는 이상적인 크기의 입구가 있는 구멍(오른쪽)이다. 정찰벌들은 다시 무리로 돌아가 그 장소를 알리는 8자춤을 춘다. 그러나 오른쪽 나무에서 돌아온 정찰대(파란색)는 왼쪽 나무에서 돌아온 정찰대(빨간색)보다 8자춤의 순환 횟수가 3배 더 많았다. 3시간이 흐른 후, 오른쪽 나무를 지지하는 벌의 수는 6배 증가한 반면 왼쪽 나무에 대한 지지는 2배만 증가했다. 대다수 춤벌은 오른쪽 나무를 더 좋아했다. 다시 3시간이 더 흐르자 오른쪽 나무를 찾는 정찰대 수가 급격히 증가했고, 이 집터 후보지를 지지하는 춤이 왼쪽 나무에 대한 지지를 거의 몰아냈다.

추었다는 것에 주목하라. 이는 급격한 기상 악화 때문이었다. 사실 이날은 늦은 아침부터 비바람이

몰아치기 시작했다. 꿀벌은 날씨가 차거나 폭풍우가 치면 항상 집터 찾는 과정을 늦춘다).

　최적 집터 후보지를 지지하는 꿀벌은 누구보다도 열렬한 춤을 추기 때문에 중립적인 정찰대를 추가 지지자로 끌어들이는 데 마리당 최고 성공률을 보인다. 더불어 이 추가 지지자들도 훨씬 많은 지지자를 끌어들이는 데 마리당 최고 성공률을 달성해 상이한 질의 여러 집터 후보지 중에서 기하급수적으로 격차를 벌린다. 이런 원리에 따라 결국 어떤 집터 후보지에 대한 지지자가 다른 지지자를 압도하므로 앞서 꿀벌의 논쟁에서 살펴본 패턴(그림 4.5와 4.6)과 정확하게 일치한다.

　그림 6.7은 이러한 과정이 서로 다른 질을 가진 두 장소가 경쟁하는 기본적인 상황에서 어떻게 펼쳐지는지를 보여준다. 오른쪽에 있는 나무는 작은 입구를 갖춘 고급 집터이므로 지지자들은 평균 90바퀴를 돌면서 광고했다(40리터 벌통의 경우와 같다―그림 6.6 참조). 입구가 좀더 큰 중급 집터인 왼쪽 나무의 경우 지지자들은 평균 30바퀴를 돌면서 춤을 추었다(15리터 벌통의 경우와 같다). 이 두 곳은 모두 오전 10시경 정찰벌 한 마리가 발견한 장소다. 처음 3시간 동안 2마리의 정찰대는 각각 90바퀴와 30바퀴를 돌며 춤을 추었으므로 상대적인 설득 강도(8자춤의 총 순환 횟수)는 3 대 1이다. 만약 총 8마리의 중립적인 정찰대가 광고의 강도에 따라 이 두 장소로 몰려갔다면, 오후 1시까지 6마리는 고급 집터를 지지하고 2마리는 중급 집터를 지지할 것이다. (오후 1시까지 이 장소를 발견한 두 정찰벌이 집터 후보지를 광고하거나 방문하는 일을 중단했다고 치자.) 다음 3시간 동안은 무슨 일이 벌어질까? 고급 집터에 대한 6마리의 지지자는 총 540바퀴를 돌며 춤을 추었고(벌 6마리×각 90회 순환), 중급 집터의 지지자 2마리는 총 60바퀴를 돌며 춤을 추었다(벌 2마리×각 30회 순환). 따라서

다음 3시간 동안 이 두 집터 후보지에 대한 상대적 설득 강도는 9 대 1이다. 만약 20마리의 중립적 정찰대가 광고의 강도에 따라 각기 이 두 장소에 모여들었다면(이전보다 더 많은 광고가 이루어졌으므로 더 많은 벌이 모였을 것이다) 오후 4시까지 18마리는 고급 집터를 지지하고 겨우 2마리만이 중급 집터를 지지할 것이다. 따라서 이 논쟁은 애초 1 대 1의 지지자 비율로 시작했다 하더라도 3시간 후에는 3 대 1이 되고, 다음 3시간 후에는 9 대 1이 된다. 만약 논쟁이 계속된다면 머지않아 고급 집터가 논쟁을 완전히 장악할 것이다. 자연에서도 똑같다.

꿀벌의 합의 형성 과정에서 특정한 집터 후보 지지자들이 논쟁을 완전히 장악하는 현상은 흥미롭게도 오로지 다양한 장소에 대한 마리당 광고의 강도 차이에 따라 발생한다. 어떤 사람은 지지자로 변하는 중립적 정찰대가 여러 유형의 광고에 관심을 기울이다 열등한 장소를 옹호하는 약한 광고를 무시해야만 춤벌이 합의에 이를 수 있다고 생각할지도 모른다. 그러나 사실 중립적 정찰대는 춤을 골라서 따라 할 필요가 없다. 방금 든 예에서 중립적 벌들은 두 장소를 알리는 춤의 양에 정확히 비례해 지지자가 되었다. 이 과정을 살펴보면 마치 중립적 정찰대가 그저 무리 위를 어슬렁거리다 우연히 보게 된 첫 번째 춤을 따라 하고, 그 춤이 광고하는 장소의 지지자가 되는 듯하다. 우리는 춤을 따라 하는 정찰벌들이 정확히 어떻게 행동하는지 아직 모르지만, 정찰벌들이 어떤 장소에 대한 춤을 선택하는 게 아니라 무작위로 따른다는 근거는 분명히 갖고 있다.

그 근거는 커크와 우리의 친구 스콧 캐머진(Scott Camazine)이 수행한 실험에서 비롯되었다. 스콧은 재능 있는 외과 의사이자 타고난 사진작가이며 꿀벌 애호가이기도 하다. 1995년 12월 캘리포니아 주의 인디오 사막 동부에서 커크와 스콧은 인공 꿀벌 집단(한 번에 하나씩)과 벌통 2개를 설치했다. 그 지역은 큰 나무가 드물어 꿀벌의 자연 집터가 거의 없는 곳이었다. 벌통은 정찰벌들의 흥미를 끌었다. 커크와 스콧은 각 벌통을 알리는 정찰벌을 모두 구별하기 위해 일일이 표시를 했고, 의사 결정 과정에서 펼쳐지는 춤을 비롯해 춤을 추는 모든 순간을 영상에 담았다. 그리고 녹화한 자료를 검토하며 표시한 춤벌 중 누가 춤의 추종자가 될지 살펴보았다. 그리고 이를 바탕으로 추종자 벌들이 이전에 방문하거나 광고하지 않은 벌통을 선택적으로 추종하는지, 이를테면 '비교 선택(comparison shopping)'을 하는지 살펴보았다. 놀랍게도 추종자 벌들은 단지 두 벌통을 광고하는 춤의 강도에 비례해 춤을 따라 했을 뿐이다. 이 벌들이 무작위로 선택한 춤을 따라 한 것 이상으로 정교한 행위를 하는 징후는 없었다.

따라서 정찰벌들이 논쟁할 때 합의를 형성하는 방법은 간단해 보인다. 더 좋은 집터 후보지를 지지하는 춤은 한층 강하고 추가 지지자를 모으는 데 더욱 효과적이다. 새로운 지지자는 자율적으로 그 장소를 방문하고 평가한다. 해당 장소를 지지하는 춤벌의 '주장'을 검증하고, 검증되지 않은 채 퍼져나간 소문은 무시한다. 그런 다음 마찬가지로 자신의 평가에 따라 강하거나 약한 춤을 통해 그 장소를 알린다. 긍정적 피드백(추종자 벌들이 집터 후보지를 평가한 후 더 많은 벌을 모으는 행위)은 최적의 집터 후보지에서 가장 강력하므로 지지자들을 점점 끌어 모아 논쟁을 장악할 것이다. 그러나 완전한 합의를 이루려면 최적의 집터 후보지에 대한 지지자는 꾸준히 증가하고 열등한 장소에 대한 지지자는 꾸준히 감소해야 한다. 지금부터는 열등한 장소에 대한 지지가 어떻게 사라지는지 살펴보자.

반대 의견의 종료

여러 대안을 놓고 겨루는 논쟁에서 합의를 이루려면 열세를 보이는 대안 지지자들이 자신의 지지를 철회한 다음 이기고 있는 대안으로 바꾸든지, 아니면 논쟁 자체를 포기하든지 해야 한다. 한마디로 반대 의견이 '종료' 되어야 한다. 우리의 꿀벌 집단에서 논쟁을 하던 정찰벌들도 결국 기각된 장소에 대한 지지를 그만두었다(그림 4.5와 4.6 참조). 그러나 우리는 아직 그 과정이 정확히 어떻게 진행되는지 알지 못한다. 1950년대 초 린다우어도 꿀벌의 합의 형성 과정에 대한 이 중요한 수수께끼를 안고 씨름했지만 결국 완전히 풀지는 못했다. 그는 정찰벌들이 더 훌륭한 장소를 알게 되었을 때만 지지(춤)를 포기하고 다른 장소를 지지한다는 점에 더 몰두한 것 같다. 그는 자신의 견해를 다음과 같이 기록했다.

> 상대적으로 작은 집터 후보지만을 찾아낸 정찰벌들은 다른 후보지로 지지를 쉽게 바꾼다. 처음에는 '자기' 집터 후보지를 향해 춤을 추더라도 점점 춤의 강도를 줄이다가 다른 정찰대의 활발한 춤에 흥미를 느끼고 마침내 다른 후보지를 찾아 비행한다. 이 벌들은 새로운 장소를 방문해 자신이 발견한 곳과 비교할 수 있다. 만약 새로운 집터 후보지가 훨씬 더 적합하다면 무리로 돌아가 그 장소를 지지하며 춤을 출 것이다. 이런 식으로 정찰벌들의 모든 흥미는 점차 최적의 집터 후보지로 집중된다.

정찰벌들이 논쟁에서 열세를 보이는 집터 후보지에 대한 지지를 어떻게 철회하는지와 관련해 이 가설은 두 가지 핵심 요소를 제시한다. 첫째, 정찰벌은 이전에 지지하던 장소와 (다른 벌의 활발한 춤을 보고 따라간) 새로운 장소를 '비교'한다. 둘째, 만약 더 나은 장소를 발견하면 그 새롭고도 우월한 후보지를 향해 춤추는 쪽으로 '전환'한다. 이처럼 반대 의견이 종료되는 과정을 '비교-전환' 가설이라고 하자. 이 가설은 확실히 그럴듯하다. 그리고 이는 우리 인간이 논쟁을 통해 합의에 도달하는 방법이기도 하다. 집단의 구성원이 다양한 행동 방침을 제시하면 저마다 그 제안을 듣고 비교한다. 논쟁에서 열세에 몰리는 제안을 선호했던 개인들은 마침내 마음을 바꿔 우세한 제안을 지지하는 쪽으로 전환한다. 나는 린다우어가 인간의 합의 형성 과정에서 꿀벌의 합의 형성 과정을 유추했다고 생각한다. 왜냐하면 그는 꿀벌이 "첫 번째 결정을 고집하지" 않고 "마음의 변화"를 허락한다고 표현했기 때문이다.

린다우어가 집터 정찰대 사이에서 반대 의견의 종료를 설명하기 위해 이른바 비교-전환 가설을 강조하긴 했지만, 그는 이 가설과 전혀 일치하지 않는 관찰 사례를 보고하기도 했다. 요컨대 그는 다음과 같이 기록했다. "열등한 보금자리를 발견한 정찰대가 시간이 지남에 따라 그 장소를 포기하는 이유를 여전히 이해할 수 없다. 정찰벌들은 심지어 자기의 집터 후보지에 아무런 변화가 없고 새로운 집터 후보지를 조사하지 않은 경우에도 자신의 선택을 포기한다." 린다우어는 분명 정찰벌이 새로운 집터 후보지를 자신의 집터 후보지와 비교하기도 전에 춤을 그만두는 사례를 목격했다. 1955년에 출간한 역작에서 그는 이러한 사례를 멋지게 묘사했다. 이를테면 한 정찰벌이 어떤 장소를 향한 춤을 중단한 채 거의 두 시간 동안 무리 위에 조용히 앉아 있다가 두 번째 장소로 이끄는 다른 벌의 춤을 따라 했다는 것이다(그림 6.8). 정찰벌이 때때로 첫 번째 장소를 또 다른 장소와 비교하지 않고도 춤을 중단한다는 증거였다.

102번 꿀벌(1953년 9월)

보금자리		꿀벌 집단		나무 그루터기	먹이통	꿀벌 집단	구석진 숲
나타남	사라짐	나타남	사라짐				

9/19

9/20

9/21
2:10	2:33						
2:45	2:57	2:34					
		2:58					

9/22
9:15	9:31	9:32					
9:35	9:39	9:40					
9:42	9:56	9:57	9:59				
10:00	10:10						
		10:11	10:36				
10:37	11:14						
		11:15	11:43				
11:46	11:51	11:52					
11:55	11:59	12:00	12:04				
12:05	12:09	12:10	12:16				
12:17	12:24						
		12:25	2:09	꿀벌 집단에서 휴식			
2:10	2:11	2:12	2:20			춤을 추며 따라감	
2:21	2:24	2:25				춤을 추며 따라감	
2:29	2:30	2:31					
2:35	2:39	2:40					
2:46	2:51	2:52					
3:01	3:07	3:08					
3:11	3:16	3:17					
3:21	3:25	3:26					
3:29	3:39	3:40					
3:48	4:09						
4:12	4:13	4:10					
4:21	4:31	4:14	4:20				
		4:33					

정찰벌이 어떻게 열세인 집터 후보지를 향한 춤을 중단하는지와 관련해 이 두 번째 가설은 다음과 같은 두 가지 핵심 요소를 제시한다. 첫째, 정찰벌은 이전에 지지하던 장소와 새로 등장한 장소를 '비교하지 않는다'. 둘째, 더 나은 장소라도 그곳을 향해 춤추는 쪽으로 '전환하지 않는다'. 그저 그 장소를 향해 춤을 춰야 하는 동기를 잃어버린 채 가만히 있으며 자신의 후보지를 방문조차 하지 않는다. 반대 의견의 종료에 대한 이 가설을 '은퇴-휴식' 가설이라고 하자.

하나의 수수께끼를 설명하고자 할 때 경쟁적이고 상호 배타적인 두 가설이 있다면, 이 가설들이 완전히 다르게 예측하는 현상을 분석함으로써 어느 쪽이 틀렸는지 알 수 있다. 밖에 나가서 핵심 현상을 관찰하고 어떤 가설이 그 관찰 결과와 다른 예측을 했는지 살펴보라. 그러면 그 가설이 틀렸는지 즉시 알 수 있다. 이와 같은 '강력한 추론' 절차는 심오해 보일지 모르지만 사실 모든 사람이 항상 경험하는 것이기도 하다. 한 예로 어떤 방의 전원을 켰을 때 불이 들어오지 않는다면 전구가 망가졌거나(가설 I) 전기 공급이 중단되었다(가설 II)고 의심할 것이다. 그런 경우 다른 방에는 불이 들어온다는 사실을 알게 되면 전기 공급이 중단되었다는 가설이 틀렸다는 것을 바로 확인할 수 있다.

그림 6.8 102번 꿀벌의 활동 기록. 이 꿀벌은 먹이 징발대에서 집터 정찰대가 되었다. 처음에는 나무 그루터기 옆에 있는 집터 후보지(빈 벌통)를 광고하다가 숲 구석에 있는 다른 집터 후보지(빈 벌통)를 광고하는 쪽으로 전환했다. 점선은 꿀벌 집단으로 들어오고 나가는 비행을 보여준다. 실선은 꿀벌 집단이나 집터 후보지에서 보낸 시간을 나타낸다. 물결무늬가 있는 원은 춤을, 화살표는 그 춤이 가리키는 먹이통이나 집터 후보지의 방향을 말한다. 꿀벌 집단을 충분히 먹이지 못한 상태에서 풀어놓았기 때문에 꿀벌 몇 마리는 (102번 꿀벌처럼) 먼저 먹이통에 나타나 먹이를 구했으며, 무리가 배불리 먹은 후에는 나태한 먹이 징발대가 되었다. 그리고 마침내 집터 후보지를 정찰하기 시작했다.

나는 '비교-전환' 가설과 '은퇴-휴식' 가설 중 반대 의견의 종료를 설명하는 적합한 가설을 가려내기 위해 한 가지 사실에 주목했다. 요컨대 이두 가설은 정찰벌이 언제 다른 장소를 지지하는 춤을 따라 하느냐와 관련해 열세인 장소를 지지하는 춤을 중단하는 시점에 대해 완전히 다른 예측을 한다. 비교-전환 가설에서 가장 중요한 예측은 정찰벌이 다른 장소를 알리는 춤을 따라 한 (그리고 이 장소를 찾아내 자신이 발견한 장소와 비교한) '후에만' 열세인 장소에 대한 춤을 멈춘다는 것이다. 반대로 은퇴-휴식 가설에서 핵심적인 예측은 정찰벌이 다른 장소에 대한 춤을 따라 하기 '전에도' 춤을 중단한다는 것이다. 이 두 가지 예측을 검증하는 문제는 간단하다. 즉 꿀벌 집단을 한 번에 하나씩 배치하고 각 집단 위에서 춤을 추는 처음 몇마리를 선명한 색의 페인트로 표시한 다음, 이 벌들이 무리 위에 나타날때마다 꾸준히 관찰하면 된다. 언제 춤을 추고 언제 멈추며, (만약 춤을 춘다면) 언제 다른 벌들을 따라 추는지 살펴보는 것이다. 나는 각 집단 위에 처음나타난 정찰벌들을 주목했다. 정찰대의 논쟁을 엿들은 경험을 통해 논쟁 초반에는 춤벌들이 열세인 후보지를 광고하기 쉽다는 것을 알고 있었기 때문이다.

이번 실험에서는 춤을 추거나 다른 벌을 따르는 주요 벌들의 모든 행위를 관찰할 필요가 있어서 각 집단마다 몇 마리(4~8마리)에만 표시를 했다. 몇 개의 집단에 대한 전체적인 관찰을 반복해 충분한 개체의 데이터를 얻기 위함이었다. 작업은 천천히 진행되었지만 나는 조급하지 않았다. 꿀벌 집단이 새로운 보금자리를 선택할 때까지 선명하게 표시한 정찰벌들의 모습—벌통을 들락거리고 춤을 추거나 다른 벌의 춤을 따라 추는 모습—을 지켜보는 것이 즐겁고 가치 있는 일이라는 걸 알고 있었기 때문이다.

벌들을 자세히 관찰하며 야외에서 보낸 시간들은 늘 발견의 기쁨으로 가득 찼다.

　6개의 꿀벌 집단을 꾸준히 관찰하며 37마리의 정찰대를 목격할 때까지 총 66시간이 걸렸다. 예상한 대로 대다수(31마리, 84퍼센트) 정찰벌들이 처음으로 광고했던 장소는 결국 거부되었고, 소수(6마리, 16퍼센트)의 벌들이 처음 광고했던 장소가 미래의 보금자리로 선택되었다. 열세인 장소를 지지한 31마리 중 27마리는 집단 결정이 마무리되기 전 그 장소에 대한 광고를 중단했다. 나머지 4마리는 의사 결정이 끝날 무렵의 춤이 미약해 거의 중단한 것이나 다름없었다. 그렇다면 27마리의 벌은 열세인 장소에 대한 지지를 어떻게 중단했을까? 이 정찰벌들은 다른 장소를 향한 춤을 따른 '후에만' 춤을 멈췄을까, 아니면 그러기 '전에' 멈추었을까? 그림 6.9는 새로운 보금자리로 남쪽 지점을 선택한 꿀벌 집단에서 정찰벌 3마리가 어떻게 행동했는지 보여준다. 첫 번째 벌 레드는 두 번째 비행을 마치고 무리로 돌아온 후, 다른 장소를 향한 춤을 따르지 않고 열세를 보이는 서쪽 지점을 지지하는 춤을 그만두었다. 마찬가지로 두 번째 벌 핑크도 세 번째 비행을 마치고 무리로 돌아온 후, 다른 장소를 지지하는 춤을 따르지 않고 열세를 보이는 남서쪽 지점을 포기했다. 핑크는 네 번째 비행을 마치고 돌아와서야 비로소 서쪽 장소를 광고하는 춤을 다섯 바퀴 따라 추었다. 세 번째 벌 오렌지는 다섯 번째 비행을 마치고 온 후, 마침내 열세인 동쪽 지점을 포기했다. 오렌지 역시 레드와 핑크처럼 다른 장소를 지지하는 춤을 따르지 않고 원래 추던 춤을 그만두었다. 흥미를 끌었던 27마리의 벌 중 26마리(96퍼센트)가 다른 장소를 지지하는 춤을 따라 추기 '전에' 춤을 그만두었고, 겨우 한 마리(4퍼센트)만이 다른 장소를 지지하는 춤을 따라 춘 '후에' 춤을 그

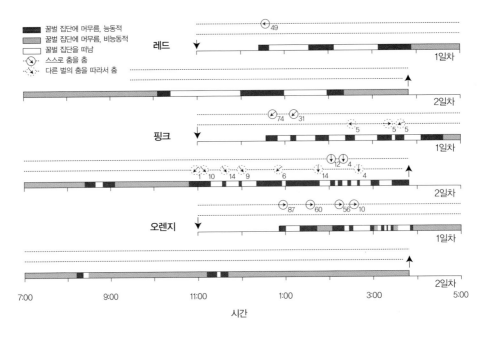

그림 6.9 정찰벌 3마리의 활동을 보여주는 도표. 벌들이 꿀벌 집단에 나타났는지, 나타났을 때마다 스스로 혹은 동료를 따라서 얼마나 춤을 추었는지 보여준다. 3마리 벌의 활동을 집터를 선택할 때까지 이틀에 걸쳐 관찰했다. 처음과 끝에 있는 큰 화살표는 이 집단이 정착했다가 이륙한 시간을 알려준다. 안에 작은 화살표가 있는 원은 벌이 스스로 혹은 동료를 따라서 춤을 춘 행위를 나타내고, 화살표 방향은 그 집터가 있는 쪽을 가리킨다. 안에 화살표가 있는 원 옆의 숫자는 벌이 스스로 혹은 동료를 따라서 춤을 춘 순환 횟수다.

만두었다. 이 결과는 적어도 다수의 정찰벌에게 비교-전환 가설이 맞지 않다는 것을 보여준다. 또한 은퇴-휴식 가설이 옳다는 우리의 믿음을 더욱 확고하게 해주었다.

그렇다면 춤벌이 열세인 장소를 광고하는 행위에서 은퇴하는 이유는 무엇일까? 대체로 다른 장소를 향해 격정적으로 춤추는 벌 때문에 그렇게 하도록 자극받은 것이 아니라는 건 확실하다. 왜냐하면 대부분 다른 춤을 따라 하기도 전에 춤을 중단했기 때문이다. 한 가지 유력한 가능성은 벌에

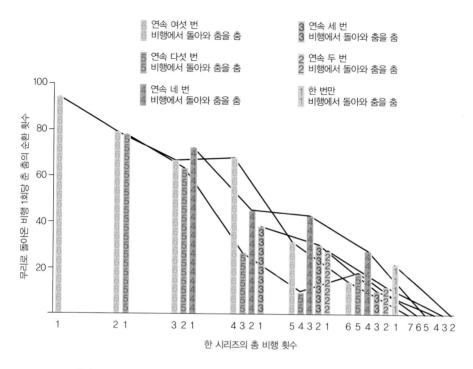

그림 6.10 정찰벌들은 연속으로 비행하면서 무리로 돌아올 때마다 춤의 순환 횟수를 줄였다. '비행-복귀 후 특정 장소를 알리는 춤'으로 구성된 일련의 과정을 한 '시리즈'라고 일컫는다. 한 시리즈는 1~6번의 비행으로 이루어져 있으며 길이는 다양하다. 각 비행당 춤의 강도는 시리즈의 길이에 상관없이 지속적으로(약 15회씩) 감소했다.

게 있는 신경생리학적 프로세스가 열세인 장소를 광고하는 행위에서 은퇴하도록 유도한다는 것이다. 이 신경생리학적 프로세스로 인해 모든 정찰대는 자동적으로 점차 춤을 추는 동기를 잃는다. 심지어 그 장소가 고급 집터라도 마찬가지다. 이러한 과정을 통해 정찰벌들 간의 합의가 형성되는 것이다. 자동적인 춤의 약화는 2개 이상의 장소를 놓고 교착 상태에 빠진 완고한 춤벌들 때문에 의사 결정이 제자리걸음을 하지 않도록 해준다. 이러한 과정은 또한 춤벌이 만장일치에 더 빨리 도달할 수 있도록 도와준다. 어떤 장소에 대한 자동적인 흥미 감소가 벌들로 하여금 의사 결정 과정에 매우 유연하게 참여하도록 해주기 때문이다.

나는 정찰벌들에게 어떤 장소를 지지하는 춤을 멈추는 내적 경향이 있다는 발상을 뒷받침하는 강력한 증거 중 하나를 비교-전환 가설과 은퇴-휴식 가설을 검증하기 위해 관찰한 정찰벌 37마리에게서 발견했다. 모든 정찰벌은 비행을 계속할수록 무리로 돌아왔을 때 춤의 강도를 낮추었다. 예컨대 그림 6.9에서처럼 꿀벌 레드의 춤 강도(비행에서 돌아왔을 때 춘 춤의 순환 횟수)는 49에서 갑자기 0으로 떨어졌다. 반면 핑크의 춤 강도는 74에서 31로, 이어 0으로 서서히 감소했고 오렌지도 87에서 60, 56, 10을 거쳐 0으로 차차 줄어들었다(그림 6.5에서도 정찰벌의 춤 강도가 이처럼 일관되게 감소하는 과정을 확인할 수 있다). 나는 일련의 비행에서 무리로 돌아온 후 특정한 집터 후보지를 지지하는 춤을 추거나 비행에서 돌아와서도 춤을 추지 않는 정찰벌 37마리의 행동 하나하나를 도표로 만들었다. 37마리의 벌은 이러한 시리즈를 51개나 기록했다. 각 시리즈는 한 번에서 연속 여섯 번의 비행에 이르기까지 그 길이가 달랐다. 나는 이 51개의 시리즈를 그 길이에 따라 여섯 세트로 분류하고, 세트마다 비행별로 춤의 평균 순환 횟수를 계산했다. 그리고 마지막으로 그림 6.10에서처럼 춤을 추지 않은 비행까지 고려해 정렬함으로써 여섯 세트의 결과를 비교해보았다. 이 그림은 한 시리즈의 비행에서 돌아온 정찰벌에게는 그 길이에 관계없이 점점 적은 순환 횟수로 춤을 추는 규칙적인 패턴이 있다는 사실을 보여준다. 또한 비행당 춤의 순환 횟수가 감소하는 비율이 여러 번 비행한 꿀벌과 적게 비행한 꿀벌 사이에 큰 차이가 없다는 점도 알 수 있다. 비행당 춤의 평균 순환 횟수는 일정한 간격(비행당 약 15회씩 감소)으로 눈에 띄게 감소했다.

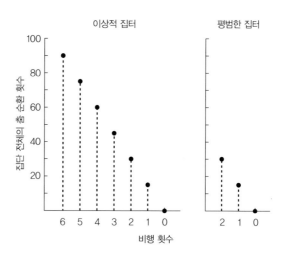

그림 6.11 정찰벌이 이상적 집터와 평범한 집터를 광고하는 춤의 패턴을 비교했다. 두 경우 모두 동일한 비율로(무리로 돌아올 때마다 15회씩 감소) 춤의 강도가 감소했다. 그러나 고급 집터에서 돌아온 꿀벌은 평범한 집터에서 돌아온 꿀벌보다 춤에 대한 동기가 더 강하고 더 오래(6회 비행 대 2회 비행), '더 요란하게(90+75+60+45+30+15=315회 대 30+15=45회)' 춤을 추었다.

춤의 강도가 꾸준히 약해지는 패턴이 드러난 점도 주목해야 한다. 이런 결과는 선택되든(고급) 기각되든(중급) 상관없이 집터 후보지를 광고하는 모든 정찰벌에서 나타났다. 유일한 차이는 고급 후보지를 광고하는 정찰벌들이 더 많은 순환 횟수로 보고를 시작하는 경향이 있는 반면, 중급 후보지를 광고하는 벌들은 더 적은 순환 횟수로 보고를 시작하는 경향이 있었다는 점이다(그림 6.5 참조). 무리로 돌아올 때마다 춤의 강도가 쇠퇴하는 비율은 모든 정찰벌에게서 동일했다. 고급 집터에서 돌아온 벌들은 여러 번 연속 비행하면서 자신의 집터를 광고하는 경향이 있다(예를 들면 그림 6.5의 오렌지). 요컨대 총 순환 횟수가 많은 강력한 광고를 했다. 반면 중급 집터에서 돌아온 꿀벌은 몇 차례 되지 않는 여행에서 돌아와 자신의 집터를 광고하는 경향이 있다(예를 들면 그림 6.5의 블루-화이트). 요컨대 총 순환 횟수가 적은 약한 광고를 했다. 결론적으로 그림 6.11에서처럼 우월한 집터 후보지를 지지하는 정찰벌은 열등한 집터 후보지를 지지하는 정찰벌에 비해 더 길고 '시끄러운' 지지자가 되었다. 우리 모두가 알다시피 어떤 경쟁에서든 대중적 지지를 얻으려면 누구보다도 지속적이고 열정적인 지지자를 보유한 대안이 승리할 가능성이 가장 높다.

이렇듯 정찰벌의 행위는 논쟁에서 완전한 합의에 도달하려는 인간의 행위와 완전히 다르다. 꿀벌과 인간 모두 첫 번째 견해를 고집스럽게 지지하는 행동은 피할 필요가 있다. 그러나 우리 인간은 우월한 대안을 찾아야만 대부분 (그리고 의식적으로) 자기 입장을 포기하는 반면 꿀벌은 자신의 지지를 자동적으로 철회한다. 그림 6.5와 6.9에서 본 것처럼 시간의 길이에 관계없이 일정 시간이 지나면 모든 정찰벌은 조용해지고 나머지 논쟁을 새로운 벌들에게 넘긴다. 그림 6.7은 이러한 규칙적인 양도 덕분에 꿀벌이 합의에 이르기 쉽다는 사실을 보여준다. 이 그림의 합의 형성 과정에서 오전 10시에 활동한 춤벌은 모두 오후 1시에 은퇴했고, 오후 1시에 활동한 춤벌은 모두 오후 4시에 은퇴했다.

그러나 인간의 집단 결정 방식과 꿀벌의 집터 탐색 과정에는 중요한 유사점이 있다. 그것은 바로 과학자들이 어떻게 사회적 결정을 체계적인 이론으로 정립하는지와 관련이 있다. 많은 사람이 새롭고 더 나은 견해가 과학 논쟁에서 승리하는 비결은 바로 소멸이라는 점에 주목해왔다. 즉 한 세대의 과학자들이 자기 분야에서 은퇴하고 결국은 사망해야 한다는 것이다. 하지만 그 세대가 무대에서 내려가기 전에 새로운 세대의 과학자들이 전임자의 다양한 논쟁을 주의 깊게 새기고 진리에 대해 가장 타당한 주장을 받아들여 새로운 이론을 채택해야 한다. 그러면 새롭고 더 나은 이론(예컨대 코페르니쿠스와 갈릴레오의 지동설)에 대한 지지는 커지고, 낡고 열등한 이론(예컨대 프톨레마이오스의 천동설)에 대한 지지는 소멸할 것이다. 이러한 사회적 과정에 대한 설명 중 가장 자주 인용되는 것은 막스 플랑크(Max Planck: 독일의 물리학자이자 양자론의 개척자—옮긴이)의 다음과 같은 말이다. "새로운 과학적 진리는 반대자를 설득하거나 그 빛을 보게 함으로써 승리를 얻는 것이 아니라, 반대자들이 마침내 죽은 뒤 새로운 세대가 그 빛에 친숙해짐으로써 얻어진다." 그러나 나이 든 과학자와 나이 든 정찰대 사이에는 한 가지 차이점이 있다. 사람은 억지로 논쟁을 끝내는 반면 꿀벌은 아주 자동적으로 논쟁을 끝낸다. 이런 관점에서, 만약 사람이 조금만 더 꿀벌처럼 행동했다면 과학도 좀더 빨리 진보했을는지 자못 궁금하다.

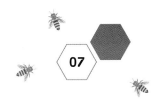

07

새 보금자리로 이동하는 꿀벌

그리고 이렇게 부드러운 떨림이 퍼지네.
사람에게서 사람에게 전달되는 좌우명처럼
석류 속 커다란 구멍
가장 안쪽의 꿀벌에게 전달될 때까지.
만약 그 모습을 다시 본다면
그땐 작별을 고해야 할 거야.
머지않아 그들은 매듭을 풀고
떠나갈 테니.

—찰스 버틀러, 《여성 군주국》(1609)

꿀벌 집단의 분봉을 목격하는 이는 대단히 운 좋은 사람이다. 동물의 놀라운 행동을 엿보는 행운을 누리게 될 테니 말이다. 우선 수천 마리의 벌이 벌통에서 쏟아져 나오는 광경을 볼 것이고, 몇 분 후면 휘몰아치듯 날아가던 벌떼가 무슨 이유에서인지 나뭇가지에 매달려 오밀조밀 모여 있는 장면도 보게 될 것이다. 대다수 꿀벌은 몇 시간 혹은 며칠 동안 소리도 내지 않고 거의 꼼짝하지 않는다. 정찰대만이 신 나게 들락거리며 집터 후보지를 광고하고 시선을 사로잡는 춤을 춘다. 그러고 나서 모든 춤벌이 집터를 만장일치로 선택하면, 가장 놀라운 광경이 눈앞에 펼쳐진다. 60초쯤 지나면 꿀벌 집단이 돌연 비행을 시작하고, 윙윙거리며 나는 수천 마리의 벌이 온 하늘을 뒤덮는다(그림 7.1). 곧이어 꿀벌 집단은 자신들이 선택한 집터를 향해 떠나고, 1~2분 후쯤에는 완전히 사라진다. 1609년 찰스 버틀러가 멋

그림 7.1 애플도어 섬에서의 지은이. 꿀벌 집단이 판자를 수직으로 세워 만든 스탠드에서 이륙하는 모습을 지켜보고 있다. 스탠드 위의 먹이통 두 병에는 꿀벌이 배를 채우는 데 필요한 설탕 시럽이 들어 있다.

지게 표현한 것처럼 이제 "작별을 고할" 때다.

 이번 장에서는 꿀벌 집단이 잠시 머무르던 야영지를 적절한 시기에 함께 떠나는 과정을 살펴볼 것이다. 몇몇 예외가 있긴 하지만 대체로 꿀벌 집단은 정찰대가 새로운 집터를 선택한 후에야 일제히 비행을 시작한다. 비행을 시작하는 꿀벌의 사회적 협동 메커니즘을 살펴보면 꿀벌이 '결정'에서 '실행'으로 임무를 전환할 때 일관성을 유지하는 모습을 확인할 수 있다. 정찰벌은 선동자 역할을 하며 벌떼가 새 집을 향해 떠나도록 재촉한다. 벌들이 행동을 시작하는 과정에서 정찰대가 주도적 역할을 한다는 것은 이미 몇 장에 걸쳐 살펴보았다. 따라서 이때 정찰대가 또 다른 역할을 한다는 사실이 전혀 놀랍지 않을 것이다. 그러나 정찰대가 게으른 동료 벌들을 움직이기 위해 내보내는 훌륭한 신호, 꿀벌의 비행을 촉발하는 적절한 시기를 감지하는 방법을 보면 놀라움을 금치 못하리라. 꿀벌 집단 내 협동에 관한 이런 수수께끼는 최근에서야 밝혀졌다.

비행 전 온도 상승

1980년 봄, 캘리포니아 대학교 버클리 캠퍼스의 재능 있는 곤충생리학자 (현재 버몬트 대학교에 재직) 베른트 하인리히(Bernd Heinrich)는 꿀벌 집단의 온도 조절 메커니즘에 관심을 갖기 시작했다. 하인리히는 20년 동안 곤충의 온도 조절 연구를 선도한 덕분에 굉장한 배경 지식을 바탕으로 꿀벌 연구에 돌입했다. 그는 벌통처럼 꿀벌이 모여 있는 곳의 내부 온도가 인간의 체온과 거의 흡사한 섭씨 35도를 유지한다는 사실을 이전의 두 연구를 통해 알고 있었다. 또한 일벌이 흉부에 있는 비행 근육 두 쌍을 같은 크기로 수축하고 몸을 떨어 열을 발산한다는 사실, 비행 근육이 적어도 섭씨 35도로 달아올라야만 날개를 충분히 파닥거려(1초당 거의 250번 파닥거린다!) 날아오른다는 사실도 알고 있었다. 그런 것들 외에 꿀벌이 분봉 전 꿀을 잔뜩 먹어 배를 채운 뒤에야 떠난다는 사실도 알았다. 꿀벌은 몸을 데워 정찰대가 무리를 들락거릴 수 있는 에너지를 제공하고, 새로운 집터에서 밀랍 벌집을 지을 상당량의 먹이를 지닌 채 떠난다. 그러나 하인리히는 꿀벌 집단 내부 온도의 패턴이 정확히 어떻게 유지되는지, 어떻게 온도를 조절하는지, 어떻게 에너지 공급을 관리하는지에 대해서는 알지 못했다. 양봉이 취미인 하인리히는 꿀벌에게 관심을 기울이던 중 오뉴월에 걸쳐 월넛크리크(Walnut

Creek: 호두 생산지로 유명한 캘리포니아 서부의 도시—옮긴이)의 에코하우스 꿀벌 직통 전화(Ecohouse Swarm Hotline)를 비롯해 경찰서와 소방서의 협조를 얻어 샌프란시스코 만 지역에서 14개의 야생 집단을 모을 수 있었다. 그리고 UC 버클리 캠퍼스의 실험실로 돌아가 작은 전자 온도계(열전대 온도계), 플렉시 유리로 만든 특별한 실린더(호흡 측정 용기) 같은 다양한 실험 도구를 활용해 이 꿀벌들을 연구하기 시작했다. 이런 도구 덕분에 하인리히는 실린더 안에 꿀벌을 집어넣고 다양한 주위 온도(ambient temperature)에서 신진대사율을 측정할 수 있었다.

하인리히는 꿀벌 집단의 온도 조절에 관해 놀라운 사실을 많이 발견했다. 이 모든 발견은 꿀벌이 새 보금자리로 이동을 준비하는 과정을 이해하는 열쇠였다. 첫째, 그는 꿀벌 집단이 주위 온도와 상관없이 덩어리 중심의 온도를 섭씨 34~36도가 되도록 정확하게 조절한다는 사실을 알아냈다. 또한 표층 온도는 주위 온도의 영향을 받기는 하지만 주위 온도가 섭씨 0도로 떨어지더라도 섭씨 17도 이상을 유지한다는 사실도 발견했다. 그러려면 체온이 가장 낮은 표층 꿀벌들은 몸을 끊임없이 움직여 스스로 체온을 따뜻하게 유지해야 한다. 만약 표층 꿀벌의 체온이 섭씨 15도 이하로 낮아지면 '냉기로 인한 무기력'에 빠져 무리로부터 떨어져나가기 쉽다. 이처럼 체온이 너무 낮은 상태에서는 몸을 떨어서 체온을 회복하기도 어렵다.

하인리히는 꿀벌 집단이 특이한 온도 패턴을 형성할 때, 내재한 에너지원(즉 뱃속에 있는 꿀)의 소비량을 별로 늘리지 않는다는 사실도 알았다. 섭씨 10도 이상의 대기 온도에서 '휴식' 대사(비행 근육이 활성화되지 않을 때 일어나는 신진대사)는 무리의 중심 섭씨 35도, 표층 섭씨 17도를 유지하고도 남을 만큼

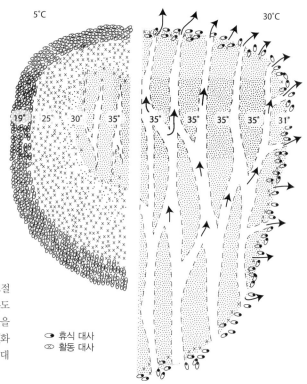

그림 7.2 꿀벌이 어떻게 온도를 조절하는지 요약한 그림. 왼쪽은 주위 온도가 낮을 때, 오른쪽은 주위 온도가 높을 때이다. 벌의 위치, 통풍로, 열 손실(화살표), 활동 대사 구역(×표)과 휴식 대사 구역(점)을 보여준다.

◑ 휴식 대사
◒ 활동 대사

열을 제공한다. 주위 온도가 높을 경우(약 20도 이상)는 휴식 대사 때 너무 많은 열을 발산하므로 표층의 꿀벌과 중심부의 꿀벌은 서로 흩어져 열을 발산할 통풍로를 만든다. 그러나 주위 온도가 섭씨 17도 이하로 떨어지고 표층의 꿀벌이 너무 춥다고 느끼기 시작하면, 안쪽으로 모여들어 공극률(porosity: 전체 부피에 대한 빈 틈새의 비율―옮긴이)과 열 손실을 줄인다(그림 7.2). 이런 방식으로 표층 꿀벌은 꼼짝 않고 휴식을 취하는 수천 마리의 대사열을 솜씨 좋게 가두어 온도를 따뜻하게 유지한다. 표층 꿀벌이 몸을 떨어서 신진 대사율을 높이는 단계로 나아가는 경우는 대기 온도가 섭씨 10도 이하로 떨어질 때뿐이다.

하인리히는 꿀벌에게 효과적인 에너지 보존 수단이 있음도 알아냈다. 낮은 온도에 노출된 표층 꿀벌은 대기가 차가워질 때 두 가지 방법으로 활동 대사의 필요성을 최소화한다. (1) 체온을 높이려고 애쓰기보다 떨어지게 놓아두되 냉기로 무기력해지는 온도(chill-torpor temperature) 이상을 유지하는 방법 (2) 몸을 떨기보다 서로 밀착함으로써 냉기로 무기력해지는 온도 이상을 유지하기 위해 애쓰는 방법이 그것이다. 물론 이러한 에너지 보존 방법은 대부분 표층 꿀벌이 비행을 하기엔 온도가 너무 낮다는 사실을 시사한다. 표층의 꿀벌을 한줌 들어내 공중으로 날려 보내면 쉽게 알 수 있다. 벌은 날아가지 않고 바닥으로 떨어질 것이다. 따라서 체온이 낮은 벌은 새로운 보금자리로 떠나기 전에 비행 근육을 섭씨 35도가 될 때까지 데워야 한다. 이는 단지 이론상의 수치가 아니다! 하인리히는 꿀벌이 정착할 때부터 떠날 때까지 꿀벌 덩어리 내 다양한 부위의 온도를 지속적으로 기록한 결과, 이륙하기 전 마지막 한 시간 동안 표층 온도가 실제로 중심부와 같은 섭씨 35도까지 상승한다는 사실을 발견했다.

베른트 하인리히가 〈꿀벌 집단의 온도 조절 메커니즘과 에너지론(The Mechanisms and Energetics of Honeybee Swarm Temperature Regulation)〉이라는 통찰력 있는 보고서를 펴낸 지 20여 년이 지난 2002년 6월, 나는 꿀벌의 비행 전 온도 상승을 더 자세히 탐구하기 위해 독일로 향했다. 마침 여행 직전에 알렉산데르 폰 훔볼트 재단(Alexander von Humbolt Foundation)에서 연구상을 받은 행운 덕분에 독일에서 연구 프로젝트를 진행하는 데 필요한 재원도 마련할 수 있었다. 나는 뷔르츠부르크 대학교의 행동생리학 및 사회생물학 연구소장으로 있는 내 스승이자 동료 베르트 휠도블러의 초청을 받은 터였다. 꿀벌 연구 전용 실험실을 보유한 이 연구소는 린다우어가 뷔르츠부르

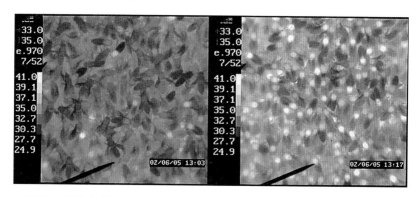

그림 7.3 적외선 카메라로 촬영한 표층 꿀벌들. 왼쪽: 이륙 15분 전에 촬영한 사진. 오른쪽: 이륙 1분 전에 촬영한 사진. 두 사진 왼쪽의 회색 눈금자는 온도(섭씨)를 가리킨다.

크 대학교의 동물학 교수로 있던 시기(1973~1987)에 설립되었는데, 지금은 역시 나의 좋은 친구인 위르겐 타우츠(Jürgen Tautz)가 이끌고 있다. 곤충의 감각 능력 연구 분야에서 누구보다도 뛰어난 위르겐은 자신의 실험실에 자연 현상을 조사하는 데 필요한 최신 과학 장비를 갖추고 있었다. 이번 연구에서 나는 위르겐에게 적외선 카메라라는 매우 쓸모 있는 장비를 빌리고 싶었다. 적외선 카메라가 있으면 (꿀벌을 비롯한) 연구 대상을 방해하지 않고 체온을 잴 수 있을 터였다. 위르겐의 실험실에는 마르코 클라인헨츠(Marco Kleinhenz)와 브리기테 부요크(Brigitte Bujok)라는 훌륭한 대학원생이 있었다. 두 사람 모두 적외선 카메라를 다루는 데 능숙했고, 촬영한 사진을 정확한 온도 측정값으로 전환하는 컴퓨터 소프트웨어를 다루는 데도 뛰어났다. 우리 네 사람의 목표는 간단히 말해 표층 꿀벌이 이륙 전에 비행 근육을 어떻게 데우는지 탐구하는 것이었다.

표층 꿀벌의 이륙 준비 과정을 관찰하기 위해 온도를 촬영하는 계획은 멋지게 성공했다. 우리는 2주가 넘도록 두 집단을 대상으로 10×10센티미

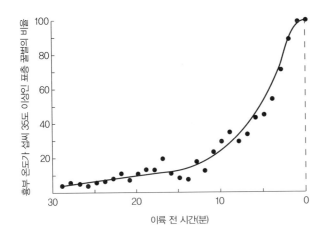

그림 7.4 당장 이륙할 만큼 비행 근육을 충분히 데운(흉부가 섭씨 35도 이상) 표층 꿀벌 비율의 시간에 따른 증가 추이. 적외선 카메라 범위 안에 있는 모든 벌의 흉부 온도를 이륙하기 전 30분 동안 매 1분마다 기록했다.

터 범위 안에서 표층 꿀벌의 체온을 기록했다. 촬영은 분봉한 꿀벌 집단이 덩어리를 이룰 때부터 비행을 시작할 때까지 계속되었다. 두 집단은 이륙 직전에 비슷한 모습을 보여주었다. 요컨대 정찰대는 춤으로 만장일치에 이르렀고 다른 꿀벌들은 활발하게 움직이기 시작했다. 우리는 또한 적외선 사진에서 새로운 것을 발견하기도 했다(그림 7.3). 꿀벌 집단이 활발하게 이륙하기 직전 표층에 있는 '모든' 꿀벌의 흉부가 이례적인 열을 내며 빛나기 시작한 것이다.

그중 우리의 관심을 가장 많이 끈 것은 흉부 온도가 섭씨 35도 이상으로 상승한 꿀벌 비율이 이륙 전 마지막 30분 동안 기하급수적으로 늘어났다는 점이다. 그림 7.4에서 볼 수 있듯이 처음 20분 동안은 비행을 할 만큼 체온이 상승한 표층 꿀벌의 비율이 서서히 증가해 20퍼센트를 넘지 않았다. 그런데 이륙 전 약 10분 동안 이 비율이 점점 빠르게 상승하기 시작하더니 곧이어 모든 표층 꿀벌의 흉부가 100퍼센트 섭씨 35도 이상을 기록했다. 바로 이 시점에서 꿀벌들은 날기 시작했다. 꿀벌 집단이 이륙을 시작할 즈음 표층 꿀벌뿐만 아니라 다른 꿀벌들도 전부 비행하기에 충분한 온도가 된 것이다. 결국 하인리히의 연구는 중심부 벌들의 체온은 항상 비행이 가능할 정도로 높다는 사실을 보여주었다. 아울러 적외선 사진은 두 집단의 이륙이 임박했을 때, 내부 꿀벌들이 먼저 밝게 빛을 내고 이어서 표층 꿀벌들이 빛을 내기 시작한다는 사실도 보여주었다. 이 광경은 마치 차가운 석탄재 층 밑에서 뜨거운 석탄이 빛나는 것 같았다. 또한 표층 꿀벌들이 이륙한 직후 내부 꿀벌들이 이륙하기 시작한다는 사실도 보여주었다. 실제로는 내·외부 꿀벌 사이의 격차가 거의 없어 무리가 전부 흩어지는 데 약 60초밖에 걸리지 않았지만 말이다.

표층 꿀벌의 온도 상승을 자극하는 요소는 무엇일까? 또 꿀벌 집단은 어떻게 모든 표층 꿀벌이 비행 근육을 섭씨 35도 이상으로 데운 후 단 몇 초 만에 이륙할까? 다시 말해, 꿀벌에게 비행 준비와 비행 시작을 알리는 요소는 무엇일까? 지금부터 이 두 가지 수수께끼를 풀어보도록 하자.

열심히 피리 소리를 내는 꿀벌

한데 모여 있는 꿀벌 곁에 귀를 대고 주의 깊게 들어보면, 고음의 삑삑 하는 피리 소리가 새 집터로 떠나기 전 약 한 시간 동안 계속된다는 것을 알 수 있다. 위로 치솟는 음파는 마치 속도를 높이는 F1 경기 자동차의 엔진 소리와 비슷하다. 각 음파는 약 1초 동안 지속된다. 처음에는 날카로운 신호가 간간이 들리지만 이륙 전 마지막 30분 동안에는 더 많은 벌의 신호와 음파가 점점 퍼져 최고조에 이른다. 그리고 어느 순간 모여 있던 꿀벌이 모두 흩어져 날갯짓을 한다. 이 고음의 신호는 정찰대가 얌전한 동료들에게 보내는 "이봐, 비행 근육을 데워야지!"라는 메시지일까?

이런 가능성에 대한 연구를 시작하면서 나는 어떤 벌들이 고음 신호를 보내는지 궁금했다. 사실 이러한 주제는 꽤 오래된 목표였다. 내가 이 불가사의한 소리를 처음 들은 것은 대학원생 시절 갓 꿀벌 연구를 시작한 1970년대였기 때문이다. 그러나 나는 수천 마리 중 어느 벌이 그 소리를 내는지 도무지 알 수가 없었다. 소리를 내는 벌을 찾는 것은 무척 어려웠다. 왜냐하면 그 소리는 눈으로 볼 수 없는 꿀벌 덩어리 깊은 곳에서 나는 것 같았기 때문이다. 1950년대의 린다우어조차도 소리 내는 꿀벌을 찾을 수 없었다. 그는 이렇게 썼다. "지금 100배 높은 음파가 꿀벌 집단에서 나고 있지만, 나는 이 소리가 버즈러너(buzz-runner)가 내는 것인지 다른 벌들이 내는 것인지 확실히 알 수 없다." (린다우어가 언급한 '버즈러너'에 대해서는 이번 장 후반부에 설명할 것이다.)

1999년 여름, 메인 주 동쪽 끝 옥스 만(Ox Cove) 옆에 연구 캠프를 차린 나는 우연히 소리 내는 벌을 발견했다. 춤추는 정찰벌의 반대 의견이 어떻게 종료되는지 연구하기 위해 완전히 고립된 이곳을 찾아간 터였다(6장 참조). 지금도 소리 내는 일벌을 처음 목격한 그때가 마치 어제처럼 느껴진다. 나는 오두막 밖에 한 무리의 꿀벌을 풀어놓았다. 그중엔 처음 춤을 춘 정찰벌 몇 마리도 페인트 점을 찍은 채 섞여 있었다. 나는 페인트 점이 선명한 그 벌들을 꾸준히 관찰하고 기록하며 하루하루를 보냈다. 8월 2일 오전 10시 48분 꿀벌 집단이 비행을 시작하기 5분 전, 뜻밖의 행동을 하는 정찰벌 블루가 내 주의를 끌었다. 블루는 몇 초 동안 다른 벌들 위를 활발하게 뛰어다니다 1초쯤 멈춰서 가만히 있는 다른 벌들에게 자기 가슴을 대고 누른 다음 다시 뛰어다니기를 반복했다. 블루는 무리 속으로 사라지기 전까지

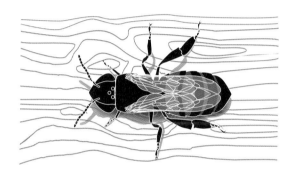

그림 7.5 신호를 전송하는 일벌. 무리 위를 뛰어다니다 잠시 멈춘 동안 기질 (基質)에 대고 가슴을 누르며 배 부위로 날개를 끌어당긴다. 이렇게 배를 둥글게 만든 다음 날개 근육을 활성화해 기질에 진동을 일으킨다. 그림에서는 기질이 나무 표면이지만 실제로는 대부분 다른 꿀벌이다.

이렇게 뛰다가 멈추고 누르는 행동을 여섯 번이나 거듭했다(그림 7.5). 블루는 멈춰서 다른 벌들을 부여잡을 때마다 양쪽 날개를 배 위로 끌어당겼다가 살짝 떠는 것처럼 보였다. 정찰벌 블루가 신호를 보내는 것일까? 나는 그 소리를 들을 수 있었다. 하지만 귀로 듣기만 해서는 소리를 내는 벌이 블루인지 확신할 수 없었다. 그날 오후 근처 펨브로크(Pembroke) 마을의 모건 상점으로 가서 진공 고무호스를 샀다. 지름 6밀리미터, 길이 약 1미터짜리 호스는 내 귀에 딱 맞았다. 나는 고무호스를 이용해 꿀벌 집단에서 나는 소리의 근원을 찾을 수 있었다. 호스는 마치 원시 형태의 청진기처럼 반대쪽에서 나는 소리를 내 귀로 전달해주었다. 며칠 후 나는 두 번째 집단에서도 페인트 점을 찍은 정찰벌이 뛰다가 멈추고 누르는 동작을 하며 내는 소리를 고무호스를 통해 들을 수 있었다. 그 활기찬 피리 소리를 들으니 짜릿한 기분이 들었다.

나는 신호를 보내는 일벌의 모습과 피리 소리에 매혹되었다. 그 신호를 세밀하게 묘사하고, 정찰벌이 신호를 보내 다른 얌전한 벌들에게 비행 근육을 데워 이륙 준비를 시킨다는 생각을 증명하고 싶었다. 이를 위해서는 주의 깊은 관찰과 정교한 소리 분석이 필요했다. 운 좋게도 위르겐 타우츠가 선뜻 나의 연구에 동참하기로 했다. 타우츠는 2000년 8월 이 프로젝트에 필요한 소형 마이크, 디지털 오디오·비디오 장비들을 갖고 독일에서 내가 있는 코넬 대학교로 왔다. 우리는 곧바로 연구소 조용한 곳에 판자를 수직으로 세우고 한쪽 옆면에 꿀벌이 모여 있도록 했다. 꿀벌 덩어리의 표면을 쉽게 관찰하기 위해서였다. 꿀벌 집단 안에는 마이크 2개와 온도계 몇 개를 놓아두고 바로 앞에는 비디오카메라를 설치했다. 이로써 내부에서는 소리를, 외부에서는 표층 꿀벌들의 행동을 한 번에 포착할 수 있었다. 꿀벌들은 어떤 면에서 중환자실에 있는 환자 같았다. 수많은 마이크와 온도계를 설치해놓고 비디오카메라로 녹화를 하며 2명의 생물학자가 줄곧 그 주위를 맴돌았으니 말이다.

그제야 나는 피리 신호를 보내는 벌들의 영상을 확보할 수 있었다. 이들은 꿀벌 집단의 표면을 뛰어다니다가 잠깐씩 멈춰 움직임이 없는 동료들을 부여잡는 벌이었다. 덕분에 날카로운 피리 소리가 들리면 한눈에 그 벌을 관찰할 수 있었다. 위르겐과 나는 녹화한 자료를 보고 신호를 보내는 벌들은 유난히 들뜬 정찰벌이라는 관찰 결과를 다시금 확인했다. 꿀벌들이 무리 위를 기어 다니며 피리 신호와 8자춤을 번갈아 실행했다는 것이 바로 명백한 증거였다(그림 7.6). 이와 같은 신호 혼합은 이륙 전 마지막 30분 동안 특히 두드러졌으며 소리 또한 제일 강했다(정찰대가 신호 보내는 시점을 어떻

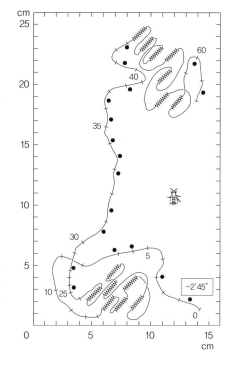

그림 7.6 꿀벌이 무리 위를 뛰어다닐 때 피리 신호와
8자춤을 번갈아 시도한 기록. 벌의 경로에 1초 간격으
로 눈금을 그렸다. 검은 점은 피리 신호를, 지그재그
선은 8자춤을 나타낸다. 이 기록은 이륙 2분 45초 전
에 시작해 62초 동안 계속되었다.

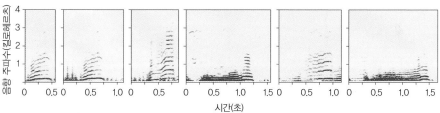

그림 7.7 이륙 직전 일벌들이 보낸 여섯 가지 신호의 초음파 기록. 세로축 단위는 1초당 수천 번의 진동수를
의미하는 킬로헤르츠(kHz)이다.

게 아는지에 대해서는 이번 장 후반부에 설명할 것이다). 정찰벌은 8자춤을 한바탕 추고
난 후 일련의 피리 신호를 전송하는 경우가 많았다.

　　마이크 근처 벌들의 음성 자료를 분석한 결과, 모든 신호가 약 1초 동안
지속되는 단일 음파라는 사실을 알았다. 각 음파는 (1초당) 200~250헤르츠

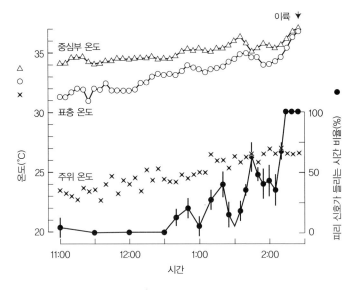

그림 7.8 이륙 전 세 시간 동안 일벌들이 보낸 신호 패턴(●), 꿀벌 집단의 온도(○와 △), 주위 온도(×).

의 기본 진동수와 400~2000헤르츠 범위 안의 많은 배음(여러 개의 기본 진동수)으로 구성되었다(그림 7.7). 피리 신호가 그토록 날카로운 소리를 내는 이유는 바로 높은 진동수의 배음 때문이다. 피리 신호의 기본 진동수가 날개를 부딪치는 빈도수와 같다는 것은 벌이 소리를 낼 때 흉부의 비행 근육을 활성화해 강한 진동을 만들어낸다는 사실을 강하게 뒷받침한다. 아마도 진동 에너지의 상당 부분은 피리 신호를 보내는 벌이 붙잡고 있는 다른 벌에게 날카롭게 증폭된 음파로 전해질 것이고, 일부는 주변 대기로 전해져 사람도 들을 수 있는 소리를 만들어낼 것이다. 위르겐과 나는 음성 자료를 통해 기본 진동수가 200헤르츠에서 약 250헤르츠로 변하고 높은 진동수의 배음에서 나는 소리 에너지의 양이 증가함으로써 피리 음이 위로 치솟는다는 사실도 알았다. 피리 신호를 보내는 벌은 두 날개를 모아 흉부를 뻣뻣하게 해 공명 진동수를 높임으로써 이러한 음파를 만드는 것 같았다.

이 시점에서 위르겐과 나는 일벌의 피리 신호가 이륙 준비를 자극하는 기능을 한다는 가설을 검증하고 싶었다. 그러려면 첫 번째 단계로 일벌의 피리 신호가 이륙 전 마지막 한 시간 동안에만 발생하는지 실제로 확인해야 했다. 이를 위해 우리는 이륙 전 몇 시간 동안 꿀벌 덩어리 내에서 전송되는 신호 강도, 중심부 벌들의 온도, 표층 꿀벌들의 온도를 측정했다. 그림 7.8은 이와 관련한 신호와 온도 상승의 패턴을 보여준다. 이륙 세 시간 전(오전 11시 30분)에는 주위 온도가 섭씨 23도, 중심부 온도가 섭씨 34도, 표층 온도가 섭씨 31도였으며, 어떤 소리도 들리지 않았다. 이륙하기 약 90분 전에는 소리가 간간이 들리기 시작했다. 그러다 이륙 전 30분 동안 여러 벌들이 동시에 신호를 보내자 소리가 크게 지속적으로 퍼졌다. 이와 동시에 표층 온도가 상승하기 시작했고, 꿀벌 덩어리의 전체 온도가 섭씨 37도에 도달한 순간 일제히 비행을 시작했다.

일벌의 피리 신호가 꿀벌 집단의 온도 상승과 일치한다는 발견—두 현상 모두 이륙할 때 절정에 이른다—은 이 신호가 꿀벌의 이륙 준비를 자극한다는 가설을 강력하게 뒷받침한다. 그러나 이런 상관관계가 인과관계를 증명하지는 않으므로 꿀벌 집단의 온도 상승이 정찰벌들의 피리 신호에 반응한 결과라고 확신하기는 힘들었다. 피리 신호가 온도 상승을 유발하지 않을 가능성 그리고 피리 신호와 온도 상승을 모두 자극하는 제3의 요소가 있을 가능성이 존재했다. 예를 들어, 체온이 낮은 얌전한 벌들에게 이륙을 위해 몸을 데우라고 알려주는 신호는 몸을 떠는 행위일 수도 있다. 꿀벌이 이 신호를 보내기 위해 두 개의 앞다리로 다른 꿀벌을 부여잡고 1~2초 동안 자기 몸을 위아래로 심하게 흔드는 것은 다르게 해석할 여지가 없다(그림 7.9). 사람들이 꾸벅꾸벅 조는 친구를 깨우기 위해 어깨를 잡고 강하게 흔들어대듯 몸을 떠는 꿀벌도 동료들이 더 활발하게 움직이도록 자

극한다. 그러나 진동 신호는 이륙 전 마지막 한 시간 동안뿐만 아니라 집터를 찾는 과정에서도 볼 수 있기 때문에 비행을 준비하라는 정찰벌의 주요 신호는 분명 아닌 듯했다. 그 대신 진동 신호는 명백히 다른 일벌의 활동 수준을 전반적으로 상승시키는 역할을 했다. 이로써 꿀벌은 8자춤과 피리 신호를 비롯한 여러 자극에 더 기민하게 반응할 수 있다. 밤이나 날씨가 좋지 않을 때 모든 꿀벌은 에너지를 보존하기 위해 비활동적으로 변한다. 따라서 집터 찾기에 우호적인 환경이 조성되었을 때 정찰대가 다른 꿀벌—내 생각에는 주로 다른 정찰대—의 활동을 자극하기 위해 진동 신호를 보낸다는 설명은 그럴듯했다.

피리 소리가 비행 준비 신호라는 가설을 더 확실하게 입증하려면 신호를 조작해 그 효과를 살펴보는 실험을 해볼 필요가 있었다. 요컨대 신호를 인위적으로 증폭시키거나 신호 수신을 인위적으로 방해하는 실험이다. 우리는 후자를 택했다. 피리 신호를 전송하는 일벌이 다른 꿀벌과 연락하는 것을 막기 위해 가로 25, 세로 20센티미터의 스크린을 꿀벌 덩어리 표면 위에 수직으로 설치한 다음 표층 꿀벌들을 스크린 바깥쪽에 자리 잡게 했다. 스크린 바깥쪽에는 온도계를 설치한 2개의 작은 우리를 만들었다(그림 7.10). 2개의 우리는 곧 표층 꿀벌들로 가득 찼다. 신호가 들리기 시작하

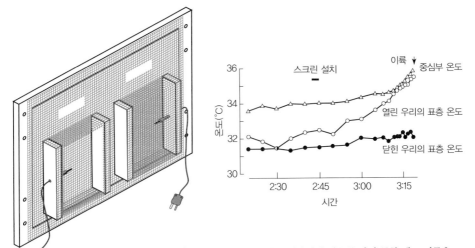

그림 7.10 왼쪽: 표층 꿀벌들이 피리 신호를 전송하는 정찰대의 신호를 받지 못할 때도 이륙을 준비하려고 몸을 데우는지 검증하기 위해 설치한 스크린 장치. 스크린에 장착한 2개의 우리는 각각 열전대 온도계를 갖추고 있다. 두 우리 모두 덮개를 씌웠지만 한쪽은 큰 출입구를 터놓았다. 오른쪽: 왼쪽의 장치로 수행한 실험 결과. 닫힌 우리 안의 표층 꿀벌(신호를 전송하는 정찰대와 차단된 꿀벌)들은 온도가 섭씨 35도 이상으로 상승하지 않은 반면, 열린 우리 안의 표층 꿀벌(신호를 전송하는 정찰대와 접촉한 꿀벌)들은 섭씨 35도 이상 상승했다.

면, 우리는 스크린 덮개를 씌워 정찰벌들이 한쪽 우리 안의 꿀벌들과 접촉하는 것—피리 신호를 전송하는 것—을 방해했다. 이와 동시에 스크린의 다른 쪽 우리 안에 있는 꿀벌들의 경우, 다른 조건은 모두 동일하게 하되 피리 신호가 통과할 수 있도록 큰 출입구를 냈다. 우리의 가설은 피리 소리를 내는 벌이 다른 벌에게 이륙을 위해 몸을 데우게끔 촉발한다는 것이다. 따라서 '닫힌' 우리의 표층 꿀벌은 '열린' 우리의 꿀벌과 달리 이륙 시 비행에 알맞은 온도로 몸을 데우지 않을 거라고 예측했다. 우리의 예측은 정확했다. '열린' 우리의 꿀벌은 이륙 전 마지막 몇 분 동안 약 35도로 온도가 급격히 상승하는 일반적인 패턴을 보인 반면, '닫힌' 우리의 꿀벌은 그렇지 않았다(그림 7.10). 우리는 실험이 끝날 때마다—'열린' 우리 안팎에 있던 꿀벌이 모두 떠난 후—재미로 '닫힌' 우리의 덮개를 제거하고 안에 있는 꿀벌들을 부추겨보았지만 전혀 반응이 없었다. 비행을 하기에는 체온이 너무 낮아 모두 바닥으로 굴러 떨어졌다. 이 벌들은 이륙을 위해 몸을 데우라는 정찰대의 끊임없는 공지를 받지 못한 게 틀림없다.

활기 넘치는 버즈러너

피리 신호 연구를 통해 우리는 정찰벌들이 새로운 보금자리로 날아가게끔 동료를 준비시키는 방법에 대한 의문을 해결했다. 그러나 최종적으로 수천 마리의 꿀벌을 완전히 동시에, 사실상 폭발하듯 이륙하게끔 하는 요소가 무엇이냐는 수수께끼는 여전히 풀리지 않은 채 남아 있었다. 유력한 요소 중 하나는 린다우어가 처음으로 '슈비르라우프(Schwirrlauf)'라고 표현한, 시선을 사로잡는 행동이었다. 영어권 꿀벌 생물학자들은 이런 행동을 '버즈런(buzz-run)'이라 일컫는다. 독일어든 영어든 모두 잘 지은 이름이다. 왜냐하면 버즈러너들은 보통 날개를 활짝 펼친 채 시끄럽게 윙윙 소리를 내면서 꿀벌 덩어리 위를 이리저리 뛰어다니기 때문이다(독일어와 영어 단어 모두 '윙윙거리다+달리다'란 뜻이다—옮긴이). 때로는 꼼짝 않는 꿀벌들의 등 위로 돌진하기도 하고 다른 꿀벌들 사이를 마구 비집고 들어가기도 한다(그림 7.11). 린다우어는 버즈러너들이 이륙 전 마지막 5분 동안 현저하게 눈에 띄었다고 보고하며, 이들이 무리 사이를 뚫거나 밀치고 다니면서 서로 밀착한 꿀벌들을 분산시키고 일제히 이륙하게끔 했다고 주장했다. 이러한 가설은 매력적이지만 검증이 필요했다. 비록 이 가설이 옳다 해도 대단히 활발한 버즈러너들에 대해서는 많은 의문이 남아 있다. 꿀벌 집단이 이륙을 준비

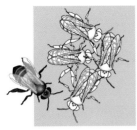

그림 7.11 무기력한 꿀벌 사이를 소리를 내며 달리는 일벌. 비디오 자료를 바탕으로 그린 것이다. 첫 번째 그림: 버즈러너가 한데 뭉친 꿀벌들을 향해 다가간다. 두 번째 그림: 1초 후 버즈러너가 다른 꿀벌들과 접촉하면서 날개를 펼쳐 흔든다. 세 번째 그림: 접촉을 하고 1초 후, 버즈러너가 여전히 날개로 윙윙 소리를 내며 꿀벌들 사이를 밀치고 들어간다. 네 번째 그림: 꿀벌들 사이를 밀치고 나온 버즈러너가 다른 꿀벌들과 접촉하지 않은 상태에서도 날개로 계속 윙윙 소리를 낸다.

하고 비행을 시작할 때 일벌들의 피리 신호와 버즈런은 무슨 관련이 있을까? 이 버즈러너들은 어떤 벌일까? 이들은 언제 강한 신호를 보내야 하는지 어떻게 알까?

나는 이 문제와 씨름하던 중 타고난 연구자인 코넬 대학교의 학부생 클레어 리츠쇼프(Clare Rittschof)를 만났다. 2005년 5월 연구에 돌입한 우리는 버즈러너들이 언제 활동하는지 알아보기 위해 잠복근무를 시작했다. 한 무리의 꿀벌을 세로로 긴 나무판자 측면에 모은 다음 가로 10센티미터, 세로 15센티미터 범위 안의 꿀벌을 녹화했다. 꿀벌이 신호를 보내기 시작한 후 선택한 집터로 날아갈 때까지 조사를 계속했다. 클레어는 녹화한 자료를 느린 속도로 다시 돌려보면서 무리 위를 불규칙하게 오가는 꿀벌들을 찾곤 했다. 당시 나는 이 버즈러너들이 피리 신호를 보내는 벌일 거라고 예상했고, 린다우어는 자신의 보고서에서 둘이 서로 다른 벌이라고 예상했다. 이 버즈러너들이 피리 신호를 보내는 꿀벌인지 알아보려면 (신호할 때 나는 소리를 녹음하기 위해) 소형 마이크를 든 채 이들을 몇 초 동안 따라다니고,

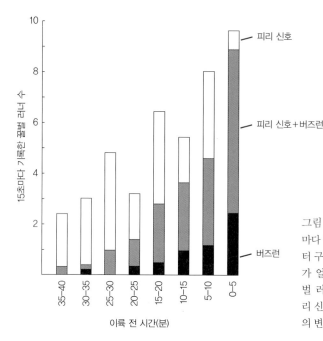

그림 7.12 이륙 전 40분 동안 15초마다 꿀벌 집단 표면의 10×15센티미터 구역에서 뛰어다니는 정찰벌의 수가 얼마나 증가하는지 기록했다. 꿀벌 러너들이 전송하는 신호 패턴(피리 신호, 버즈런, 피리 신호+버즈런)의 변화도 볼 수 있다.

그렇게 얻은 음성 정보를 녹화한 동영상에 덧씌워야 했다. 뛰어다니는 벌들 가운데에서 날개를 활짝 펴고 특이한 소리를 내는 버즈러너들은 쉽게 구별할 수 있었다.

클레어는 꿀벌들을 감시하며 힘든 연구를 수행한 끝에 두 가지 중요한 사실을 발견했다. 첫째, 이륙 전 마지막 한 시간 동안 뛰어다니는 벌들이 점점 늘어나 이륙 직전이 되면 무리를 휘젓고 다니는 꿀벌들로 가득 찼다. 둘째, '모든' 러너는 피리 신호나 윙윙 소리에 상관없이 가청(可聽) 신호를 전송했다. 뛰어다니는 벌들은 처음엔 피리 신호만 전송하다가 점점 윙윙 소리도 함께 내기 시작했고—다른 꿀벌을 들이받고 날개 회전 속도를 높이면서—이륙 전 마지막 5분 동안에는 러너 중 80퍼센트 이상이 소리를 내며 돌아다녔다(그림 7.12). 이로써 우리는 버즈러너가 피리 신호를 보내는 정찰벌이라는 사실을 알 수 있었다. 정찰벌은 또한 이륙을 준비하라는 피리 신호를 전송하기도 하고, 버즈런 신호를 보내 (확실하게) 이륙을 촉발하기도 했다.

버즈런 신호가 다른 꿀벌의 비행을 자극한다고 주장하는 근거는 무엇일까? 첫째, 버즈런 신호는 무기력한 꿀벌들을 비행하도록 자극하는 순간에만 나타났다가 이내 사라진다. 그래서 (2장에서 설명했듯이) 벌통에서 쏟아져 나오기 직전에 한 번 그리고 야영지에서 날갯짓을 하기 직전에 한 번 잠깐씩만 볼 수 있다. 둘째, 버즈런 신호가 꿀벌 집단이 이륙하기 직전에 가장 커진다는 사실은 이 신호가 이륙을 자극한다는 것을 의미한다. 아울러 버즈러너가 한층 강하게 설득한 후, 꿀벌들이 이리저리 흩어져 더욱 활발하게 움직였다는 점 또한 중요한 근거다. 클레어는 녹화한 자료를 보던 중 무기력한 꿀벌 무리 사이를 굉음을 내며 달려가는 꿀벌들을 발견함으로써 이러한 사실을 알게 되었다.

이따금 버즈러너들이 이륙 후 몇 초 동안 무리 위를 맴돌다가 다시 돌아와 소리를 내며 뛰어다닌다는 것에 주목해야 한다. 이렇게 비행하는 현상은 버즈러너가 보내는 활발한 신호 행위의 진화적 기원이라는 점에서 중요하다. 버즈런 신호는 꿀벌들의 이륙 행위가 의식화된 형태임이 거의 확실하다. 이는 날개를 펼치고 윙윙 소리를 내기 시작해서, 필요하다면 다른 꿀벌을 밀어내고 마침내 공중으로 이륙하는 과정으로 이어진다.

'의식화(ritualization)'란 동물의 우연한 행동이 진화해 의도적인 신호가 되는 과정을 가리키는 생물학 용어다. 대부분 우연한 행동은 특정한 맥락 속에서 형성된 활동의 부산물이므로 그 맥락의 확실한 지표가 된다. 버즈런은 이러한 생각을 멋지게 표현한다. 즉 막 이륙하려는 어떤 꿀벌이 날갯짓을 하며 윙윙 소리를 내면 다른 꿀벌에게는 그것이 이제 이륙을 시작한다는 확실한 신호로 작용한다. 신호 진화의 다음 단계는 수신자가 그 신호를 감지하고 의사 결정을 개선하기 위해 정보를 사용하는 행위다. 수신자가 송신자로부터 얻은 정보로 의사 결정을 개선하는 이익을 누렸다면, 송신자는 수신자가 더 잘 발견할 수 있는 신호를 보냄으로써 이익을 얻는다.

버즈런 신호의 초기 진화 단계에서 얌전한 꿀벌들은 이륙하는 다른 꿀벌이 날개로 내는 윙윙 소리에 반응함으로써 언제 이륙할지에 대한 결정을 개선했을 것이다. 이처럼 조용한 꿀벌들의 결정이 개선되면 아마 더 조직적인 비행이 가능해 활동적인 꿀벌들에게도 이익을 주었을 것이다. 따라서 자연 선택에 의해 활동적인 꿀벌의 날갯짓은 조용한 꿀벌들이 더 잘 알아들을 수 있는 방향으로 진화했을 것이다. 오늘날 버즈런은 날개소리를 과장하고(버즈러너들이 이륙하기 훨씬 이전부터 시작한다) 뛰어다니며 들이받는 행동이 추가되었다. 내가 보기에 버즈런은 때때로 꿀벌 집단을 하나로 묶어주는 놀라운 신호의 진화적 기원으로 우리를 안내한다.

버즈런에 대한 마지막 질문은 꿀벌 집단이 이 신호 체계를 진화시키는 이유다. 왜 정찰벌은 다른 모든 꿀벌에게 이륙 신호를 보내야 할까? 이 신호 체계가 진화하는 이유는 모든 꿀벌 무리가 출발 준비를 마친 시기를 감지하는 벌은 곳곳을 돌아다니는 정찰대뿐이기 때문인 것 같다. 정찰벌은 버즈런 신호로 동료 꿀벌과 핵심 정보를 공유한다. 앞서 살펴보았듯 모든 꿀벌이 함께 비행하려면 흉부 온도를 섭씨 35도 이상으로 데워야 한다. 그렇다면 어떻게 '모든' 꿀벌이 꿀벌 집단 '전부'가 충분히 데워졌다는 사실을 알 수 있을까? 한 가지 방법은 꿀벌 몇 마리가 무리를 헤집고 다니면서 동료 꿀벌의 온도를 측정한 후 모두가 적정 온도에 도달했음을 알았을 때 출발 공지를 하는 것이다. 나는 이런 방식이 실제로 꿀벌 집단 안에서 일어난다고 추정했다. 우리는 정찰대가 무리 안을 바쁘게 돌아다니며 몇 초마다 다른 꿀벌에게 자기 가슴을 눌러 피리 신호를 전송한다는 사실을 알고 있다. 아마 정찰대는 자기 가슴을 누를 때마다 다른 꿀벌의 체온을 감지할 것이다. 또 정찰대가 이륙 전 마지막 몇 분 동안 버즈런 신호를 강하게 보내는 때는 바로 모든 꿀벌에게 비행에 적합한 높은 체온이 필요한 순간이다.

정찰벌이 살아 있는 온도 감지기(temperature sensor)이자 정보 통합기(information integrator), 집단 활성기(group activator)라는 가설이 타당하다면, 꿀벌 집단의 이륙을 촉발하는 조정 메커니즘은 거대 집단 내에서 행동을 통제하는 매력적인 시스템을 보여준다. 이런 시스템에서 소수의 개체는 활발한 여론 조사를 통해 전체적인 상황에 대한 정보를 통합하며, 그 집단이 결정적인 상태에 도달했을 때 집단 전체의 적절한 행동을 촉발하는 신호를 보낸다. 이로써 꿀벌 집단의 통치 구조가 그 무엇보다도 특별하다는 것을 알 수 있다.

합의 또는 정족수?

정찰대가 다른 꿀벌들에게 비행 근육을 데울 시점이라는 신호를 보내면 꿀벌 집단은 보금자리 '결정'에서 결정의 '실행' 단계로 전환한다. 여기까지는 좋다. 그러나 정찰대는 피리 신호를 언제 보내야 하는지 어떻게 알까? 꿀벌들이 춤으로 집터를 가리키고 벌떼가 그곳으로 이동하는 놀라운 모습을 보면, 정찰대가 적절한 신호 시기를 알기 위해 춤벌들의 합의 형태를 활용한다는 가정은 매력적이다. 마치 토론하며 공통점을 찾아내길 기다렸다가 '합의'에 도달했음을 인식하고 행동해야 할 때를 정하는 퀘이커 교도처럼 말이다. 이 가설에 따르면 정찰대는 (6장에서 이미 살펴본 것처럼) 춤을 통해 자신이 선호하는 집터에 '투표'한다. 요컨대 행동하며 상호 작용한다. 그 과정에서 투표는 점차 우월한 집터에 대한 합의를 형성한다. 그리고 어떤 방식으로든 정찰대는 투표 패턴을 꼼꼼히 살펴본 후 합의에 도달해 행동을 취할 때가 되었다고 판단한다.

그러나 나는 이 매력적인 가설에 두 가지 의문이 들었다. 첫째, 정찰대가 합의 도달 여부를 확인하려면 반드시 여론 조사가 필요하다. 그러나 나와 린다우어를 포함한 어느 누구도 여론 조사의 징후를 발견할 수 없었다. 둘째, 린다우어의 19개 꿀벌 집단 중 2개는 춤벌들의 합의 없이 비행을 시작했다. 즉 두 곳의 집터를 광고하는 춤벌들 사이에 강력한 2개의 연합이 존재했다는 뜻이다(린다우어의 발코니 집단. 그림 4.3 참조). 춤벌들 간의 불일치에도 불구하고 비행을 시작한 사례는 무시해도 좋은 기이한 변칙일까, 주목해야 할 귀중한 단서일까?

나는 이 사례에 주목하기로 마음먹고, 커크 비셔와의 공동 연구로 그 결심을 실천했다. 과거 나의 제자였지만 이제 친구가 된 커크는 꿀벌 집단이 어떻게 움직이는지 알아내려는 나와 열정을 공유하고 있었다. 우리의 첫 만남은 내가 하버드에서 가르치던 1976년 가을 그가 나의 사회적 곤충 생물학 강의를 신청했을 때였다. 우리는 만나자마자 마음이 통했다. 그는 아버지의 양봉을 몇 년간 도운 경험 덕분에 이미 꿀벌에 대한 배경 지식이 아주 풍부했다. 게다가 대단히 영특하고 겸손한 데다 웃는 얼굴이 생기 있는, 생물학을 사랑하는 학생이었다. 나중에 알게 된 사실이지만, 커크는 나와 달리 기계를 다루는 데 능숙했다. 또한 통계 전문가이자 컴퓨터의 달인이기도 했다. 커크는 현재 캘리포니아 대학교 리버사이드 캠퍼스의 교수로 있다.

커크와 나는 북미 대륙의 정반대 지역에 살고 있지만, 둘 다 오랫동안 궁금해하던 문제를 풀기 위해 뭉쳤다. 꿀벌 집단의 정찰대가 피리 신호 시점을 감지하는 계기는 집터에 대한 '합의(춤벌들의 의견 일치)'에 도달해서라기보다 '정족수(충분한 수의 정찰벌)'에 도달해서라고 봐야 할까? 정족수 가설대로라면 정찰벌들은 집터에서 시간을 보냄으로써 '투표'한다. 그리고 우월한 장소를 지지하는 정찰벌의 수가 빠르게 증가할 경우 그곳에 머무르는 꿀벌의 수를 확인한다. 이렇게 해서 임계점(정족수)에 도달하면 해당 집터로 비행을 시작해도 좋을지 여부를 판단한다. 이 가설은 춤벌 사이의 불일치에도 불구하고 비행을 시작한 사례를 설명할 수 있다. 다양한 장소에 대한 춤벌의 경쟁이 한 장소에 대한 지지로 모아지기 전에 어느 한 집터가 정족수를 충족하면 비행을 시작하는 것이다.

우리는 애플도어 섬에서 수행한 실험을 통해 두 가지 가설을 검증했다. 첫 번째 실험은 한 번에 하나씩 네 집단을 상대로 훌륭한 집터가 될 만한 똑같은 벌통 2개씩을 제공했다. 우리는 (란다우어가 보고한 두 꿀벌 집단의 사례처럼) 꿀벌 사이에 강력한 논쟁을 유발한 후, 합의에 도달하기 전 비행을 하는지 알아보고자 했다. 여러 차례 실험에서 우리는 꿀벌 집단을 섬 중앙에 있는 낡은 해안 경비대 건물 현관에 풀어놓은 다음, 각기 다른 방향(북동쪽과 남동쪽)으로 250미터씩 떨어진 바위 해안에 벌통을 2개씩 놓아두고, 벌통 안팎에 있는 꿀벌의 수를 알기 위해 빛이 들어오지 않는 막사의 창문에 고정했다(그림 3.10 참조). 이 계획은 효과가 있었다! 두 벌통을 거의 동시에 찾아낸 꿀벌 집단은 매력적인 두 집터를 놓고 팽팽한 논쟁을 벌였다. 그러다 정찰벌들이 두 장소를 제각기 지지하며 계속 춤을 추는 상황에서 꿀벌 집단은 각기 이륙해버렸다. 2002년 7월 7일 목격한 이 구경거리는 많은 것을 시사했다. 오후 12시 4분, 10여 마리의 꿀벌이 활기찬 춤을 추며 두 벌통을 광고하는 와중에 두 집단으로 나뉘어 이륙한 것이다! 꿀벌은 해안 경비대 건물에서 북쪽과 남쪽으로 갈라졌고 12시 9분이 되자 '자기' 벌통을 향해 천천히 날아가기 시작했다. 그러나 두 집단 모두 자기 벌통을 향해 겨우 40미터쯤 날아가다 멈추었다. 그리고 12시 15분 해안 경비대 건물에 여왕벌이 나타나자 두 집단 모두 돌아와 여왕벌 주변에 모여들었다.

첫 번째 실험은 꿀벌이 새로운 보금자리로 이동할 때 춤벌들의 합의가 반드시 필요한 것은 아니라는 사실을 보여준다. 따라서 우리는 정찰대가 신호를 언제 보낼지 감지하는 방법에 대한 두 가지 가설 중 합의 가설을 포기했다. 반면, 정족수 가설의 근거는 더욱 늘어났다. 한 벌통에 나타난 20~30마리의 벌 중 10~15마리는 벌통 안에, 10~15마리는 벌통 밖에 나뉘어 있기만 해도 꿀벌은 항상 비행을 준비하는(정찰대가 피리 신호를 내기 시작하는) 모습을 보였기 때문이다. 꿀벌의 집단 결정 시스템에서 20~30마리의 벌이 동시에 같은 집터 후보지에 나타났다는 사실은 바로 정족수를 의미한다. 그러나 정찰대가 꿀벌 집단에서 많은 시간을 보낸다는 점을 고려하면, 약 25마리의 벌이 동시에 같은 집터 후보지에 나타난 현상은 이 집터를 방문하고 지지하는 벌이 총 50~100마리에 이르렀다는 것을 시사한다.

2003년 6~7월, 우리는 애플도어 섬에서 두 번째 실험에 착수했다. 실험은 정족수 가설에서 정찰대가 신호를 언제 보낼지 감지하는 방법에 대한 핵심적인 예측을 직접 검증할 수 있도록 계획했다. 정족수 가설의 핵심 예측은 벌들의 의사 결정을 방해하지 않는 상태에서, 선택한 집터에 머무르

그림 7.13 애플도어 섬 동쪽 해안에 놓아둔 5개의 벌통. 꿀벌 집단은 이곳에서 (사진 오른쪽으로) 250미터 떨어진 곳에 있었다. 조교 아드리안 라이히(Adrian Reich)가 벌통 외부에 있는 정찰벌의 수를 세고 있다.

는 정찰벌이 정족수에 늦게 도달하면 신호 전송과 이륙 또한 늦어진다는 것이다. 따라서 이 예측이 어긋난다면 정족수 가설에 치명타가 될 터였다.

커크와 나는 정족수 형성을 미룰 수 있는 간단하고도 효과적인 방법을 고안했다. 우리는 애플도어 섬의 한 장소에 5개의 훌륭한 벌통을 서로 가까이 놓아두었다(그림 7.13). 이로써 집터를 방문하는 정찰벌들은 한 곳으로 집중되지 않고 5개의 집터에 흩어졌다. 우리는 꿀벌 집단이 벌통을 찾은 후 신호를 보내고 이륙할 때까지 얼마나 걸리는지 주목했다. 물론 우리는 단 하나의 벌통만 설치하는 통제 실험도 했다. 이 두 가지 실험은 각각의 꿀벌 집단을 상대로 섬의 두 곳에서 진행되었다. 실험을 할 때마다 정찰벌

한 마리가 매력적인 벌통을 새로 발견하는 같은 방식이 거듭되었다. 하나의 벌통을 설치한 경우 네 집단 모두 정찰대의 관심이 해당 벌통에 집중되었고 벌들은 빠르게 모여들었다. 그러나 5개의 벌통을 설치한 경우에는 관심이 여러 벌통에 비슷하게 분산되었고 벌들은 약간 천천히 모여들었다. 또한 네 집단 모두 벌통이 하나 있을 때에 비해 5개 있을 때 신호 전송과 이륙이 지연되는 현상을 뚜렷하게 확인할 수 있었다. 벌통이 하나만 있는 경우에는 집터를 발견한 후 신호 전송을 시작할 때까지 평균 162분, 이륙을 시작할 때까지 평균 196분이 걸렸다. 반면 벌통이 5개 있는 경우에는 집터를 발견한 후 신호 전송까지 평균 416분, 이륙까지 442분이 걸렸다. 그러나 두 경우 모두 무리로 돌아와 춤을 추는 횟수는 달라지지 않았다는 점이 중요하다. 또한 벌통(들)을 가리키는 춤을 출 때만큼은 항상 만장일치에 도달했으므로 합의 수준도 달라지지 않았다. 따라서 벌통 5개를 설치한 실험에서 우리가 꿀벌의 의사 결정을 전혀 방해하지 않고 신호 전송과 이륙을 지연시킨 것이 확실했다. 이로써 이 실험은 정족수 가설을 강하게 지지하는 근거가 되었다.

애플도어 섬에서 수행한 2002년과 2003년의 두 실험에 기초해 커크와 나는 다음과 같은 결론을 내렸다. 즉 집터 후보지에 대한 '합의'가 아닌 '정족수'가 신호 전송을 시작하고 이륙 준비를 촉발하는 핵심 자극이라는 것이다. 그러나 꿀벌 집단이 이륙할 무렵 선택한 하나의 집터로 일제히 날아가려면 정찰대 사이의 합의가 '반드시' 있어야 한다는 명제와 위의 결론을 어떻게 아우를 수 있을까? 이륙 준비를 하려면 보통 한 시간 이상이 걸린다. 이는 정찰대가 만장일치라는 필수 과정에 도달하고 꿀벌들이 최적의 집터로 모여들도록 긍정적인 피드백을 주기에 충분한 시간이라고 생각할 수 있다. 다른 설명도 가능하다. 예를 들어, 피리 신호—커크와 내가 2006년에 알아낸 바로는 선택한 집터에서 무리로 돌아온 정찰벌만이 이 신호를 전송했다—는 열등한(정족수에 이르지 못한) 집터를 지지하는 정찰대에게 경쟁이 끝났으니 더 이상 해당 집터를 광고하지 말라는 메시지일 수도 있다. 이러한 신호는 분명 정찰벌들로 하여금 보금자리에 대해 완전한 합의에 이르도록 도와줄 것이다. 그러나 열등한 집터에서 돌아온 정찰벌이 정말 이런 방식으로 신호에 반응하는지는 밝혀지지 않았다.

정찰벌들이 정족수에 도달한 것을 정확하게 감지하는 방법 또한 밝혀지지 않았다. 이에 대해서는 정찰벌들이 시각 정보를 이용한다는 설명이 가능하다. 사람과 마찬가지로 꿀벌의 경우에도 구멍 안팎에서 끊임없이 움직이는 정찰벌을 쉽게 감지할 수 있다. 적어도 입구가 뚫려 있는 집터에는 상당한 양의 빛이 들어오기 때문이다. 어떤 장소에 모여 있는 꿀벌의 수를 감지하는 또 다른 방법으로는 촉각을 들 수 있다. 여러 정찰벌이 어떤 장소를 지지하자마자 서로 빈번하게 접촉한다는 사실은 매우 흥미롭다. 많은 꿀벌들은 심지어 집터 후보지 안팎에서 버즈런과 유사한 행동을 시작하며 서로 충돌했다. 꿀벌들은 일반적으로 정찰대와의 접촉률, 특수하게는 버즈러너와의 충돌률을 통해 특정 장소에 머무르는 동료 정찰대의 수를 파악할 수 있다. 세 번째 가능성은 후각 정보의 사용이다. 집터 후보지 입구에 있는 정찰벌들은 대개 날개를 파닥이며 취기관을 노출한다. 레몬 향 섞인 유혹 페로몬을 발산함으로써 "이리 와!"라는 메시지를 보내 다른 정찰대로 하여금 그 특별한 장소를 찾게 하는 것이다. 이 유혹 페로몬은 특정 장소에 모여 있는 꿀벌 수가 증가함에 따라 강해질 수도 있다. 이런 다양한 가능성을 입증하는 것은 미래의 연구 주제로 남아 있다.

왜 정족수일까

처음에는 정찰대가 새로운 보금자리로 떠날 준비를 하는 시기를 판단하기 위해 합의가 아닌 정족수를 사용한다는 사실이 이상해 보였다. 꿀벌이 선택한 집터로 성공적으로 이동하려면 결국 춤벌들 간의 합의가 필요하다. 발코니 집단과 모자허 집단을 통해 실험한 린다우어 그리고 2002년 애플도어 섬에서 연구한 커크와 나는 모두 춤벌이 두 집터로 팽팽하게 분열한 상태로 이륙하면 어떤 일이 벌어지는지 알고 있었다. 벌떼 구름은 공중에서 나뉘어 각자 집터로 향하며 시간을 끌다가 결국에는 지친 여왕벌이 있는 곳에 정착해 다시 결합한다. 꿀벌들은 그렇게 난리법석을 떨지만 결국 아무것도 얻지 못한다.

왜 정찰벌들은 합의에 도달함으로써 이륙 후 나뉘어 어디로도 가지 못하는 위험을 회피하지 않을까? 한 가지 그럴듯한 이유는 춤벌의 합의를 감지하는 것이 대단히 어렵기 때문이다. 아마도 정찰벌은 동료 정찰대의 광고에 표를 던져야 할 테고, 그러려면 무리 위를 돌아다니며 춤을 해석하고, 그 해석을 머릿속으로 계속 계산해야 한다. 정찰벌도 많고 투표하는 춤벌도 많은 대규모 집단이라면 더욱 어렵다. 그러나 정족수 방식은 집단의 규모가 커지더라도 힘들지 않다. 왜냐하면 고정된 정족수는 집단 규모에 따라 달라지지 않기 때문이다.

정찰대가 합의 방식을 택하지 않는 또 다른 이유는 정족수 방식이 합의 방식과 달리 결정 속도와 정확도 사이의 균형을 유지할 수 있기 때문이라고도 설명할 수 있다. 먼저 속도를 생각해보자. 이륙 준비를 촉발하고자 정족수 방식을 활용하는 경우 충분한 수의 정찰대가 한 장소를 승인하면 바로 이륙 준비를 시작한다. 비록 여전히 많은 정찰대가 다른 장소를 방문하고 광고하더라도 말이다. 즉 결과를 미리 감지할 수 있다면 완전한 합의를 기다릴 필요가 없다. 만약 합의 방식을 택한다면 이륙 준비는 합의에 도달하는 데 필요한 추가 시간만큼 지연될 것이다. 그 결과, 꿀벌은 분봉할 때 확보한 소량의 에너지원(꿀)을 더 많이 소비한다. 만약 비행 준비가 지연되어 출발이 다음 날로 미뤄진다면 추가 에너지 소모는 상당량에 달할 것이다. 게다가 꿀벌은 오후 5시 이후에는 거의 이륙하지 않으므로 또 하룻밤을 쌀쌀한 야영지에서 보내야 한다.

이제 정확성 문제를 생각해보자. 꿀벌 세계에서 정족수란 20~30마리의 벌이 어떤 집터에 (반은 내부, 반은 외부) 동시에 나타나는 상황을 의미한다. 정족수에 도달하려면 약 75마리의 정찰벌이 활발하게 이 장소를 지지해야만 한다. 정찰벌들은 이 장소에 아주 잠깐씩만 머물기 때문이다. 정족수 방식에서 정찰대는 일정 규모의 벌이 독립적으로 어떤 장소를 조사하고 그곳이 지지할 만한 집터인지 판단할 때까지 신호를 보내지 않는다. 따라서 20~30마리 정도의 정족수는 정확한 의사 결정을 확신하는 데 분명 도움이 된다. 이로써 우월한 집터를 선택할 수 있다면 열등한 집터를 선택하지 않을 가능성이 크게 높아진다. 열등한 장소는 (큰) 정족수에 이른 정찰벌들을 매료시키지 않을 테니 말이다. 왜 그럴까? 이를테면 정찰벌이 열등한 장소를 우월한 장소로 착각해 많은 벌을 불러들였다고 가정해보자. 추종자 벌들은 그 집터를 조사하고 오류를 꼼꼼하게 찾아내 그곳을 계속 광고하는 사태를 막음으로써 정찰벌의 오류를 교정한다. 따라서 정찰벌의 실수는 곧 묻히고, 그 장소를 지지하는 정찰벌의 수가 빠르게 감소해 꿀벌 집단은 이 열등한 집터를 거부한다. 나는 정족수 규모가 오랜 시간 동안 (작은 정족수에 유리한) 속도와 (큰 정족수에 유리한) 정확성 사이에 최적의 균형을 이루는 방향으로 진화한, 의사 결정 과정의 척도라고 생각한다. 이 문제에 대해서는 9장에서 좀더 자세히 살펴볼 것이다.

멋진 행동을 개시할 시점을 판단하려면 합의보다는 정족수 방식을 택해야 의사 결정의 속도와 정확성 사이의 균형을 더 잘 유지할 수 있다는 생각은 내 이웃에 사는 한 퀘이커 교도 친구가 가르쳐주었다. 몇 년 전 집회에 모인 퀘이커 교도들은 모임 장소를 변경하는 문제를 놓고 씨름을 했다. 퀘이커 교도들은 통합된 지혜를 구하기 위해 회의를 거듭하며 토론했지만, 매번 합의에 도달하지 못한 채 더 나은 결정을 하기 위해 회의를 연기했다. 그 제안이 실수라고 굳게 믿은 노부인이 반기를 들었기 때문이다. 만약 어떤 제안에 동의하는 구성원의 수나 비율에 따라 움직이는 정족수 방식을 택했다면 몇 주 안에 결정을 내렸을 테지만 그들은 합의를 하느라 몇 년을 기다려야 했다. 마침내 반대를 고집하던 노부인이 죽고 나서야 퀘이커 교도들은 하나의 결론에 이를 수 있었다. 비록 불완전한 선택일지라도 빨리 결정해야 할 문제가 있게 마련이다. 완전한 합의안을 찾기 위해 끊임없이 인내하는 퀘이커 교도들의 방식은 비바람조차 막을 수 없는 나뭇가지에 덩그마니 매달린 집 없는 꿀벌 집단에게 아주 위험하다.

꿀벌 비행 지휘

진정 나는 보금자리 동굴을 찾아가는
너의 완벽한 기술에 놀랐다.
무심한 듯 보이는 날갯짓은
산에서 들로, 호수와 풍랑을 넘는다.

—토머스 스미버트, 《사나운 서양땅뒤영벌(The Wild Earth-Bee)》(1851)

토머스 스미버트(Thomas Smibert)는 뒤영벌에 대해 모국 스코틀랜드 땅에서 "호수와 풍랑을 넘어" 보금자리로 날아간다고 적었다. 그리고 먼 곳의 꽃밭에서 보금자리로 되돌아오는 꿀벌의 놀라운 능력을 칭찬했다. 이러한 찬사는 지나치지 않다. 일벌이 벌통에서 10킬로미터 이상 떨어진 곳에 피어 있는 꽃을 찾아갔다가도 돌아올 수 있다는 사실은 이미 살펴보았다. 이 작은 생명체의 크기가 14밀리미터라는 점을 감안하면 정말 놀라운 능력이다. 뒤영벌과 꿀벌이 항해술을 사용해 보금자리를 찾아간다는 사실도 밝혀졌다. 뱃사람들은 오랫동안 너른 바다에서 나침반 하나에만 의지해 항구를 능숙하게 찾아가곤 했다. 벌에게 나침반은 바로 태양이다. 뱃사람들은 항해한 거리를 계속 기록하다 목표가 시야에 들어올 무렵이면 기억해둔 이정표에 의존한다. 꿀벌이 어떻게 그토록 넓은 지역을 돌아다닐 수 있는지는 폰 프리슈와 린다우어가 1950년대에 가장 깊이 파고든 미스터리 중 하나였다. 이후 생물학자들은 벌이 어떻게 꽃밭과 벌집을 오가는지 차차 밝혀냈다.

반면, 꿀벌 집단이 어떻게 새로운 보금자리를 찾아가는지는 그다지 관심을 끌지 못했다. 아마도 이 문제가 상상하기도 어려운 수수께끼였기 때문일 것이다. 어떤 방법으로든, 스쿨버스만큼 큰 수만 마리의 벌떼 구름은 야영지에서 새로운 보금자리로 휘몰아치듯 날아간다. 비행경로는 대부분 수백에서 수천 미터에 걸쳐 들판과 숲, 언덕배기, 계곡, 늪지대와 호수 등을 가로질러 뻗어 있다. 아마도 가장 놀라운 점은 꿀벌 집단이 넓은 지역을 가로질러 특정한 지점으로 날아간다는 사실일 것이다. 여기서 특정한 지점이란 대부분 숲속 특정 지역의 특정 나무에 있는 옹이구멍을 말한다. 꿀벌 집단은 목적지에 다다르면 비행 속도를 점점 늦추어 정확하고 우아하게 새 집 입구에서 멈춘다. 수만 마리의 꿀벌이 어떻게 목적지로 향한 비행을 이토록 놀라운 솜씨로 이루어낼까? 지난 몇 년에 걸친 디지털 카메라 기술의 발전 덕분에 데이터를 정교하게 수집하고 이미지를 가공하는 것이 가능해졌다. 이런 작업은 비행하는 꿀벌 집단 내에서 벌 하나하나를 추적하고 그들의 비행 메커니즘을 알아내는 데 꼭 필요한 일이다. 이번 장에서 우리는 이러한 메커니즘과 정찰벌들이 주도적 역할을 하는 과정을 자세히 살펴볼 것이다.

꿀벌 추격자

1979년 여름, 나는 뉴욕 주 이타카로 다시 돌아와 나의 첫 멘토이자 좋은 친구인 코넬 대학교의 양봉학 교수 로저 모스 '선생님'과 다시 일하게 되었다. 그보다 몇 년 전 코네티컷의 명예 교수 알퐁스 아비타빌레(Alphonse Avitabile)와 모스 선생님은 한 가지 사실을 발견했다(아비타빌레는 모스 선생님의 제자이기도 하다). 꿀벌 집단이 새 보금자리로 날아갈 때, 일벌은 여왕벌에게서 서서히 퍼져 나오는 '여왕 물질'이라는 페로몬을 감지함으로써 여왕벌이 무리 안에 존재하는지 끊임없이 확인한다는 것이다. 여왕벌 머리의 큰턱샘(mandibular gland)에서 분비되는 이 페르몬 물질의 주성분은 C10 지방산으로, 정확한 이름은 (E)-9-옥소-2-데센산((E)-9-oxo-2-decenoic acid)이다(여기서는 간단히 9-ODA라고 하겠다). 비행하는 꿀벌들은 이 특정한 화학 물질의 냄새를 맡을 수 있는 한 계속해서 새 집을 향해 날아간다. 만약 냄새가 나지 않는다면 여왕벌이 휴식을 위해 무리에서 벗어난 것이다. 그럴 경우 꿀벌들은 앞으로 나아가기를 중단하고 마냥 서성이다가 잃어버린 여왕벌을 찾으면 그 주위에 다시 모여든다. 그리고 이내 다시금 이륙해 목적지로 향한다. 분명한 점은 일벌이 무엇보다도 중요한 여왕벌을 잃어버리지 않기 위해 최선을 다한다는 것이다.

모스 선생님과 알퐁스 아비타빌레는 9-ODA가 여왕벌의 존재를 가늠하는 핵심 지표인지 검증하기 위해 약간 잔인한 실험을 했다. 그들은 인공 꿀벌 집단을 만든 다음 여왕벌을 작은 우리에 집어넣었다. 그리고 얼마 후 꿀벌 집단이 정탐을 마치고 선택한 집터를 향해 비행을 시작할 때, 막 이륙하려는 일벌 5마리의 등에 9-ODA를 묻혔다. 이런 상태에서 날아간 모든 꿀벌 집단은 시야에서 사라진 후 …… 다시는 돌아오지 않았다! 반면 다른 조건은 모두 동일한 상태에서, 9-ODA를 묻힌 일벌이 없는 꿀벌 집단은 이륙한 뒤 겨우 50미터쯤 날아갔다가 다시 돌아와 여왕벌이 갇힌 우리 주위에 정착했다. 9-ODA라는 특별한 향기가 여왕벌이 함께 있다는 확신을 심어주기에 충분했음이 틀림없다. 오늘날까지도 나는 이 탁월한 실험의 희생자가 된 미아 꿀벌들이 가엾기만 하다.

9-ODA를 묻힌 집단이 시야에서 사라지는 광경을 보면서 모스 선생님은 꿀벌의 비행에 흥미를 느꼈다. 그리고 1979년 커크 비셔(당시 커크는 모스 선생님의 지도 아래 대학원 공부를 막 시작한 터였다)와 나를 연구 조교로 발탁했다. 우리의 첫 목표는 단순히 꿀벌들의 비행을 처음부터 끝까지 관찰하는 것이었다. 이를 수행하기 위해 우리는 꿀벌의 비행경로를 통제할 수 있는 애플도어 섬으로 갔다. 중간 규모(1만 1000마리)의 꿀벌 집단을 데려간 우리는 비행 내내 추격할 수 있도록 꿀벌 집단과 벌통의 위치를 신중하게 정했다. 애플도어 섬의 덩굴옻나무 덤불 때문에 대부분의 도로와 오솔길은 꾸불꾸불했지만, 가까스로 직선에 가까운 350미터 길이의 '트랙'을 찾아냈다. 그 덕분에 비행 내내 꿀벌들을 가까이에서 추격할 수 있었다. 우리는 꿀벌 집단과 벌통 사이에 30미터마다 말뚝을 박았다. 이를 통해 꿀벌 집단의 중앙부가 어느 말뚝을 통과하는지 살펴봄으로써 각 비행 단계의 속도를 계산할 수 있었다.

예상한 대로 꿀벌 집단의 정찰벌 한 마리가 곧 우리의 벌통을 발견하고 8자춤을 추며 논쟁을 장악했다. 우리는 정찰벌들이 토론을 마칠 때까지 기다리는 동안 벌통에서 춤을 추는 모든 꿀벌에게 파란색 페인트로 점을 찍었다. 그리고 벌통에 나타난 파란 점박이 꿀벌의 비율을 5분마다 기록했다. 우리는 143마리의 정찰벌에게 페인트를 칠했는데, 벌통을 찾아온 정찰대 중 파란색 점이 찍힌 벌은 평균 29퍼센트였다. 요컨대 약 495마리의 벌(143＝0.29×495)이 이륙하기 전에 그 장소를 방문했다는 뜻이다. 따라서

1만 1000마리 중 5퍼센트를 약간 밑도는 꿀벌이 이륙 전에 그 장소와 친숙했음을 알 수 있었다.

꿀벌 집단의 이륙 직후 속도도 흥미롭기는 마찬가지다. 벌떼 구름은 30초 정도 야영지에서 머물다 보금자리가 있는 방향으로 서서히 움직이기 시작했다. 처음 30미터 거리는 시속 1킬로미터가 안 되는 속도로 움직였지만, 서서히 빨라져 150미터 지점부터는 최고 속도인 시속 8킬로미터로 이동했다. 가장 놀라웠던 점은 꿀벌 집단이 벌통에 도착하기 전에 속도를 줄이는 방법이었다. 벌통에서 약 90미터 떨어진 곳부터 서서히 속도를 줄이고, 마침내 목표 지점에서 5미터 이내에 도달하자 꿀벌 집단의 중앙부가 멈추었다. 다음 2분 동안 점점 많은 정찰벌들이 벌통 입구에 나타났다. 그 수는 20초 후 5마리, 50초 후 40마리, 90초 후 100마리 이상을 기록했다. 이들은 나소노프선(Nasonov gland) 페로몬을 발산해 무지한 꿀벌들에게 새 보금자리로 들어가는 길을 알려주었다. 벌통 앞에서 이동을 멈춘 꿀벌들은 3분 만에 육중하게 내려앉아 입구를 빼곡히 둘러쌌다. 그리고 일제히 안쪽으로 행진하듯 입구 주변을 천천히 돌며 회오리를 만들어냈다. 6분 후 여왕벌이 대대적인 환영식도 없이 안으로 들어감으로써 도착한 지 10분이 채 못 되어 거의 모든 꿀벌이 안전하게 새 보금자리에 정착했다.

나는 그날의 꿀벌 추격이 대단히 맘에 들었지만 그로부터 25년이 지난 2004년까지도 후속 연구를 수행하지 못했다. 그러던 중 2004년 여름, 정말 운 좋게도 마델레이너 베이크만(Madeleine Beekman)이라는 네덜란드 행동생물학자와 공동 연구를 시작할 수 있었다. 마델레이너는 얼마 전 영국에서 저명한 꿀벌 연구가이자 내 친구인 프랜시스 라트니엑스(Francis Ratnieks)와 함께 박사 후 연구를 마치고 꿀벌들의 비행 안내 수수께끼에 매료되어 있었다. 그녀는 여름 한철 동안 코넬에서 나와 함께 꿀벌 연구를 수행했는데, 영리하고 성실하며 성격 좋은 최고의 공동 연구자였다. 지금은 오스트레일리아의 시드니 대학교 교수로 재직 중이다.

애플도어 섬에서 사용한 관측 방법은 다소 조잡해서 개선 방안을 찾아야 했다. 우리는 꿀벌들의 비행 행위를 좀더 정확하게 설명하고, 한층 통제된 실험을 수행하고 싶었다. 이때 우리가 선택한 방법은 코넬 대학교 캠퍼스에서 조금 떨어진 리델 필드 스테이션(Liddell Field Station)의 내 실험실 옆 넓은 목초지를 가로질러 꿀벌들을 날려 보내는 것이었다. 26헥타르에 달하는 이 목초지 한가운데에는 커다란 물푸레나무 한 그루가 가지를 넓게 뻗치고 있었다. 꿀벌이 새로운 보금자리로 선택할 벌통을 매달기에 완벽한 장소였다. 물론 이 벌판 주변과 그 너머 숲에는 매력적인 자연 집터로 삼을 만한 곳들이 있었다. 그러나 나는 애플도어 섬에서 수행한 연구 덕분에 무한한 인내심으로 꿀벌을 관찰하고 내 벌통이 아닌 다른 장소를 향해 춤추는 정찰벌을 모두 집어내기만 한다면 꿀벌의 관심을 내 벌통에 묶어둘 수 있을 거라고 여겼다. 이러한 시도는 효과가 있었다. 우리는 많은 꿀벌 집단을 실험실 근처에서 물푸레나무까지 270미터 거리의 비행경로를 따라 날려 보냈다. 그리고 이 비행경로를 30미터씩 분할해 꿀벌의 비행 속도를 측정했다. 또한 이륙할 때 벌떼 구름의 규모를 정확히 측정하기 위해 가로 20미터, 세로 20미터의 '도약대'를 만들었다. 이어 도약대 부근의 풀을 짧게 깎고 4미터 간격으로 말뚝을 박은 다음, 1미터마다 표시를 한 6미터 높이의 막대를 하나 세워놓았다. 우리는 꿀벌 집단을 도약대 중앙부에 놓은 후 비행을 시작하면 말뚝을 참조해 벌떼 구름의 길이와 너비를 재고 막대를 참조해 벌떼 구름의 위아래 높이를 측정했다. 또한 나중에 꿀벌 하

그림 8.1 오른쪽으로 비행하는 꿀벌 집단 아래 서 있는 마델레이너 베이크만. 그녀가 치켜들고 있는 45센티미터 길이의 주황색 표지판을 이용해 벌떼의 규모를 측정할 수 있다. 벌떼 구름 위에 있는 긴 줄무늬에 주목하라. 이는 꿀벌이 빠른 속도로 비행하고 있음을 보여준다.

나하나의 움직임 패턴을 분석하기 위해 비행하는 꿀벌의 측면 사진을 찍었다.

우리가 관찰한 세 꿀벌 집단은 각각 1만 1500마리 정도 규모로 야생 꿀벌 집단의 중간 규모에 해당했다. 비행을 시작할 때 한 곳에 모여 있던 꿀벌들은 윙윙거리며 거세게 날아올라 길이 10미터, 너비 8미터, 높이 3미터의 벌떼 구름을 형성했다. 벌떼 구름의 아랫부분은 (다행히) 목초지 풀에서 약 2미터 떨어진 우리 머리 바로 위에서 휘몰아쳤다! 이 규모를 보면 꿀벌들이 각 벌떼 구름 안에서 평균 약 27센티미터 간격을 지어 날아간다고 추정할 수 있다. 요컨대 1세제곱미터당 꿀벌 50마리의 밀도로 날아갔다(그림 8.1). 놀랍게도 꿀벌들이 공중에서 부딪히는 일은 극히 드물었다.

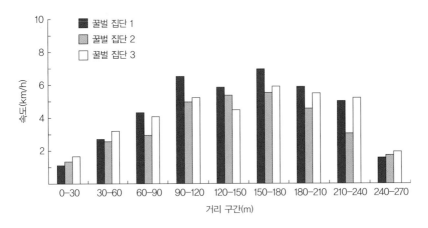

그림 8.2 벌통을 향해 270미터 날아간 세 꿀벌 집단의 비행 속도. 최고 속도는 시속 5~7킬로미터였다. 꿀벌 집단이 더 오랜 비행을 할 때의 속도는 거의 시속 12킬로미터에 달하기도 했다.

세 집단의 비행 패턴은 모스 선생님과 커크 그리고 내가 애플도어 섬에서 관찰한 것과 일치했다. 꿀벌들은 처음엔 천천히 움직이기 시작해 서서히 속도를 높였다. 그런 다음 최고 속도인 시속 6킬로미터쯤을 유지하다 부드럽게 속도를 줄이더니 마침내 새로운 보금자리 앞에 깔끔하게 멈추었다(그림 8.2). 이미 관찰한 것처럼 꿀벌이 목적지에 도착한 시기와 정찰대가 입구에 자리 잡고 나소노프선 페로몬을 발산하는 시기는 약간 차이가 있었다. 그러나 이 화학적 신호가 전송되자마자 나머지 꿀벌들이 재빨리 벌통으로 날아들었다. 꿀벌들은 망설임 없이 10분 만에 거의 모두가 벌통 안으로 사라졌다. 꿀벌들은 이륙, 비행, 착륙, 진입에 이르는 모든 이주 과정을 15분 만에 정확하게 수행했다.

지도자와 추종자

꿀벌 집단이 새로운 보금자리를 향해 놀랍도록 정확하게 비행할 수 있는 이유는 비행경로와 최종 목적지를 아는 겨우 몇 퍼센트의 꿀벌 덕분이다. 이미 언급한 것처럼 모스 선생님과 커크 그리고 내가 애플도어 섬에서 연구한 꿀벌 집단의 경우 5퍼센트 미만이 벌통을 방문했다. 다시 말해, 꿀벌 집단이 이륙하기 전에 그들만이 새로운 보금자리의 정확한 위치를 알고 있었다. 이런 결과는 이후 수재나 버먼과 내가 공동으로 수행한 연구에서도 밝혀졌다. 그 연구에서 우리는 꿀벌을 하나하나 표시하고, 정찰벌의 춤을 녹화하고, 정찰대가 광고할 집터 후보지를 지정했다. 우리가 연구한 세 집단은 모두 1.5~1.7퍼센트의 꿀벌만이 선택된 집터를 향해 춤을 추었다. 이 수치와 춤을 통해 고급 집터를 광고하는 정찰벌(커크와 나는 정찰대가 춤을 통해 보금자리의 질을 해석하는 방법을 알아냈다. 6장 참조)의 비율이 약 50퍼센트라는 점을 고려하면, 꿀벌 집단의 3~4퍼센트만이 선택한 집터를 방문함으로써 보금자리의 위치를 정확하게 알고 있다는 얘기다. 이처럼 꿀벌은 새로운 보금자리로 떠날 때 그 위치를 아는 비교적 적은 수의 동료들에게 의지하는 것이 분명하다. 이 꿀벌들은 평균적인 꿀벌 집단 1만 마리 중 약 400마리에 달하며, 나머지 꿀벌들의 안내자 혹은 지도자 역할을 한다. 이런 지도자와 추종자 시스템은 어떻게 작동할까?

꿀벌이 새로운 보금자리로 떠날 때 정보를 보유한 소수가 무지한 다수를 지도하는 방법에 대해서는 세 가지 가설이 제기되었다. 첫 번째 가설은 화학적 신호를 통해 지도자가 추종자에게 정보를 전달한다고 설명한다. 알퐁스 아비타빌레, 로저 모스, 롤프 보흐(Rolf Boch)는 1975년 논문에서 일벌이 여왕벌이 발산하는 9-ODA를 감지함으로써 여왕벌의 존재를 인식

한다고 주장했다. 또한 이들은 정찰대가 복부 끝에 있는 취기관의 일부인 나소노프선에서 유혹 페로몬을 발산해 비행을 지도한다는 가설을 제시했다. 요컨대 정찰벌이 벌떼 구름의 선두를 따라가며 페로몬을 발산해 다른 꿀벌들을 그 방향으로 유도한다고 여겼다.

다른 두 가지 가설은 후각 대신 시각을 통해 정보를 보유한 꿀벌이 무지한 꿀벌에게 정보를 전달한다고 주장한다. 그중 이른바 '미묘한 안내 가설'은 2005년 미국 프린스턴 대학교와 영국 리즈 대학교 및 브리스틀 대학교의 생물학자들이 제시했다. 이언 커즌(Iain Cousin), 젠스 크라우스(Jens Krause), 나이절 프랭크스, 사이먼 레빈(Simon Levin)이 제시한 이 가설에 따르면 정보를 보유한 꿀벌들은 정확한 비행 방향을 가리키기 위해 두드러진 신호를 보내지 않는다. 대신 새로운 보금자리가 있는 방향으로 비행할 수 있도록 보살피면서 꿀벌들을 조종한다. 그들은 하늘을 나는 꿀벌 집단을 컴퓨터로 시뮬레이션해 다음과 같은 사실을 밝혀냈다. (1) 임계 거리(critical distance) 안에서는 이웃을 외면함으로써 충돌을 피하려 하고, (2) 임계 거리 밖에서는 이웃을 따라 나란히 비행하려 하며, (3) 선호하는 이동 방향이 있든(정보를 보유한 꿀벌들) 선호하는 이동 방향이 없든(무지한 꿀벌들) 죽 날아가 새로운 보금자리에 도달한다는 것이다. 비록 정보를 보유한 꿀벌의 비율이 매우 적다 해도 말이다. 놀랍게도 꿀벌 같은 대규모 집단에서 이 비율은 5퍼센트 미만이 될 수도 있다. 이 매력적인 가설은 소수의 지도자 꿀벌 외에 다른 대다수 꿀벌은 비행경로를 알 필요가 없다는 사실을 시사한다.

시각에 기초한 두 번째 가설은 1955년 린다우어가 내놓은 '질주하는 꿀벌 가설'이다. 린다우어는 꿀벌의 집터 찾기를 다룬 자신의 대표작 말미에 "수백 마리의 꿀벌이 벌떼 구름의 앞쪽을 향해, 말하자면 보금자리 쪽을 향해 매우 빠르게 날아가는" 장면을 보았다고 썼다. "벌떼 구름이 이 방향으로 천천히 비행하는 동안 무리를 지도하는 꿀벌들은 벌떼 구름의 경계로 돌아와 천천히 날다가 다시 앞쪽으로 쏜살같이 날아간다." 이 '질주하는 꿀벌 가설'은 정보를 보유한 꿀벌이 벌떼 구름을 통과해 빠른 속도로 날기를 반복하면서 정확한 비행 방향을 뚜렷하게 제시한다고 주장한다(이에 비해 '미묘한 안내 가설'은 정보를 보유한 꿀벌과 무지한 꿀벌이 같은 속도로 비행한다고 여긴다는 것에 주목하라). '질주하는 꿀벌 가설'은 무지한 꿀벌의 행동과 관련해 '미묘한 안내 가설'과 한 가지 점에서 차이가 있다. 이를테면 '질주하는 꿀벌 가설'에서 무지한 꿀벌은 일반적인 이웃 꿀벌과 나란히 비행하기보다 앞장서서 빠른 속도로 나는 이웃 꿀벌과 나란히 비행한다. 따라서 '미묘한 안내 가설'과 '질주하는 꿀벌 가설'은 정보를 보유한 꿀벌(지도자)이 빠른 속도로 비행함으로써 길을 알려주는지 여부 그리고 무지한 꿀벌(추종자)이 빠른 속도로 비행하는 꿀벌과 나란히 나는 것을 좋아하는지 여부에서 중요한 차이를 보인다. 컴퓨터 시뮬레이션에서는 '질주하는 꿀벌 가설'도 '미묘한 안내 가설'처럼 그럴듯한 꿀벌의 비행 안내 메커니즘이라는 것이 밝혀졌다. 따라서 꿀벌의 비행 안내와 관련해 '미묘한 안내 가설'과 '질주하는 꿀벌 가설' 모두 가능성이 있다. 시급한 문제는 어느 쪽이 현실에 부합하느냐는 것이다.

봉합된 취기관

리델 필드 스테이션의 목초지를 가로지르는 꿀벌의 비행을 관찰한 후, 마델레이너 베이크만과 나는 정찰대가 꿀벌 집단을 안내할 때 취기관에서

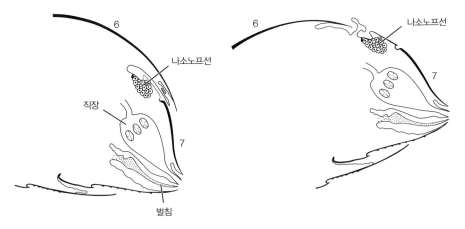

그림 8.3 일벌의 복부 단면도. 왼쪽 그림은 휴식 자세에서 닫힌 취기관. 오른쪽 그림은 복부를 들어 올린 상태에서 복부 끝마디를 아래로 구부려 취기관을 드러낸 모습이다. 숫자 6과 7은 복부의 6번째와 7번째 마디 위에 있는 경화된 외피(등판).

유혹 페로몬을 발산한다는 가설을 검증하기 위한 연구에 착수했다. 그러기 위해서는 모든 일벌의 취기관을 막은 다음 이 꿀벌 집단이 리델 필드의 비행경로를 따라 방향을 잘 잡고 높은 속도로 비행할 수 있는지 살펴봐야 했다.

일벌의 취기관은 복부의 등쪽 표면, 즉 복부 마지막 마디의 전면 끄트머리에 있다. 수백 개의 선세포(1883년 이것에 관해 최초로 언급한 러시아 과학자의 이름을 따서 나소노프선이라고 한다)로 구성되어 있으며, 이 세포관은 복부 위쪽을 감싼 마지막 두 판(plate), 즉 '등판(tergite)'과 연결된 막을 향해 열려 있다(그림 8.3). 막에는 향긋한 레몬 향을 풍기는 분비물이 쌓이는데, 주로 시트랄·제라니올·네롤리 산으로 구성되어 있다. 이 부위는 보통 포개진 등판 2개에 숨겨져 있는데, 일벌이 복부 끝마디를 아래로 구부릴 경우 막이 노출되어 냄새를 발산한다. 가느다란 붓을 사용하면 마지막 두 등판 사이에 페인트를 칠할 수 있고, 그 페인트가 마르면 두 등판이 서로 달라붙어 더 이상 취기관을 노출하지 못한다.

우리는 다양한 페인트를 사용했다. 처음 사용한 페인트는 쉽게 갈라지는 경향이 있어서 며칠이 지나자 다수의 꿀벌이 취기관에서 향기로운 나소노프선 페로몬을 발산했다. 그러던 중 마침내 테스토스(Testors)의 유광 에나멜페인트를 사용하면 꿀벌의 복부 마디를 오랫동안 봉합할 수 있다는 사실을 알았다. 이 시점에서 우리는 실험용 꿀벌을 준비하는 기본 절차를 채택했다. 비닐봉지에 꿀벌을 10~20마리씩 담고 냉장고에 넣어 움직이지 못하게 한 후, 꿀벌을 봉지에서 꺼내 얼음에 올려놓고 취기관 위에 페인트칠을 했다. 그런 다음 여전히 꼼짝 않는 꿀벌들을 스크린을 설치한 우리 안에 여왕벌과 함께 넣고 온도를 높여 인공 꿀벌 집단을 만들었다. 이 과정을 반복해 우리는 페인트칠을 한 꿀벌 4000마리로 이루어진 소규모 '실험군'을 완성했다. 아울러 냉각, 페인트칠, 조작 결과를 통제하기 위해 4000마리의 '대조군'도 준비했다. 대조군은 꿀벌의 복부 대신 흉부에 페인트칠을 한 것만 다를 뿐 동일한 조건에서 실험을 진행했다.

우리는 이윽고 여섯 무리의 꿀벌 집단, 즉 세 무리의 실험군과 세 무리의 대조군을 날려 보냈다. 두 유형은 날아가면서 유사한 규모(길이 8미터, 너비 8미터, 높이 3미터)의 벌떼 구름을 형성했다. 가장 중요한 것은 두 유형 모두 벌통을 향해 '곧장' 그리고 '빨리' 날아갔다는 점이다! 대규모 꿀벌 집단에서 이미 확인했듯 이 소규모 집단은 처음 90미터를 비행하는 동안 서서히 속도를 높이다 90~120미터 지점을 지나자 최고 속도로 날았다. 그 상태로 210~240미터 지점까지 비행한 후 속도를 서서히 줄이고 마지막 30미터는 매우 천천히 이동해 마침내 벌통 앞에서 멈추었다. 실험군의 최고 속도는 시속 6.8, 3.6, 6.8킬로미터, 대조군의 최고 속도는 시속 6.7, 6.4, 7.2킬

그림 8.4 취기관을 봉합한 꿀벌들이 벌통 입구에서 나소노프선 페로몬을 발산하기 위해 애쓰는 장면.

로미터였다(도중에 가벼운 산들바람을 만난 다른 집단과 달리 사나운 맞바람을 만난 두 번째 실험군은 훨씬 느리게 비행했다). 그러나 두 유형의 집단은 한 가지 점에서 다르게 행동했다. 즉 실험군은 벌통에 도착한 후 안으로 들어가기까지 대조군보다 훨씬 많은 시간을 소요했다(대조군은 평균 9분이 걸린 반면 실험군은 평균 20분이 걸렸다). 왜일까? 실험군의 정찰대가 나소노프선 페로몬을 발산해 다른 꿀벌이 새 보금자리의 입구를 찾도록 도와주지 못했기 때문임이 거의 틀림없었다. 확실히 정찰벌들은 페로몬을 발산하려고 애썼다. 정찰대는 벌통에 있는 입구 세 곳에 착륙해 복부를 치켜들고 날개를 움직이며 대담한 자태로 앉아 있었다. 하지만 이들은 취기관이 있는 복부의 마지막 마디를 아래로 구부릴 수 없었다(그림 8.4). (우리는 이것을 입증하기 위해 꿀벌이 벌통으로 들어간 직후 각 집단에서 250마리씩을 추출해 조사했다. 그리고 겨우 1퍼센트 미만인 극소수 꿀벌의 페인트 봉합만이 갈라졌다는 것을 확인했다.) 실험군은 취기관이 중요한 역할을 하는 착륙 단계를 제외하고는 대조군처럼 아무런 문제 없이 비행 계획을 수행했다. 따라서 정보를 보유한 정찰대가 나소노프선 페로몬을 발산해 무지한 자매들에게 비행 안내 정보를 주는 것은 아니라는 결론을 내릴 수 있었다.

질주하는 꿀벌 물결

다음 단계로 마델레이너와 나는 '질주하는 꿀벌 가설'을 검증하기 시작했다. 우리는 꿀벌 집단이 목초지를 가로질러 벌통으로 휩쓸려 들어가는 과정을 지켜보면서 린다우어가 보고한 것들을 목격했다고 여겼다. 꿀벌들은 대부분 벌떼 구름 안에서 빙빙 돌며 다소 느린 비행을 했지만, 그중 몇 마리는 벌떼 구름을 가로질러 새로운 보금자리 쪽으로 곧장 질주했다. 그 장면은 질주하는 꿀벌들이 주로 벌떼 구름 상단을 통과해 재빨리 날아가는 것처럼 보였다. 그러나 그 광경을 100퍼센트 확신할 수 없는 데다 우리에겐 확실한 데이터도 없었다. 그래서 확고한 정보를 얻고 우리가 받은 인상을 확인하기 위해 일반적인 스틸 사진을 찍기로 했다. 우리는 35밀리 카메라에 필름 감도가 느린 DIN 64〔원문은 DIN 64라고 되어 있으나 근사치인 DIN 63을 널리 사용하는 ASA식으로 표시하면 ASA 1638400으로 초고감도에 존재하지 않는 필름이다. 'ASA 64(DIN 19)'가 아닌가 싶다. http://en.wikipedia.org/wiki/Film_speed─옮긴이〕 컬러 슬라이드 필름을 사용하고, 노출 시간을 적당히 늘린(1/30초) 결과 다음과 같은 사실을 알아냈다. 만약 비행하는 꿀벌 집단을 맑은 날 측면에서 촬영한다면, 벌떼 구름 전체를 '사진에 담을' 수 있다. 이때 꿀벌 하나하나는 작게 보이면서 밝은 배경에는 어두운 선이 나타날 것이다(그림 8.1 참조). 여기서 꿀벌들이 그린 선의 길이는 비행 속도를 나타내고, 선의 기울기는 수평선을 기준으로 한 비행 각도, 즉 수평 비행의 지향점을 가리킨다. 이 사진들은 소수의 꿀벌이 일벌 비행의 최대 속도인 시속 34킬로미터로 재빨리 지나갔다는 사실과 더불어 나머지 꿀벌들은 모두 훨씬 느리게 날아갔다는 사실을 명확하게 보여주었다. 또한 빨리 날아가는 꿀벌들의 선은 느리게 날아가는 꿀벌들의 선에 비해 더 수평적인 경향이 강했다. 즉 수평 비행에 가까웠다. 마지막으로 우리는 빠른 속도로 질주하는 꿀벌이 실제로도 주로 벌떼 구름 윗부분에서 움직인다는 정보를 사진을 통해 얻을 수 있었다. 이 꿀벌들이 다른 꿀벌에게 비행 방향 정보를 제공한다고 가정하면 이러한 정보는 확실히 이치에 맞는다. 빨리 날아가는 꿀벌은 자매들 위에서 비행해야 밝은 하늘을 배경으로 쉽게 눈에 띄기 때문이다.

꿀벌을 추적하는 컴퓨터 비전 알고리즘

2004년 마델레이너와 나의 사진 연구 결과는 '질주하는 꿀벌 가설'을 지지했지만, 이는 '질주하는 꿀벌 가설'과 '미묘한 안내 가설'을 엄밀하게 검증한 실험은 아니었다. 왜냐하면 비행하는 꿀벌들을 측면에서 찍은 사진이 빨리 날아가는 꿀벌들의 비행 방향(새로운 집터를 향해 가는지, 거기에서 멀어지는지, 혹은 아예 다른 곳으로 향하는지)을 알려주지는 않기 때문이다. '미묘한 안내 가설'과 '질주하는 꿀벌 가설'의 수수께끼를 푸는 열쇠는 빨리 날아가는 꿀벌들의 비행이 새로운 보금자리를 향한 것인지 여부를 알아내는 데 있었다. 두 가설은 이 문제에 대해 확연히 다른 예측을 하기 때문이다. '미묘한 안내 가설'은 빨리 날아가는 꿀벌이 대부분 새로운 보금자리를 '향하지 않는다'고 예측했다. 이 가설대로라면 정보를 보유한 꿀벌들은 벌떼 구름을 통과하는 고속 비행으로 비행 방향을 알리지 않는다. 반면 '질주하는 꿀벌 가설'은 빨리 날아가는 꿀벌이 대부분 새로운 보금자리 쪽으로 '향한다'고 예측했다. 정보를 보유한 꿀벌이 그런 방식으로 비행 방향에 대한 지식을 공유하기 때문이다. 속도를 내는 꿀벌 중 일부는 어느 쪽으로 가야 할지 알려주는 정보를 보유한 꿀벌일 테고, 일부는 위치를 아는 꿀벌에게 반응하는 무지한 꿀벌일 것이다.

2006년 비행하는 꿀벌 집단에서 각각의 벌을 추적하고 이들의 위치와 비행 방향 그리고 비행 속도를 측정함으로써 고속 비행을 하는 꿀벌들이 정말 새로운 보금자리를 향해 날아간다는 사실이 명확해졌다. 따라서 이제 '질주하는 꿀벌 가설'이 옳다는 게 확실해진 듯싶다. 비행하는 꿀벌 집단을 추적하는 도구를 개발하는 데에는 오하이오 주립대학교의 전자·컴퓨터 공학과 교수 케빈 파시노(Kevin Passino)와 그의 출중한 대학원생 케빈 슐츠(Kevin Schultz)가 도움을 주었다.

학자의 삶이 주는 큰 혜택 중 하나는 다른 대학을 방문해 놀라운 사람들을 만날 기회가 있으며, 그들 가운데 누군가와 특정 수수께끼에 대한 지적 흥분을 공유할 수 있다는 것이다. 나는 2002년 봄 오하이오 주립대학교를 방문했을 때 케빈 파시노를 만났다. 당시 나는 강의 목적으로 오하이오에 간 것이지 공학자에게 공동 연구를 제안하기 위해 간 것은 아니었다. 그러나 케빈을 만나자마자 그가 공동 연구에 아주 적합한 인물이라는 것을 직감했다. 기술 응용 프로그램의 자동 제어 시스템을 고안한 그는 자신에게 영감을 주는 생물계에도 많은 관심을 기울이는 사람이었다. 나는 얼마 후에야 '생체 모방(biomimicry: 생물체의 특성, 구조 및 원리를 산업 전반에 적용하는 것—옮긴이)'이 제어 공학자가 즐겨 쓰는 접근법이라는 사실을 알았다. 생물의 자동 제어 방식은 자연 선택을 통해 수백만 년 동안 시험받고 조정된 덕분에 유난히 효과적이고 탄탄하기 때문이다. 내 기억에 우리는 첫 번째 미팅에서 함께 팀을 이루기로 합의했다. 우리는 이미 먹이 징발대의 할당과 꿀벌의 비행 안내 수수께끼에 대해 폭넓은 공감대를 찾아낸 터였다. 케빈은 꿀벌이 "자율 주행 집단을 위한 협력적 통제 전략"을 진화시켰다며 그에 대한 연구를 함께 수행하길 열망했다.

마델레이너 베이크만과 내가 꿀벌들의 비행 안내에 대한 페로몬 가설이 틀렸음을 입증하고 질주하는 꿀벌의 존재를 확증한 간단한 사진 분석 결과를 제시하자마자, 케빈은 이내 고화질 비디오카메라로 아래에서 하늘을 나는 꿀벌들을 녹화해볼 필요가 있다는 것을 깨달았다. 그리고 최신 비디오 기술, 특히 컴퓨터 비전(computer vision: 비디오카메라로 포착한 시각 정보를 컴퓨터로 처리하는 일—옮긴이) 분야의 공학자들이 발명한 '점 추적 알고리즘(point-tracking algorithm)'을 쓰면 비디오카메라 위를 통과하는 꿀벌들을 추적해 벌떼 구름 안의 위치, 비행 속도, 비행 방향을 알아낼 수 있을 거라고 직감했다. 마침내 케빈은 실험에 쓸 카메라를 구입하고, 2006년 여름 애플도어 섬에서 수행할 커크와 나의 현장 연구에 동행했다. 우리는 섬 중앙에 있는 오래된 해안 경비대 건물 옆에 꿀벌 집단을 놓아두고, 250미터 떨어진 동쪽 해안에 매력적인 벌통을 설치한 다음 카메라 배터리를 충전했다. 우리의 목표는 두 지점의 비행경로에서 카메라 위를 지나가는 꿀벌 집단을 녹화하는 것이었다. 한 곳은 꿀벌들이 막 이륙해 아직 천천히 움직일 지점, 즉 야영지에서 15미터 떨어진 지점이고, 다른 곳은 꿀벌들이 순조롭게 비행하며 상당한 속력을 낼 60미터 지점이었다. 광각 렌즈가 내장된 카메라는 벌떼 구름의 길이를 전부 담을 수는 없었지만 너비는 거의 렌즈 범위에 들어갔다. 또한 셔터 속도가 0.0001초로 매우 빨라서 프레임 속 꿀벌이 긴 선이 아니라 짧은 방울처럼 보였다. 그해 여름 연구의 성공을 가로막는 가장 큰 장애물은 애플도어 섬에 불어 닥친 바람이었다. 세찬 바람 때문에 꿀벌들은 우리가 설치한 카메라 위로 곧장 날아갈 수 없었다. 바람이 잠잠하면 새로운 보금자리를 향해 예측 가능한 직선거리로 이동하지만, 바람이 많이 불면 꿀벌들을 직선 경로에서 이리저리 밀어내 비행경로를 예측하는 것이 불가능하다. 메인 주 남부 해안에서 약 10킬로미터 떨어진 대서양의 섬 애플도어는 바람이 많은 곳이다. 심지어 2007년에는 숄스 해양연구소가 풍력 에너지를 얻기 위해 27.5미터 높이의 터빈을 설치할 정도였다. 현재 숄스 연구소는 이 무한한 자원을 통해 상당량의 전력을 얻고 있다. 그러나 다행히도 바람이 잦아든 2006년 6월 29일과 7월 2일 꿀벌들은 새로운 보금자리에 닿는 직선거리를 따라 15미터 지점과 60미터 지점에 설치한 비디오카메라 위를 곧장 지나갔다.

케빈 파시노는 박사 과정을 밟는 제자 케빈 슐츠에게 '따끈따끈한' 두 세트의 녹화 자료를 주고 씨름하게 했다. 케빈 슐츠는 그 후 2년에 걸쳐 데이터 수집 과정을 반자동의 컴퓨터 알고리즘으로 만들어냈다. 이 과정의 진수는 비디오 프레임 안에 있는 타원형 방울(꿀벌 이미지)을 검토하고, 지향점(타원의 중심축과 비디오 프레임의 아래 테두리 사이의 각도)에 주목하며 같은 꿀벌을 가리키는 다음 비디오 프레임의 방울과 짝짓기 작업을 하는 데 있다. 짝짓기 작업이란 첫 번째 프레임의 방울과 위치 및 방향 면에서 가장 잘 들어맞는 두 번째 프레임의 방울을 찾는 것을 말한다. 이 과정은 두 번째 프레임의 방울과 세 번째 프레임의 방울을 비교하는 식으로 계속 반복된다. 그 결과 꿀벌 집단이 비디오카메라의 시야 범위 위를 날아갈 때 꿀벌 하나하나의 세밀한 궤도를 그릴 수 있다. 방울 크기, 즉 타원의 중심축 길이는 카메라 위의 꿀벌 높이를 가리킨다. 따라서 벌떼 구름의 제일 상단에 있는 꿀벌과 하단에 있는 꿀벌을 구분할 수 있고, 심지어 꿀벌 비행을 3차원으로 복원하는 것도 가능하다. 정말 대단한 솜씨 아닌가!

수천 마리의 꿀벌이 머리 위에서 휘몰아치는 광경이 어떤지는 말로 표현하기 힘들다. 겉으로는 제멋대로인 것처럼 보이지만 그래프로 표현하면 놀랍도록 명쾌한 패턴의 움직임을 보여준다. 사실 꿀벌의 집단적 움직임에 대해서는 세부적인 것까지 완전히 밝혀졌다. 그렇긴 해도 케빈 파시노와 케빈 슐츠가 디지털 영상 녹화를 통해 방울을 추적하는 프로세스를 고안하기 전에는 누구도 이러한 패턴을 인지하지 못했다. 오랫동안 보지 못한 얼굴도 즉각 알아보듯 인간의 시각 체계는 놀라운 정보 처리 능력을 갖춘 거대한 생물 컴퓨터나 다름없다. 그럼에도 빠르고 사납게 몰아치는 수많은 꿀벌들에게 압도당할 수밖에 없다.

영상 자료 분석을 통해 밝혀진 가장 중요한 패턴은 빨리 나는 꿀벌들이 선택된 집터를 향해 실제로 질주했다는 점이다. 그림 8.5는 꿀벌들의 비행 속도와 비행 방향의 관계를 보여준다. 가장 빠른 꿀벌들은 새로운 보금자리로 곧장 날아갔지만, 가장 느린 꿀벌들은 반대 방향으로 향하고 있었다. 또한 벌떼 구름의 상단과 하단의 구성을 비교함으로써 우리는 이 속도광들이 주로 상단에 있음을 확인할 수 있었다. 아울러 마델레이너와 내가 이동하는 꿀벌들의 측면 사진에서 찾아낸 사실도 확신할 수 있었다. 그림 8.5에서 볼 수 있는 세 번째 중요한 특징은 긴 벌떼 구름 전면의 최고 비행 속도가 후면보다 높았다는 것이다(벌떼 구름의 상단과 하단 모두 마찬가지였다). 이 사실은 가장 빠른 꿀벌들이 무리 전면에 자리 잡는 경향이 있다는 것을 보여준다. 꿀벌 하나하나의 속도를 힘겹게 측정한 케빈 슐츠의 분석 덕분에 집터 방향으로 날아가는 꿀벌들이 높은 속도로 비행하는 꿀벌들이며, 이

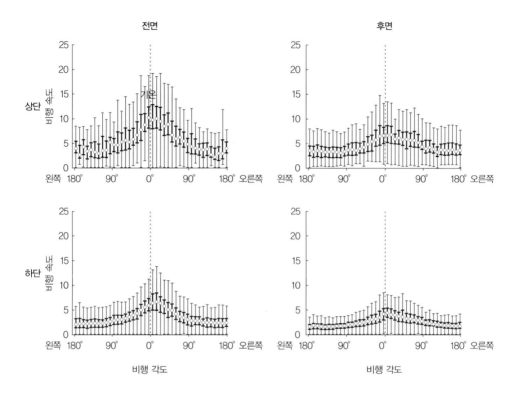

그림 8.5 비행하는 꿀벌 집단이 야영지에서 15미터 떨어진 지점 위를 날아갈 때 측정한 비행 속도 대 비행 각도. 0도의 각도로 날아가는 꿀벌들은 곧장 새로운 보금자리로 향했다. 나머지 꿀벌들은 보금자리 방향에서 오른쪽이나 왼쪽으로 비스듬히 날아갔다. 벌떼 구름의 상단과 하단을 각기 전면과 후면으로 나누어 비행하는 꿀벌들을 측정했다. 굵은 선은 중앙값(선 위에 있는 원)에서 가까운 50퍼센트 영역을 나타낸다. 가는 선은 중앙값에서 먼 50퍼센트 영역이다. 비행 속도의 단위는 비디오 프레임당 꿀벌의 길이다.

들이 무리 후면에서 전면으로 이동할 때 속도를 높이는 경향이 있다는 사실도 밝혀졌다. 또 속도 상승은 무지한 추종자 벌들이 보금자리 위치를 아는 지도자 벌들에게 '따라붙을' 때, 질주하는 벌들을 쫓아가기 위해 속도를 올릴 경우에도 얼마간 일어나는 것처럼 보인다. 그렇다면 (빨리 나는 꿀벌들을 통해 드러난) 비행 방향에 대한 정보와 비행 속도의 상승이 정보를 보유한 꿀벌들에게서 일부 무지한 꿀벌들에게 확산되고 이들의 속도 상승은 또 다른 무지한 벌들에게도 영향을 미칠 것이다. 지도자 벌의 이런 연쇄 반응은 더 많은 지도자 벌을 낳고 보금자리를 향해 더 빨리 날아가는 벌들을 광범위하게 만들어낸다. 이런 사실은 그림 8.2에서 전체 꿀벌 집단의 속도가 시간이 지남에 따라 상승하는 현상을 설명해준다. 또한 새 집을 향해 탈주하는 꿀벌들을 쫓아가느라 애쓰는 양봉가들에게도 대단히 인상 깊은 설명일지 모른다.

새로운 보금자리를 향해 곧장 날아가는 꿀벌들이 다른 꿀벌들보다 훨씬 더 빨리 비행한다는 사실을 발견함으로써 케빈 파시노와 케빈 슐츠 그리고 나는 '미묘한 안내 가설'이 아니라 '질주하는 꿀벌 가설'이 꿀벌들의 비행 안내 현상을 설명하는 데 더 타당하다고 결론지었다(그림 8.6). 그러나 우리는 '유혹 페로몬 가설'의 취기관 봉합 실험과 유사한 실험을 통해 '질주하는 꿀벌 가설'을 더욱 엄밀하게 검증하고 싶었다. 요컨대 기존의 안내 수단을 차단하고도 꿀벌이 선택한 목적지로 방향을 잡고 높은 속도로 비행할 수 있을까 하는 문제였다. 그런데 불행하게도 정보를 보유한 꿀벌의 고속 비행을 방해할 만한 방법을 아무도 알아내지 못했다. 마델레이너 베이크만은 정찰벌의 날개 끝을 1밀리미터쯤 잘라내 최대 비행 속도를 줄이는 방법을 시도해보기도 했다. 하지만 이런 수술은 정찰벌로 하여금 집터 탐색을 하는 것조차 불가능하게 만들었다. 아마도 효과적인 접근법이 따로 있을 터였다. 정찰벌에게 작은 날개나 짧은 끈을 덧붙여 비행 시 저항을 높이는 것은 어떨까? 아니면 느리게 나는 돌연변이 유전자를 보유한 꿀벌을 찾아보는 것은 어떨까? 정찰벌의 질주를 막는 방법을 알아낸다면 누구든 멋진 실험의 발판을 마련하는 셈이었다.

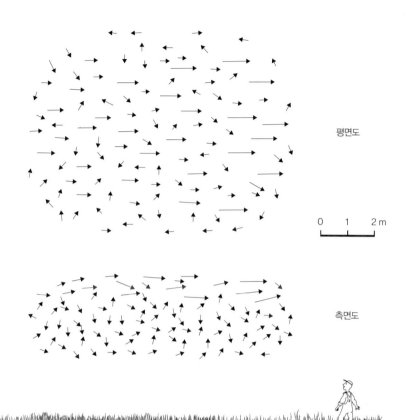

평면도

0   1   2m

측면도

그림 8.6 오른쪽으로 비행하는 꿀벌 집단에서 꿀벌들의 속도 벡터(velocity vector)를 나타낸 그림. 질주하는 꿀벌들은 대부분 벌떼 구름 상단에 있다. 속도 벡터는 집단 내에서 적은 비율의 꿀벌만을 보여준다.

그러는 동안 마델레이너 베이크만과 두 학생, 즉 타냐 래티(Tanya Latty)와 마이클 던컨(Michael Duncan)은 '질주하는 꿀벌 가설'을 검증하는 다른 접근법에 성공했다. 그들은 빨리 나는 먹이 징발대가 비행하는 꿀벌 집단을 통과할 때 의도한 비행경로에서 수직 방향으로 날게 하는 기발한 실험을 수행했다(그림 8.7). 만약 '질주하는 꿀벌 가설'이 타당하다면 측면에서 휘몰아치

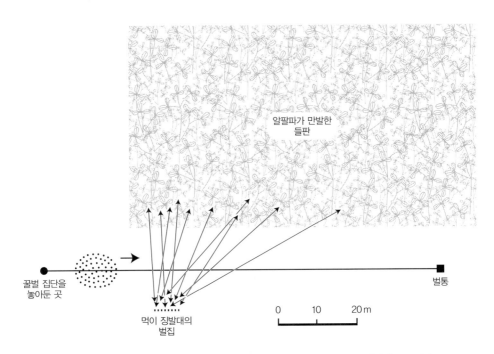

알팔파가 만발한
들판

꿀벌 집단을
놓아둔 곳

벌통

먹이 징발대의
벌집

0   10   20 m

그림 8.7 '질주하는 꿀벌 가설'을 검증한 실험의 배치도. 꿀벌들이 오른쪽으로 비행하는 무리를 통과해 날도록 한 다음, 이러한 조작이 꿀벌들의 비행 안내를 방해하는지 살펴보았다. 교차 비행을 하는 꿀벌들은 근처에 있는 알팔파가 만발한 들판에서 꽃꿀을 모으기 위해 나란히 놓인 8개의 벌집을 출발한 먹이 징발대이다.

는 먹이 징발대는 꿀벌 집단 내에 혼란스러운 방향 정보를 만들어내고, 그 결과 비행 안내를 방해할 것이다. 이런 예측은 실제 관찰한 결과와 같았다. 먹이 징발대가 비행경로에서 오락가락하자 100미터 떨어진 벌통으로 날아가던 여섯 집단의 실험군 중에서 겨우 한 집단만이 벌통에 무사히 도착했다. 그마저도 일시적으로 비행경로를 벗어났다. 다른 다섯 집단의 경우 처음에는 평소처럼 벌통을 향해 곧장 날아갔지만, '먹이 징발대 고속도로'와 만나자마자 분산되거나 비행경로를 크게 벗어났다. 반면 먹이 징발대의 교차 비행만 제외하고 같은 조건에서 실험한 대조군은 네 집단 모두 한데 뭉쳐서 벌통을 향해 곧장 날아갔다. 따라서 수많은 먹이 징발대의 교차 비행이 시각 정보에 혼란을 주었고, 그로 인한 혼잡이 비행 안내 메커니즘을 방해한 게 틀림없다.

조종사 벌들의 모임

꿀벌 집단의 놀라운 비행에 대해서는 아직도 풀리지 않은 의문점이 많다. 이동 중인 꿀벌 집단은 어떻게 새로운 보금자리에서 약 100미터 이내에 도달하면 속도를 줄이는 것일까? 정보를 보유한 꿀벌들은 어떻게 벌떼 구름을 통과해 질주하는 비행을 반복하는 것일까? 벌떼 구름 전면에 도달하면 멈추어서 다른 벌들이 지나가도록 놔두는 것일까, 아니면 아래에 있는 초목 쪽으로 내려가 무리 하단을 따라 뒤쪽에서 눈에 띄지 않게 날아가는 것일까? 꿀벌 집단이 새로운 보금자리로 떠나기 전에 비행경로를 아는 꿀벌들이 충분하다는 사실을 어떻게 확신하는지 또한 수수께끼다.

　선택한 집터를 방문하고 비행을 조종할 수 있는 거의 모든 정찰벌이 이륙하기 직전 미래의 보금자리를 떠나 무리 위에 모여 있다는 사실도 놀랍다. 나는 1974년 8월 이런 현상을 목격했다. 당시 나는 대학원에 진학하기 직전이었고, 꿀벌의 집터 물색 과정도 처음으로 목격했다. 나는 인공 꿀벌 집단과 벌통을 만든 다음 부모님 댁 뒤쪽에 있는, 미역취와 어린 스트로브 잣나무가 무성한 황무지의 한 나무에 그 벌통을 매달아두었다. 정말 운 좋게도 정찰벌들은 합판으로 조잡하게 만든 내 벌통을 미래의 보금자리로 선택해주었다. 곧이어 나는 꿀벌 무리가 있는 곳과 벌통 사이 150미터 거리의 오솔길을 쏜살같이 오가며 흥분한 춤벌의 수가 늘어나는 모습과 정찰대가 벌통을 조사하기 위해 활발하게 움직이는 모습을 모두 관찰하려고 최선을 다했다. 그날 오후, 벌통에 꿀벌 수가 갑자기 줄어든 것을 보고 깜짝 놀랐다. 이전에 살펴봤을 때는 벌통을 조사하는 벌이 약 25마리였는데 15분 후 다시 살펴보니 겨우 두세 마리밖에 없고 몇 분이 더 흐르자 벌통은 완전히 방치되었다. 나는 정찰벌의 관심이 이처럼 완전하게 사라진 것을 보고 당황했다. 그러나 꿀벌들의 야영지 쪽으로 가보니 휘몰아치듯 빛나는 장대한 꿀벌 무리가 화창한 평원 너머에서 나를 향해 곧장 '굴러' 오고 있었다. 정찰대는 비행을 시작하는 순간 내 벌통을 떠나 무리에게 돌아가 있었음이 틀림없다.

그때 이후로 나는 꿀벌 실험을 할 때마다 벌통에 머무르는 정찰벌이 현저히 줄어들면 꿀벌들이 의사 결정을 마치고 이륙할 때가 되었음을 직감했다(그림 5.5와 5.7 참조). 정찰벌들이 출발 직전 꿀벌 집단으로 모여드는 현상은 확실히 이치에 맞는다. 꿀벌 집단의 3~4퍼센트만이 비행 계획을 알고 있으므로 소수의 조종사라도 가능한 한 많이 보유하는 것이 중요하기 때문이다. 그러나 이와 같은 현상이 정확히 어떻게 가능한지는 아직도 수수께끼로 남아 있다. 정찰벌들이 무리 위에 모여 있는 것은 이들이 단순히 평소처럼 무리로 돌아와 일벌의 피리 소리나 버즈런 같은 비행 촉발 신호를 감지할 무렵까지 꾸물거리기 때문일까? 아니면 벌통에서 이륙 시기가 닥쳤음을 알려주는 미지의 신호를 듣거나 느끼거나 보거나 냄새 맡았기 때문일까? 만약 꿀벌들에게 이륙이 임박했음을 알려주는 어떤 비밀 기계 장치가 있어 새로운 보금자리로 안전하게 이끌어줄 꿀벌들이 충분하다는 사실을 잘 알 수 있다 해도 전혀 놀랍지 않다.

09

인식 주체로서 꿀벌 집단

———

나는 시스템 신경생물학자로서
인간의 뇌라고 일컫는 3파운드의 끈적끈적한 물질이
결정을 내리는 방식을 연구한다.

—윌리엄 뉴섬(2008)

이 책의 초반 여섯 장은 3파운드의 꿀벌 집단이 새로운 보금자리를 어디에다 정할지 결정하는 방법을 설명했다. 출발점은 꿀벌들의 의사 결정 메커니즘에 관한 수수께끼였다. 나뭇가지에 매달린 작은 뇌의 꿀벌들은 어떻게 훌륭한 집터를 선택하고 적절한 시기에 행동을 개시할까? 이어서 우리는 집터 탐색 과정의 구체적 메커니즘에 대해 관찰·실험한 증거들을 검토했다. 꿀벌들의 집터 탐색 메커니즘은 행동과 소통 체계 그리고 피드백 고리가 기발하고 정교하게 얽혀 있었다. 그 과정에서 우리는 꿀벌 집단이 민주적 결정체라는 것을 확인했다. 꿀벌 집단이 결정을 내리는 동안 꿀벌 하나하나의 행동을 관찰하는 것이 쉬워지면서 우리는 정확한 분석에 나설 수 있었다. 정말 놀랍고 다행스럽게도 개체 수준의 중요한 행동은 모두 오밀조밀 모여 있는 꿀벌 집단 내부가 아니라 그 표면이나 집터 후보지

같이 우리가 보는 앞에서 이루어졌다. 초기의 연구 주제였던 집터 탐색 과정의 기본 원리는 매우 중요했고, 우리는 마침내 그 과정을 알아냈다. 이제는 꿀벌 의사 결정 체계의 일반적 특징을 되짚어보면서 우리가 이미 알고 있는 내용을 세밀하게 분석하고 종합해야 할 때이다.

그러려면 꿀벌 집단의 의사 결정 메커니즘과 영장류의 뇌를 비교하는 것이 꽤 유용하다. 이런 비교가 이상해 보일 수도 있다. 꿀벌 집단과 영장류는 완전히 다른 생물학적 체계를 이루며 기본 단위(꿀벌과 신경세포) 또한 크게 다르기 때문이다. 그러나 이 체계에도 기본적인 유사점이 있다. 둘 다 자연 선택의 결과, 결정에 필요한 정보를 획득하고 처리하는 데 능숙해진 인식 주체라는 점이 그것이다. 게다가 둘 다 민주적 의사 결정 체계이기도 하다. 즉 총체적 지식이나 예외적 지성을 보유한 채 다른 모든 이들을 최적의 행동으로 이끄는 중심 결정자가 존재하지 않는다. 꿀벌 집단과 뇌의 의사 결정 과정은 비교적 단순한 정보 처리 단위의 집합 사이에 널리 분산되어 있다. 각 단위는 집단의 판단에 필요한 총체적 정보에서 아주 작은 부분만 보유할 따름이다. 우리는 자연 선택이 꿀벌 집단과 영장류의 뇌를 유사한 방식으로 구축했다는 흥미로운 사실을 살펴볼 것이다. 꿀벌 집단과 뇌는 다소 무지하고 한정된 인식을 지닌 개체들이 모여 최고의 의사 결정을 내린다. 이런 유사점은 무척 단순한 부분에서 정교한 인식 단위를 형성하는 일반적 원리를 암시한다.

의사 결정의 개념틀

의사 결정이란 본질적으로 정보를 획득하고 처리해 2개 이상의 대안 중 하

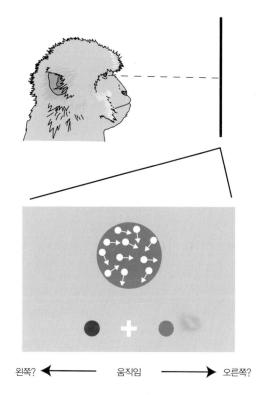

왼쪽? ← 움직임 → 오른쪽?

그림 9.1 인식 구별 과제 배치도. 원숭이는 일관되게 움직이는 점의 방향을 결정하고 이를 고정된 지점(흰색 십자)에서 왼쪽이나 오른쪽의 목표물 (회색 원)로 눈을 움직여 표시한다. 목표물은 일관된 움직임의 축과 나란히 놓여 있다.

나를 선택하는 과정이다. 따라서 꿀벌 집단은 10여 개가 넘는 집터 후보지에서 질에 대한 정보를 획득·처리하고 새 거주지로 삼을 가장 훌륭한 집터를 선택하는 방식으로 의사 결정을 수행한다. 의사 결정을 하는 영장류 뇌의 좋은 예로, 원숭이에게 검은색 배경 위에서 움직이는 하얀 점을 보여주는 경우를 생각해보자(그림 9.1). 하얀 점은 거의 제멋대로 움직이지만 몇 개는 왼쪽과 오른쪽 중 한쪽으로 일관되게 움직인다. 원숭이는 일관되게 움직이는 점의 방향이 왼쪽인지 오른쪽인지를 결정하고 눈을 움직여 목표물의 방향을 표시하도록 훈련받았다. 일관되게 움직이는 점의 비율은 변할 수 있으며, 그에 따라 정보의 질과 의사 결정 난이도가 달라진다.

행동생물학자들과 내가 꿀벌 집단의 의사 결정을 개체 수준에서 이해하기 위해 노력하는 동안 신경과학 분야에서는 인간 뇌의 의사 결정 메커니즘을 개별 세포 수준에서 이해하고자 노력해왔다. 인간 의사 결정의 신경세포적 기초를 밝히는 과정에서 거둔 최고의 진보는 앞서 설명한 의사 결정 과제를 수행한 (인간 대체물인) 원숭이 연구를 통해 이루어졌다. '요란한 (noisy)' 시각적 자극을 보고 두 가지 선택지(왼쪽 또는 오른쪽) 중에서 결정을 내린 다음 눈의 움직임으로 그 결정을 표시하는 실험이었다. 신경생물학자들은 시각 정보를 보고하고 처리하고 눈의 움직임을 통제하는 것과 관련이 있는 뇌의 다양한 영역에서 신경세포의 활동을 기록했다. 이로써 이 특정한 의사 결정의 기저에 깔린 신경세포의 비밀을 밝혀낼 수 있었다.

출발점은 원숭이가 보는 움직임에 관한 감각 정보를 처리하는 뇌의 중측두 피질(middle temporal, MT) 영역이다(그림 9.2 A, B). MT의 신경세포는 제각기 원숭이 전체 시야(visual field)의 특정한 부분에 상응하는 수용야(receptive field)를 보유한다. 또한 MT 신경세포는 특정 방향의 움직임에 민감하다. 즉 선호하는 방향의 수용야로 자극이 움직이면 신경세포가 발화하고, 반대 방향으로 움직이면 발화가 억제된다. 따라서 MT 영역의 신경세포 집단은 일종의 특정 방향을 향한 운동 감지기라고 할 수 있다. 요컨대 원숭이 시야의 특정 영역 안에서 선호하는 방향으로 시각적 움직임이 있을 때 그 운동 강도에 대한 정보를 발화율로 보고한다. 전체적으로 보면 모든 시야에 걸쳐, 즉 움직이는 점들의 모든 배열에 걸쳐 우측 운동과 좌측 운동의 강도에 관한 정보를 원숭이의 뇌에 제공한다. 그러나 어떤 경우든 이 정보는 다소 불명확하다. 움직이는 점의 배열이 임의적이고, MT 신경세포가 정보를 재현할 때 '잡음(noise: 불규칙적인 변동)'이 발생하기 때문이다.

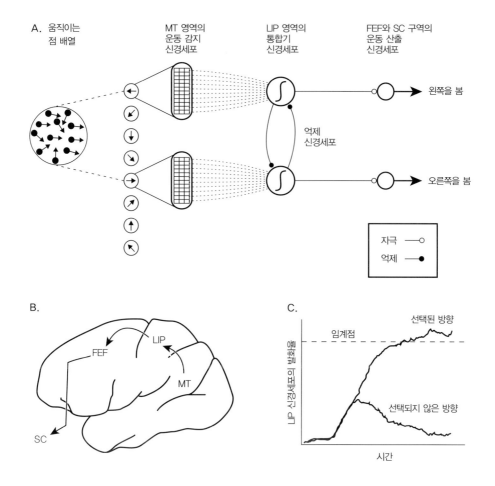

A. 움직이는
점 배열

MT 영역의
운동 감지
신경세포

LIP 영역의
통합기
신경세포

FEF와 SC 구역의
운동 산출
신경세포

왼쪽을 봄

억제
신경세포

오른쪽을 봄

자극 ○——
억제 ●

B.

LIP

FEF

MT

SC

C.

LIP 신경세포의 발화율

임계점

선택된 방향

선택되지 않은 방향

시간

그림 9.2 A: 시각 자극의 운동 방향을 인지해 눈의 움직임을 결정할 때 기저에 깔린 신경생물학적 과정을 요약한 것이다. MT 영역의 신경세포들은 움직이는 점의 배열에서 각 방향으로 작용하는 시각 운동의 즉각적인 강도를 추출해낸다. 잠재적인 두 방향으로 작용하는 운동 강도의 추정치는 전부 LIP 영역의 통합기 신경세포로 전달된다. LIP의 신경세포들은 각 방향의 평균 운동 강도 추정치를 산출하기 위해 MT 신경세포에서 받은 정보를 일정 시간에 걸쳐 종합한다. 서로 다른 운동 방향에 상응하는 통합기 신경세포는 서로를 억제하며, 눈의 움직임을 만들어내는 신경세포를 자극한다. B: 영장류의 뇌에서 결정과 관련한 신경세포의 활동을 기록하는 영역. 중측두 피질(MT), 외측 두정엽내(LIP), 전두안운동야(FEF), 상구(SC)를 포함한다. C: LIP 영역에 기록된 결정 변형과 관련한 신경세포 활동. 활동 초기에는 두 방향을 구별하지 않지만, 이후에는 선택 방향과 관련한 신경세포의 발화율이 증가하는 모습을 보인다. 반면, 선택되지 않은 방향과 관련한 신경세포의 발화율은 감소한다.

원숭이 의사 결정 과정의 다음 단계는 외측 두정엽내(lateral intraparietal, LIP) 영역에서 일어난다. 이 부위의 신경세포는 MT에서 정보를 받으며, 특정 방향의 통합기(integrator)끼리 구성되어 그에 상응하는 MT 신경세포들이 제공한 잡음 섞인 정보를 수합한다(그림 9.2 A, B). 그리하여 의사 결정이 진척됨에 따라 원숭이가 보고 있는 사물에 대한 근거가 LIP 신경세포에 축적된다. 예를 들어, 원숭이가 오른쪽으로 움직이는 점을 보고 있다면 우측 운동 통합기로 기능하는 LIP 신경세포가 발화율을 점점 높일 것이다. 이때 증가하는 발화율은 자극 강도, 즉 우측으로 움직이는 점의 개수에 따라 달라진다. 아울러 다른 운동 방향에 상응하는 다양한 통합기들은 서로를 억제한다. 상호 억제 결과, 처음에 LIP 신경세포 발화율은 우측과 좌측이 동일한 비율로 증가하지만, 이후에는 더 강한 자극(우측 운동)과 관련한 신경세포 발화율만 증가한다. 그리고 더 약한 자극(좌측 운동)과 관련한 신경세포 발화율은 감소하기 시작한다(그림 9.2 C). LIP 신경세포들은 활동 수준에 비례해 다른 세포들을 억제한다. 따라서 결과적으로 한쪽 LIP 신경세포들의 발화율이 더 높아질 것이다. 상호 억제는 원숭이로 하여금 우측 자극과 좌측 자극 사이의 강도 차이를 더 잘 인식하게 함으로써 구별 능력을 향상시키며, 눈을 우측과 좌측으로 동시에 움직이지 않도록 한다.

한 통합기의 활동이 임계점을 넘어 결정을 하게 되면 적절한 방향으로 눈이 움직이기 시작한다. 원숭이 결정 회로의 마지막 단계에서 운동 산출 신경세포(motor output neuron)의 작용으로 눈이 움직인다. 운동 산출 신경세포란 전두안운동야(frontal eye field, FEF)와 상구(superior colliculus, SC)에 있는 신경세포를 말하며 LIP 영역에서 정보를 받아들인다. 전두안운동야와 상구 신경세포도 특정 방향에만 작용하므로 신경세포 하나는 눈을 한 방향으로만

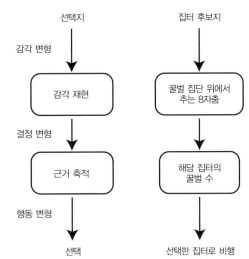

선택지 　　　　　　　　　　집터 후보지

감각 변형

감각 재현 　　　　　　　　꿀벌 집단 위에서
　　　　　　　　　　　　　추는 8자춤

결정 변형

근거 축적 　　　　　　　　해당 집터의
　　　　　　　　　　　　　꿀벌 수

행동 변형

선택 　　　　　　　　　　선택한 집터로 비행

그림 9.3 의사 결정의 처리 과정을 보여주는 개념틀(왼쪽)과 이 틀을 꿀벌 집단의 집터 선택 메커니즘에 적용한 도식(오른쪽).

움직이게 한다.

스탠퍼드 대학교의 신경과학자 레오 서그루(Leo Sugrue), 그레그 코라도(Greg Corrado), 윌리엄 뉴섬(William Newsome)은 단순한 지각 결정의 기저에 깔린 여러 정보 처리 단계를 염두에 둔 유용한 개념틀을 고안했다(그림 9.3). 우리의 생각과 유사한 그들의 개념틀은 세 단계 혹은 세 가지 변형(transformation)으로 이루어져 있다. 첫째, '감각 변형'은 동물의 감각 기관에 등록된 외부 세계의 정보를 '감각 재현'으로 전환해 뇌에서 처리 가능한 정보를 만들어낸다. 이것은 원숭이의 운동 감지 과제에서 MT 신경세포가 수행하는 기능이다. 둘째, '결정 변형'은 감각 재현을 선택적 행동 과정에 대한 채택 가능성으로 전환한다. 원숭이 뇌의 경우 LIP 신경세포가 맡은 일이다. LIP 신경세포는 감각 재현한 시각 운동을 '근거 축적'―구체적으로는 서로 다른 운동 방향을 재현하는 통합기의 발화율―으로 전환한다. 특정한 통합기들의 발화 수준은 이 세포들이 재현하는 대안을 선택할 상대적 확률을 결정한다. 셋째, '행동 변형'은 이 가능성을 구체적인 행동으로 전환한다. 원숭이 뇌에서 발화율이 임계 수준에 도달한 LIP 신경세포들이 활성화되면 전두안운동야와 상구 구역의 운동 산출 신경세포가 행동 수행의 마지막 과정에 나선다.

이 개념틀은 (인간을 포함한) 영장류의 뇌에서 일어나는 의사 결정에 대한 이해를 돕기 위해 고안되었지만, 놀랍게도 꿀벌 집단의 의사 결정 과정을 개념화하는 데도 도움을 준다. 의사 결정 프로세스의 두 가지 유형에서 감각 단위는 시스템 안에서 외부 세계를 재현한다. 또한 두 유형의 시스템에서 감각 재현의 정보 처리는 상호 억제 관계에 있는 통합기들이 시스템으로 유입되는 정보(근거)를 놓고 벌이는 경쟁으로 구성된다. 마지막으로, 꿀벌 집단과 뇌 모두 한 통합기에 충분히 높은 (임계) 수준까지 근거가 축적되면 결정이 이루어진다.

꿀벌 집단의 감각 변형

꿀벌 집단과 뇌 사이의 구조적 유사점에 대해 심사숙고하면서, 나는 꿀벌 집단을 일종의 노출된 뇌로 생각해보았다. 나뭇가지에 조용히 매달려 있지만 주변의 너른 벌판에 흩어진 여러 집터 후보지를 '볼' 수 있는 뇌 말이다. 이미 살펴보았듯이 꿀벌 집단에 폭넓은 '시야'를 제공하는 것은 수백 마리의 정찰대다. 이들은 사방으로 수킬로미터를 날아가 집터 후보지의 환경을 샅샅이 조사한다. 정찰대가 다른 벌들의 관심을 끌 만큼 훌륭한 집터를 발견하면 꿀벌 집단으로 돌아와 8자춤을 추며 광고한다는 것은 이미 알고 있는 사실이다. 또한 춤의 강도(순환 횟수)는 집터의 질에 비례한다는

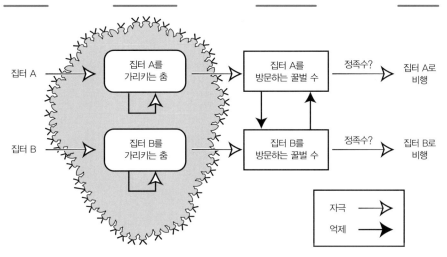

선택지	감각 정보	통합기	행동

집터 A를 가리키는 춤

집터 B를 가리키는 춤

집터 A를 방문하는 꿀벌 수 → 정족수? → 집터 A로 비행

집터 B를 방문하는 꿀벌 수 → 정족수? → 집터 B로 비행

자극 →
억제 ▶

그림 9.4 집터 후보지의 질에 근거한 꿀벌 집단의 집터 선택 행동 과정 요약. 별개의 정찰대 집단이 집터를 조사하고 그 집터의 질을 추정해 춤으로 보고한다. 춤벌들은 자기 집터를 가리키는 춤을 통해 다른 꿀벌들을 추가로 모집하므로 이 보고 과정에는 자기 증폭(긍정적 피드백)이 존재한다. 집터의 질에 대해 즉각적으로 수집한 추정 정보는 더 많은 벌로 하여금 그 집터를 방문하도록 한다. 집터를 방문하는 꿀벌의 수를 통해 집터의 질에 관해 즉각적으로 수집한 추정 정보를 몇 시간에 걸쳐 통합할 수 있으며, 그 집터의 상대적 질도 추정할 수 있다. 집터를 방문하는 꿀벌 수는 상호 억제적이다. 한 집터를 방문한 꿀벌 수가 정족수(임계점)에 도달하면 꿀벌 집단은 그 집터로 날아간다.

사실도 알고 있다. 따라서 정찰벌은 꿀벌 집단의 감각 단위로 기능하며 집터의 질을 춤의 강도로 변환한다. 또한 정찰벌이 특정 집터를 선호하는 감각 단위라는 것도 중요하다. MT 신경세포가 시야의 특정 부분만을 보고하듯 꿀벌도 주변 지역에서 단 하나의 집터만을 보고한다. 시간이 지날수록 수십 마리의 정찰벌이 꿀벌 집단으로 돌아와 춤을 추며 자기가 발견한 집터 후보지의 위치와 질에 대한 감각 정보를 전달한다(그림 9.4). 꿀벌의 춤은 집터 후보지의 경관을 감각 재현하는 것이라고 이해할 수 있다. 이는 주어진 시야 안에서 움직이는 자극을 감각 재현하는 원숭이 MT 신경세포의 발화 패턴과 유사하다.

정찰대가 꿀벌 집단의 감각 재현을 형성하는 방법 중 몇 가지 특징은 주목할 만하다. 이러한 특징이 꿀벌 집단의 의사 결정 시스템 성공에 중대한 기여를 하기 때문이다.

1. 꿀벌 집단의 감각 기관은 상당한 규모의 정찰벌이다. 수백 마리의 정찰벌을 내보냄으로써 꿀벌 집단은 대개 몇 시간 안에 집터 후보지에 대한 풍부한 정보를 모을 수 있다. 그림 4.6에서 살펴보았듯이 정찰대는 오후 동안 거의 10여 곳의 집터 후보지를 찾아내 조사하고 보고했다. 또한 정보 수집 과정을 수많은 꿀벌에게 할당함으로써 꿀벌마다 다양한 춤의 강도를 평균화할 수 있고 정보 획득의 정확성을 높일 수 있다.

2. 정찰대는 몇 시간 혹은 며칠 동안 감각 정보를 수집한다. 이때 감각 정보를 지속적으로 추출한 다음 결정을 내린다는 점이 중요하다. 정보는 특히 초반에 산발적으로 획득되기 때문이다. 정찰대 수백 마리가 동시에 탐색한다 하더라도 그중 한 마리가 놀라운 곳을 발견해 돌아오기까지는 몇 시간이 걸릴지 모른다. 모든 대안에 대한 소식을 받은 후에도 그림 6.5처럼 간간이 지속적인 보고가 이루어진다. 오랜 정보 수집 기간은 꿀벌로 하여금 집터에 대해 매우 신뢰도 높은 감각 정보를 수집하게끔 해준다.

3. 정찰벌들은 집터에 대해 독립적인 평가를 내린다. 거의 모든 정찰대가 한 집터로 몰릴지라도 그 과정은 '한 마리의 정찰벌이 한 집터로 불러들이는 것'이지, 정찰대 수에 따라 더 우호적으로 보고하는 것은 아니다. 정찰대는 독립적인 평가를 내린 후 꿀벌 집단으로 돌아가 춤출 때, 그 장소를 얼마나 열렬히 광고할 것인지 스스로 결정한다. 정찰대의 이러한 독립성은

어떤 꿀벌의 평가 오류를 맹목적으로 모방해 전파하거나 증폭시키지 않음을 의미한다. 또한 감각 재현을 통해 춤의 총 순환 횟수가 집터의 질을 정확하게 알리도록 도와준다.

4. **어떤 집터를 보고하는 정찰대는 해당 집터에 대한 추가 정찰대를 모집한다.** 정찰대에 의한 모집은 모집된 꿀벌들이 모집하는 꿀벌이 되어 집터를 보고하는 정찰대 수에 긍정적인 피드백을 창출한다. 특정한 집터를 재현하는 감각 정보가 그 자체로 풍부해질 수 있다는 뜻이다. 춤의 강도는 집터의 질에 따라 결정되므로 긍정적인 피드백(증폭)은 우월한 집터에서 더욱 강해져 결국 좋은 곳이 꿀벌 집단의 춤을 독점한다. 시간이 지남에 따라 꿀벌 집단의 관심, 즉 감각 투입은 우월한 집터로 집중된다(그림 4.1, 4.2, 4.5, 4.6 참조).

5. **시간이 지남에 따라 정찰대는 춤의 반응을 줄인다.** 일반적으로 집터의 질이 변하지 않더라도 그곳을 보고하는 정찰대가 추는 춤은 시간이 지남에 따라 점점 약해진다(그림 6.9, 6.10, 6.11 참조). 이러한 반응 감소는 열등한 장소에 대한 정보의 감각 재현을 점차 몰아낸다. 이는 정찰대가 열등한 집터를 흡인력 약한 춤을 통해 보고하기 때문이다. 따라서 춤 반응의 감소는 시간이 갈수록 우월한 집터로 관심을 집중시키는 데 기여한다.

6. **정찰대는 정탐과 이용 사이에서 적합한 쪽을 선택한다.** 좀더 많은 연구가 필요하겠지만, 정찰대는 미지의 (잠재적으로 우월한) 집터 정탐(exploration)과 이미 발견한 집터 이용(exploitation) 중에서 선택을 해야 하는 것 같고, 이는 춤의 풍부도(abundance)를 감지함으로써 이루어지는 듯싶다. 이것이 사실이라면 꿀벌 집단은 감각 정보 수용을 조절하는 수단을 갖고 있다고 할 수 있다. 아마 꿀벌들의 감각 재현이 부족할 때 수용량을 늘리고 감각 정보

가 충분하면 이를 제한하는 식일 것이다.

이 여섯 가지 특징 덕분에 정찰벌이라는 감각 단위가 꿀벌들의 의사 결정을 성공적으로 이끌 수 있다. 그 밖에 성공적인 의사 결정을 거의 확실하게 '방해하는' 두 가지 단점이 있다. 첫 번째 단점은 정찰대가 대부분 집터를 동시에 보고하지 않는다는 것이다. 이러한 특징은 정찰대의 춤이 어떤 순간에는 집터 후보지의 질을 정확하게 알리지 못하는 경향이 있다는 것을 의미한다. 그림 6.5의 사례에서, 10시부터 10시 15분 사이에 춘 춤은 모두 15리터짜리 중급 벌통을 재현했다. 마치 그 벌통이 유일한 최적의 선택인 것처럼 말이다. 정찰대의 보고 체계에서 두 번째 단점은 정찰대가 집터의 질에 관해 요란한 정보를 제공한다는 것이다. 그림 6.6의 정찰벌들은 모든 집터를 확연히 다른 순환 횟수로 광고했다. 꿀벌 집단은 시간별, 개체별 보고 차이에 대처하기 위해 수백 마리의 꿀벌들로부터 몇 시간에 걸쳐 감각 정보를 통합한다. 이처럼 중요한 감각 정보 통합은 의사 결정의 다음 단계에서 이루어진다.

꿀벌 집단의 결정 변형

원숭이 뇌나 꿀벌 집단에서 의사 결정의 두 번째 단계는 '결정 변형'이다. 바로 감각 재현을 다양한 결과의 채택 가능성으로 전환하는 시기다. 이 두 번째 변형의 주요 기능은 요란한 감각 정보를 통합하는 것이다. 이로써 의사 결정 시스템(뇌나 꿀벌 집단)은 선택지를 지지하는 근거가 전체적으로 얼마나 많이 모였는지 알 수 있다. 그리고 이러한 근거들이 모여 다양한 행동 경로 선택과 관련해 상대적 가능성을 결정한다.

원숭이의 뇌에서 MT 신경세포가 제공하는 감각 정보는 LIP 신경세포가 통합한다. 앞서 설명했듯이 상이한 운동 방향을 재현하는 LIP 신경세포 집단은 그에 상응하는 MT 신경세포의 자극을 받는다. 각 LIP 신경세포 집단은 시간이 지남에 따라 받아들인 '투입(자극)'을 통합하고, 총 투입량에 따라 '산출(발화율)'을 조절한다. 그 결과, LIP 신경세포 집단은 통합기로서 특정 방향으로 눈을 움직여야 할 근거들을 축적하고 얼마나 많은 근거가 누적되었는지 해독한다. 따라서 특정 방향을 향한 시각적 움직임이 클수록 상응하는 MT 신경세포의 보고는 강해지고, 그와 관련한 LIP 신경세포의 근거 축적도 빨라지며, 원숭이가 그 방향으로 눈을 움직일 가능성도 높아진다.

꿀벌 집단에서 결정 변형은 기본적으로 원숭이의 뇌와 같은 방식으로 작동한다. 원숭이 뇌가 눈의 움직임 방향에 대한 감각 정보의 통합기를 보유했듯이 꿀벌 집단도 집터 후보지에 대한 감각 정보의 통합기를 보유한다. 집터 후보지의 통합기는 해당 집터를 방문하는 꿀벌의 수다(그림 9.4). 6장에서 살펴보았듯이 중립적인 정찰대는 춤이 재현하는 집터를 방문하도록 자극받는다. 모든 집터를 향한 춤은 그 장소를 지지하는 정찰대가 꿀벌 집단을 들락거림에 따라 시작과 중지를 반복한다. 같은 장소라도 정찰대는 다른 강도로 춤을 춘다. 따라서 정찰벌들이 어떤 집터에 대한 방문을 활성화하는 신호를 보낼 때 그 신호 강도는 시시각각 변한다. 그러나 집터를 방문하는 꿀벌 수는 이전 몇 시간 동안 그 장소를 광고했던 춤의 총 순환 횟수를 반영한다. 꿀벌 수가 그 집터에 대한 요란한 감각 정보(춤 정보)를 통합하는 것이다. 또한 집터가 우월할수록 광고하는 춤의 영역이 커지고 새로운 지지자도 많아진다. 따라서 최적의 집터가 지지 근거(그 장소를 방문하는 꿀벌 수)를 가장 빨리 축적한다. 이런 방법을 통해 최적의 집터를 선택할 가능성이 매우 높아진다.

원숭이 뇌의 통합기에서 구조상 주요 특징은 그 통합기들이 상호 억제적이라는 것이다. 즉 한 통합기에 대한 근거가 형성되면 다른 모든 통합기의 근거 축적이 억제된다. 이러한 구조적 특징은 꿀벌 집단에서도 찾아볼수 있다. 그림 5.7의 사례에서, 선택된 집터에 머무르는 꿀벌 수가 가파르게 증가하면 여타 기각된 장소에 머무르는 꿀벌 수는 확연히 감소했다. 이는 그림 9.2 C에서 상이한 LIP 신경세포의 발화율이 증가하거나 감소하는 패턴과 유사하다. 상이한 집터 후보지의 꿀벌들이 상호 억제하는 탓에 중립적 정찰대라는 제한 영역에서 경쟁이 일어난다. 이때 많은 중립적 정찰대가 한 집터로 모여들면 다른 집터로 모여드는 꿀벌은 자연히 줄어든다. 따라서 우월한 집터를 광고하는 춤의 총 순환 횟수와 그 집터를 방문하는 꿀벌 수가 상승하면, 열등한 집터에 대한 모집은 억제되고 마침내 그 수가 감소한다. (6장에서 살펴봤듯이) 열등한 집터의 꿀벌이 은퇴했다가 중립적 정찰대에 가담할 때는 빠르고 열정적인 춤으로 꿀벌 집단을 장악한 우월한 집터로 모여들기 때문이다(그림 6.7 참조). 통합기들의 상호 억제는 빈 통합기가 누수된 후 보충하는 사태를 막기 위한 수단이라고 볼 수도 있다.

통합기에서 원숭이의 뇌와 꿀벌 집단이 공유하는 또 다른 구조상 특징은 누수이다. 즉 두 시스템 모두 통합기에 추가 근거가 모이지 않으면 이전에 축적된 근거가 감소한다. 6장에서 정찰대가 '자기' 집터를 광고하고 방문하는 행동은 그곳으로의 방문이 반복됨에 따라 서서히 감소했다(그림 6.5와 6.9). 결국 정찰대는 그동안 쌓아온 자기 집터를 지지하는 근거에서 이

탈한다. 수리심리학자들이 영장류 뇌의 의사 결정에 깔린 정보 처리 과정을 설명한 모델에서도 축적된 근거의 누수는 핵심적인 특징이다〔예를 들면 런던 대학교의 마리우스 어서(Marius Usher)와 스탠퍼드 대학교의 제임스 매클렐랜드(James McClelland)가 발전시킨 "누수가 있고 경쟁하는 축적기 모델(leaky, competing accumulator model)"〕. 이 모델에서 누수는 확실하게 의사 결정을 개선한다. 결정을 내리기에 충분한 정보를 획득할 때까지 요란한 근거 축적에 걸리는 시간을 연장해주기 때문이다. 또한 누수는 우월한 선택지를 발견해 상황이 변할 경우 의사 결정 시스템을 갱신하게끔 한다. 다시 말해 누수가 있는 통합기는 의사 결정 시스템이 실수를 피하도록 도와준다.

누수 기능에 대한 이 같은 설명은 꿀벌 집단에게도 명백히 적용된다. 이러한 주장은 집터 선택 과정에 대한 수리적 모델을 토대로 꿀벌들의 의사 결정 시스템을 탐구한 케빈 파시노와 나의 공동 연구에 바탕을 두고 있다. 이때 우리가 사용한 모델은 일정 범위 내에서 질이 다른 집터를 여섯 곳 제공한 다음 정찰대 100마리의 활동을 모의실험하는 것이었다. 중립적 정찰대는 새로운 집터를 찾거나 다른 벌의 춤을 따라 모여들고, 특정 집터를 지지하는 정찰대는 자신의 평가에 따라 집터의 질을 춤으로 광고하는 등 모델 속의 정찰벌들은 지금까지 알려진 행동 법칙을 모두 보여주었다. 우리는 우선 그림 5.7처럼 이 모델이 집터 선택의 실제 사례에 부합하는지 검사했다. 모델은 훌륭하게 작동했다. 그런 다음 '임의로 돌연변이를 일으킨' 집단—정찰벌이 자연 상태에서와 약간 다르게 행동하는 꿀벌 집단—을 만들어서 정찰벌의 행동 법칙에 일어난 작은 변화가 의사 결정에 어떤 영향을 미치는지 살펴보았다. 예를 들면, 정찰대 춤의 감소율을 변화시켜 의사 결정의 속도와 정확도에 어떤 영향을 주는지 지켜보았다. 자연 상태에서 정찰벌은 꿀벌 집단으로 돌아올 때마다 춤의 순환 횟수를 평균 15회 줄인다(그림 6.10과 6.11 참조). 그래서 우리는 감소율이 (35회로) 늘어나거나 (5회로) 줄어들 경우 어떤 결과가 발생하는지 살펴보았다. 결론은 춤 감소율이 변화할 때 통합기 누수율도 함께 변화했다는 것이다. 정찰벌이 일정 장소를 향한 춤을 멈추자마자 방문 또한 곧 멈추었다. 즉 통합기로부터 누수가 일어났다.

춤 감소율을 낮추어 벌들이 더 오래 춤을 추고 집터로부터 '누수'가 더 천천히 이루어지도록 하자 모델 속 꿀벌 집단은 더 빠르지만 덜 정확한 결정을 내렸다. 누수를 줄이면 모든 집터에 대한 근거 축적이 빨라져 의사 결정이 악화되는 것이다. 만약 최적의 집터가 늦게 발견된다면 열등한 집터 중 하나가 근거의 임계 수준을 넘어 집터 경쟁에서 승리할 것이다. 반면 누수율을 높이자 꿀벌들은 덜 빠르지만 더 정확한 결정을 내렸다. 정찰벌들은 집터 방문을 너무 빨리 중단해서 최적 집터의 통합기조차 근거를 임계 수준까지 모으는 데 어려움을 겪는 느긋한 의사 결정자였다. 이렇듯 춤 감소율(정찰대 누수율)이 꿀벌 집단이 집터를 선택할 때 속도와 정확도의 균형을 유지하는 방법이라는 사실을 발견한 것은 큰 기쁨이었다.

꿀벌 집단의 행동 변형

의사 결정의 기저에 깔린 정보 처리 마지막 단계는 모든 통합기가 해독한 다양한 정보로부터 하나의 반응을 이끌어내는 것이다. 눈의 움직임을 결정하는 원숭이 뇌와 집터를 선택하는 꿀벌 집단에서는 어느 한 통합기의 근거 축적이 임계 수준에 도달하면 단일한 반응이 도출된다. 뇌와 꿀벌 집단 모두 통합기의 분포 상태와 별개의 반응을 선택하는 메커니즘은 통합기의 근거가 처음으로 임계 수준까지 다다른 대안을 선택하는 단순한 원리다. 이 방법은 대개 훌륭한 선택으로 이어진다. 각 대안 통합기의 상대적 근거 수준은 보통 대안의 상대적 강도나 질을 반영하기 때문이다. 예를 들어, 집터 후보지가 더 훌륭할수록 그곳을 보고하는 춤은 더 강렬하고 정찰벌은 더 신속하게 모여든다. 게다가 (모집된 꿀벌이 다른 꿀벌을 모집함에 따라) 대안에 대한 감각 투입량이 저절로 풍부해지고, (중립적 정찰대의 지지를 구하기 위해 경쟁함에 따라) 대안의 통합기들 사이에 상호 억제가 일어난다. 따라서 자기 풍부화와 상호 억제 덕분에 최적의 집터 후보지가 경쟁에 늦게 뛰어들더라도 근거를 임계 수준까지 축적하는 경쟁에서 결국 이길 것이다(그림 4.6과 5.7 참조).

7장에서 살펴보았듯이 꿀벌 집단의 의사 결정 시스템은 정족수를 감지함으로써 후보지 중 한 곳이 근거를 언제 임계 수준까지 축적했는지 판단한다. 즉 집터 후보지의 정찰대는 어떤 방식으로든 그곳에 얼마나 많은 꿀벌이 있는지, 언제 행동 개시에 필요한 임계 수치(정족수)에 도달하는지 주목한다. 최종 결정된 집터의 정찰대가 정족수를 감지하면, 무리로 돌아와 피리 신호를 보내 비행 근육을 데우고 이륙을 준비하게끔 다른 꿀벌을 자극한다. 이러한 신호는 여전히 열등한 집터를 지지하는 정찰대에게 그 장소를 포기하라고 자극하는 기능도 하는 것 같다. 이런 방식으로 정찰대는 일반 꿀벌들이 비행 준비를 하는 동안 합의를 공고히 함으로써 비행할 때 혼란스러운 안내 신호를 만들지 않기 위해 애쓴다. 마침내 모든 꿀벌이 비행 근육을 섭씨 35도 이상으로 데우면 정찰대는 피리 신호를 보내 비행을 준비시키고, 버즈런 신호를 보내 비행을 촉발한다(그림 7.12 참조). 그리고 마침내 선택한 집터로 향하는 길을 알고 있는 정찰대는 행동 경로를 따라 꿀벌 집단을 조종한다.

　이러한 의사 결정 시스템에서 핵심 요소는 정족수의 규모다. 정족수의 규모는 새로운 집터에 대한 꿀벌 집단의 의사 결정 속도와 정확도에 강력한 영향을 미치는 것으로 밝혀졌다. 이런 사실은 케빈 파시노와 내가 집터 선택의 수리적 모델에서 정족수를 증가 혹은 감소시킨 결과 드러났다. 우리가 정족수를 표준치―집터 밖에 동시에 나타난 꿀벌 약 15마리―보다 감소시켰을 때 꿀벌들은 신속하지만 오류가 있는 결정을 내린 반면, 표준치보다 증가시키자 다소 느리지만 약간 더 정확한 결정을 내렸다. 그러므로 꿀벌들은 대개 신속한 결정보다는 정확한 결정을 내리기 위해 정족수를 충분히 높게 설정하고 있는 것처럼 보인다. 이러한 추측은 꽤 그럴듯하다. 꿀벌 집단은 생사를 가르는 결정을 한 번에 정확하게 내려야 하므로 집터를 '신속하게' 선택하기보다 '신중하게' 선택해야 한다. 아울러 높은 정족수를 선호하는 이유는 선택한 집터로 안내할 정찰대 수가 많아야 하기 때문이기도 하다. 물론 꿀벌들이 별안간 정족수를 낮출 가능성도 있다. 날씨가 갑자기 나빠지거나 굶주리기 시작한 경우, 생사의 위협에 놓인 꿀벌들은 지체 없이 안전한 보금자리를 찾아야 한다. 그러나 실제로 이럴 가능성이 있는지는 추가적인 연구가 필요하다.

최적 구조로의 수렴?

30년 전 컴퓨터과학자 더글러스 호프스태터(Douglas Hofstadter)는 자신의 저서 《괴델, 에셔, 바흐: 영원한 황금 노끈(Gödel, Escher, Bach: An Eternal Golden Braid)》에

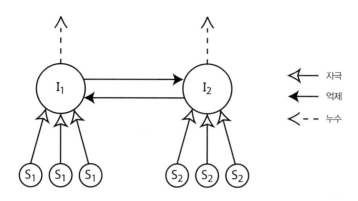

그림 9.5 영장류 뇌와 꿀벌 집단의 의사 결정 모델. 모델에서 신경세포와 꿀벌 집단은 대안들의 선택에 대한 근거 축적에 상응한다. 이 집단들(I_1과 I_2)이 감각 단위(S_1과 S_2)의 요란한 투입을 통합한 다음, 축적한 근거들의 누수가 천천히 일어난다. 각 집단은 또한 활동 수준(신경세포) 혹은 규모(꿀벌)에 비례해 서로를 억제한다.

서 한 가지 흥미로운 생각을 제시했다. "개미 집단은 여러 가지 면에서 인간의 뇌와 다르지 않다." 그는 두 시스템 모두 '어리석은' 개체(개미들의 행동과 신경세포의 발화)들이 모이면 높은 수준의 집단 지능이 나타난다고 지적했다. 호프스태터의 책이 출간될 당시 사회적 결정과 자연적 결정 사이의 유사성은 막연하게만 인식되었다. 예컨대 두 시스템 모두 외부 세계에 대한 정보를 여러 부분의 활동 패턴에 암호화한다고 인식하는 수준이었다. 현재 우리는 곤충 사회와 영장류 뇌의 결정 메커니즘에 대해 더 자세히 알고 있다. 우리가 지난 30년간 배운 사실은 호프스태터의 생각을 확실히 뒷받침한다. 요컨대 개미(꿀벌) 집단과 영장류 뇌에서 지성의 진화는 근본적으로 유사한 정보 처리 계획을 활용해 이루어진다는 것이다.

영장류 뇌와 꿀벌 집단이 대안적 행동 경로 사이에서 선택이라는 동일한 문제에 직면한다는 것은 최근에야 알려졌다. 이때의 행동 경로는 많은 구성 요소에 퍼진 요란한 정보에 바탕을 두고 있으며 어느 하나도 대안에 대한 전체적인 지식을 획득하지 못한다. 두 시스템이 도달한 해법은 그림 9.5에서 제시한 구조를 갖춘 정보-처리 체계다. 이 구조는 다음과 같은 5개의 핵심 요소로 이루어졌다.

1. 대안에 대한 정보를 투입하는 감각 단위 집단(S_i). 감각기는 단 하나의 대안을 요란하게 보고하며, 투입 강도는 대안의 질에 비례한다.

2. 감각 단위를 대상으로 일정한 시간에 걸쳐 감각 정보를 통합하는 통합 단위 집단(I_i). 하나의 통합기는 단 하나의 대안을 지지하는 근거를 축적한다.

3. 통합기의 상호 억제. 이 때문에 하나의 대안에 대한 근거가 증가하면 다른 대안에 대한 근거는 증가하지 못한다.

4. 통합기의 누수. 통합기에서 근거가 증가하려면 그 대안을 지지하는 감각 근거를 지속적으로 투입해야 한다.

5. 통합기가 감지하는 임계점. 어떤 대안의 통합기가 처음으로 임계 수준까지 근거를 축적하면 그 대안을 선택한다.

신경세포와 꿀벌들로 구성된 의사 결정 시스템에서 이처럼 놀라운 수렴이 이루어지는 까닭은 무엇일까? (아울러 바위개미 템노토락스 알비펜니스(*Temnothorax albipennis*: 바위틈에 집을 짓고 사는 작은 개미의 일종—옮긴이)의 집터 탐색 과정에서 집단 결정을 다룬 훌륭한 연구들도 있다. 개미와 꿀벌은 진화적 기원이 독립적임에도 불구하고 정보 처리 방식은 대단히 흡사하다.) 이러한 유사성을 설명하는 한 가지 설득력 있는 주장은 이 구조가 활발하고 효과적이며 아마도 최적의 의사 결정 수단이라는 것이다. 그림 9.5의 방식이 두 대안 사이에서 선택함으로써 통계적으로 최적 전략을 수행할 수 있다는 사실은 수학적으로도 증명이 되었다. 요컨대 순차 확률비 테스트(sequential probability ratio test, SPRT)가 그것이다. 특정 착오율을 얻으려면 추가 근거의 통합을 언제 중단해야 할지 구체화하는 검사법이다. 여러 검사법 중에서 이 방법이야말로 원하는 정확도를 달성하는 데 필요한 결정 시간을 최소화한다. 즉 결정의 정확도와 속도가 가장 균형 잡힌 방법이다.

최근 제임스 마셜(James Marshall)이라는 영국 브리스틀 대학교의 컴퓨터과학자와 그의 동료들은 꿀벌 집단이 두 집터 후보지 중 양자택일이라는 단순한 상황에서 어떻게 최적 결정을 내리는지 이론적으로 검토했다. 근거들의 합을 겨루는 경쟁에서 어떤 대안의 근거는 다른 대안을 배제하는 근거로 간주될 수 있다고 그들은 지적했다. 그 효과로 인해 모든 근거는 한 대안의 총합으로 축적된다. 이는 의사 결정 시스템이 두 대안의 근거들을 계속 획득하다가 어느 순간 하나의 대안만이 0이 아닌 근거 수준을 모은다는 뜻이다. 요컨대 근거 축적은 시간이 지남에 따라 임의 보행(random walk)을 한다고도 볼 수 있다. 여기서 플러스 방향은 한 대안에 대한 근거의 증가를 의미하고, 마이너스 방향은 다른 대안에 대한 근거의 증가를 의미한다(그림 9.6). 근거가 오르내리는 추이는 우월한 대안을 향해 움직이는 경향을 나타내고, 들쭉날쭉한 추이는 새로 들어오는 근거의 잡음이나 불확실성을 가리킨다. 의사 결정과 관련해 이러한 임의 보행이나 분산 모델이 통계적으로 최적의 SPRT를 실행한다는 것이 밝혀졌다.

두 후보지 중 하나를 선택하는 꿀벌 집단의 경우 두 통합기─두 후보지를 방문한 두 정찰대 집단─가 서로 강하게 억제하므로 한 집터의 근거는 다른 집터의 근거를 배제한다. 그러나 강한 상호 억제는 오로지 중립적 정찰대가 거의 없는 경우에만 일어난다. 이 경우 한 집터의 지지자가 증가하

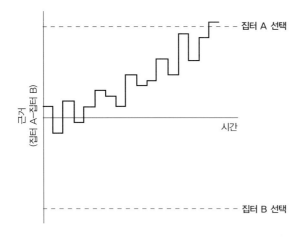

그림 9.6 두 집터에 대한 근거가 한 대안의 총합으로 축적되는 임의 보행 모델. 집터 A에 대한 근거의 합은 증가하는 반면, 집터 B에 대한 근거의 합은 감소한다. 선택은 한 집터에 대한 근거의 순 증가분이 임계 수준을 초과해야 이루어진다.

면 다른 집터에 대한 지지자의 희생이 뒤따르기 때문이다. 이런 상황 혹은 이와 유사한 상황은 의사 결정 과정에서 다소 늦은 시기에만 발생하기 쉽다. 다시 말해, 대다수 정찰대가 의사 결정 과정에 뛰어들어 한 집터를 지지한 경우 그리고 다수의 열등한 집터가 경쟁에서 제거되고 새로운 집터가 드물게 발견될 경우에 발생한다. 따라서 최적 SPRT에서 제시한 것처럼 최적 결정은 오직 의사 결정 과정의 막바지에만 일어난다고 볼 수 있다. 그러나 이때는 최고의 결정 기술이 필요한 상황이기도 하다. 결정 막바지에 몇몇 고급 집터가 고려되는 상황이라면, 그중 최적의 집터를 고르기란 어려운 일이다. 양자택일 상황에서 모든 정찰대가 항상 하나의 장소를 지지하는지, 최종 결정이 결국 최적 선택이 되는지는 분명 더 많은 연구가 필요하다.

물론 자연에서는 의사 결정자가 단순한 양자택일 상황을 맞닥뜨릴 가능성은 낮다. 꿀벌 집단은 대부분 10여 곳 이상의 집터 후보지 중에서 선택해야 하는 상황에 처하고, 토론 막바지에도 두 곳 이상의 집터가 임계 수준까지 근거를 획득하기 위해 경쟁한다. 그럼에도 불구하고 SPRT는 여러 가지 대안이 있고 그중 어떤 대안이 다른 대안들보다 두드러지게 우월한 경우의 선택에서도 역시 효과적이다. 이 방식이 최적 결정을 추정하는데 유용하므로 영장류의 뇌와 꿀벌 집단은 동일한 의사 결정 방식의 기초를 독립적으로 진화시킬 수 있었을 것이다. 만약 이런 예측이 정확하다면 우리는 놀라운 수렴을 목격하고 있는 셈이다. 신경세포로 이루어진 뇌와 꿀벌들로 이루어진 꿀벌 집단, 요컨대 물리적으로 다른 '사고 기계(thinking machine)'가 동일한 적응 구조로 수렴하는 모습을 보여주니 말이다.

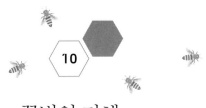

10

꿀벌의 지혜

……열심히 일하는 꿀벌들,
자연이 가르쳐준 법칙에 따르는 피조물이
인간 왕국에 질서라는 법을 가르쳐주노라.

—윌리엄 세익스피어,《헨리 5세(Henry V)》(1599)

지금부터는 우리 인간이 집단 결정과 관련해 꿀벌들로부터 무엇을 배울 수 있는지 살펴보도록 하자. 꿀벌은 구성원의 지식과 지능을 효과적으로 결집해 훌륭한 집단 선택을 만들어낸다. 이는 대단히 중요한 주제다. 인간 사회도 중요한 결정을 내릴 때 개인보다 집단이 한층 더 믿을 만하다고 생각하기 때문이다. 그래서 미국 대법원은 배심원단, 평의원회, 특별 배심원, 9명의 재판관을 두고 있다. 그러나 주지하다시피 집단이 항상 훌륭한 결정을 내리는 것은 아니다. 잘 조직된 집단일지라도 집단적 추론이 얼굴을 맞댄 토론을 거쳐 폭넓은 정보와 심오한 사고로 이어지지 않는다면, 집단 결정은 기능 장애를 일으키기 쉽다. 그러면 결국 집단의 판단이 영향을 미친 공동체는 낭패를 보고 말 것이다. 운 좋게도 집터 정찰대는 집단 결정의 수수께끼를 현명하게 해결했다. 이는 수백만 년 동안 자연 선택을 통해 연마해온 해결책이다. 올리고세(Oligocene: 신생대 제3기에 속하는 지질 시대로 약 3400만 년 전에서 2300만 년 전에 해당—옮긴이)의 화석은 꿀벌들이 최소 3000만 년 동안 명맥을 유지해왔음을 보여준다. 따라서 집단 결정에 이르는 꿀벌들의 지혜는 진정 시간이 증명해준 해법이라고 할 수 있다.

물론 곤충을 조직 관리의 권위자로 떠받드는 데에는 한계가 있으며 맹목적 모방은 금물이다. 하지만 꿀벌들이 효과적인 집단 결정의 원리를 보여준다는 주장과 그 원리를 배움으로써 인간 사회에서 집단 결정의 신뢰성을 높일 수 있다는 주장은 가능하다. 두 번째 주장은 단순한 가설에 그치지 않는다. 나는 꿀벌의 교훈을 인간에게, 특히 코넬 대학교의 내 동료들에게 적용해보았다. 2005년 꿀벌의 집단 결정 과정 형태가 명확해질 무렵 나는 신경생물학 및 행동학 학과장으로 임명되었다. 당시 단순한 재미뿐 아니라 일종의 실험도 할 겸 나는 정찰대의 집터 선택 방식을 교수 월례 회의의 토론에 적용하기로 했다. 꿀벌처럼 생사를 가르는 결정은 아니지만, 우리는 대단히 어려운 결정을 마주했다. 요컨대 고용과 승진에 관한 선택, 긴밀한 유대를 맺고 있는 학술 공동체의 장기적 결과와 관련한 문제들이었다. 내가 집단 결정에 대한 동료들의 진심을 전부 알기란 어려운 일이다. 그러나 적어도 그들이 우리가 내린 힘든 결정에 만족했다고 생각한다. 비록 모든 교수가 원하는 방식대로 토론이 진행되지는 않았더라도 말이다. 이런 명백한 만족감은 우리의 결정이 공정할 뿐만 아니라 열린 토론에 기초했기 때문이다. 어찌 됐건 나는 꿀벌들에게 배운 '대단히 효율적인 집단의 다섯 가지 습관'을 교수 회의에 적용하기 위해 애썼던 이야기를 하려 한다.

우선 훌륭한 집단 결정을 이루어내는 조직 방식과 관련해 꿀벌 집단과 뉴잉글랜드 지역 마을 회의 간의 흥미로운 유사성부터 알아보자. 이 이야기는 꿀벌들의 교훈을 인간 사회에 적용할 수 있다는 나의 주장을 강화하는 데 도움이 될 것이다. 뉴잉글랜드 마을 회의를 비교 대상으로 선택한 이유는 300년 이상 이어져온 이 특별한 형태의 마을 회의가 인간 사회에서 수행하는 민주주의의 가장 고유한 형태이기 때문이다. 1년에 한 번 마을 회의가 있는 날—전통적으로 3월 첫 번째 월요일 다음 날—이 되면, 시민들은 공개된 회의 장소에 모여 얼굴을 맞대고 모든 사람의 행동을 지배할 구속력 있는 집단 결정(자치법)을 내린다. 각각의 마을 회의에는 꿀벌 집단처럼 공동체적 분위기와 개인적 모험심이 묘하게 섞여 있다. 우리는 이제 곧 입증된 두 가지 민주주의 형태의 내적 작동 방식에서 흥미진진한 유사성을 발견할 것이다. 나는 꿀벌들의 작동 방식이 마을 회의에도 적용되는 것을 결코 우연이라고 생각하지 않는다.

첫 번째 교훈: 공동 이익과 상호 존중에 기초한 개인들로 결정 집단을 구성하라

결정 집단의 구성원이 생산적으로 협동하려면 이익을 공정하게 배분해야 한다. 그래야만 협력적이고 응집적인 단위를 형성할 가능성이 높다. 또한 집단 구성원이 서로를 충분히 존중할 때 상대방의 제안을 건설적으로 토론하고 타인의 관점을 존중하며 견해를 비판할 때도 자존심을 다치게 하거나 분노를 유발하지 않을 것이다. 서로 충돌하기만 하는 괴팍한 이들로 구성된 결정 집단은 효과적인 작동에 필요한 의욕이나 상호 관계가 생성되기 힘들다.

집터 정찰대는 공동 이익과 상호 존중에 기초한 구성원이 모인 집단이다. 오늘날 생물학자들은 일벌의 유전적 성공이 전체 집단의 운명에 달려 있다는 사실을 알고 있다. 집단이 살아남거나 번식하지 못하면 어떤 개체도 생존할 수 없기 때문이다. 게다가 일벌은 사실상 재생산에 기여하지 못하므로 벌들이 공유하는 단 하나의 통로—어미 여왕벌이 재생산한 자손—로만 유전자를 전달할 수 있다. 꿀벌 집단은 재생산 능력을 갖춘 자손—여왕벌과 봄에 태어난 수벌—이 편향되지 않은 유전자 샘플을 보유하고 있어 일벌 유전자를 대단히 공정하게 전파한다. 따라서 일벌은 꿀벌 집단의 번성이라는 공통된 필요를 갖고 있으며, 번성하는 집단은 완벽에 가까운 공정성에 기초해 일벌 유전자를 후대에 전달한다. 요컨대 일벌이 공동 이익을 달성하기 위해 굳게 협력하는 것은 놀라운 일이 아니다.

한 공동체의 인간은 꿀벌 집단의 꿀벌처럼 단일한 목적을 공유하는 경우가 거의 없다. 따라서 인간은 함께 해결해야 하는 문제와 씨름할 때 꿀벌보다 협력적이지 않은 경향이 있다. 그럼에도 불구하고 인간 스스로 협동하게 하는 몇 가지 방법이 있다. 그중 하나는 리더가 처음부터 구성원들에게 개인적 이익의 상당 부분이 집단의 행복에 달려 있음을 환기시키는 것이다. 예를 들어, 버몬트 주 브래드퍼드의 연례 마을 회의를 시작할 때 중재자—38년간 중재자 역할을 해온 래리 코핀(Larry Coffin)은 버몬트 주 내에서 누구보다도 이 회의에 대해 잘 알고 있을 것이다—는 전통에 따라 "우리가 지금 실천하고자 하는 민주주의에 헌신한 많은 이들에 대한 경외심을 담아" 잠시 침묵의 시간을 선언한다. 이 순간 강당에 있는 모든 이들은 자신이 '공동체'를 위한 결정과 입안을 위해 모였다는 사실을 자연스럽게 떠올린다. 나 역시 코넬 대학교에서 교수 월례 회의를 시작하기 전,

우리의 목표가 학과 발전과 전체 이익에 기여하는 결정을 하기 위함이라는 것을 주지시켰다.

의사 결정을 요구하는 인간 집단에서 좋은 관계를 배양하는 두 번째 방법은 진정으로 합리적인 사람, 요컨대 타인을 존중하고 건설적인 발언을 할 줄 아는 동시에 숨겨진 문제를 찾아내고 논쟁에 열정적으로 임하는 사람들로 사회를 채우는 것이다. 우리는 대개 결정 집단의 구성원을 마음대로 선택할 수 없다. 하지만 집단의 기질을 임의로 혼합할 수 없는 경우에도 긍정적 의욕을 고취하는 행동 규범과 관례적인 절차를 발전시킬 수는 있다. 예를 들어, 래리 코핀은 연례 회의를 시작할 때 다른 시민들이 아니라 중재자인 자신에게 직접 말해야 한다는 규칙을 상기시킨다. 이러한 규칙은 흥분을 가라앉히고 논쟁이 진전되게끔 도와준다. 마찬가지로 나도 가끔 교수 회의에서 의견 대립이 불필요하게 반복될 경우 기운 빠지는 교착 상태를 부드럽게 중단시킬 때가 있었다. 그런 다음 교수들 간의 과열된 논쟁을 식히기 위해 개인적인 감정을 자제하도록 주의를 환기했다. 이런 것들을 볼 때 논쟁하는 꿀벌들 사이에 소모적인 관계가 존재하지 않는다는 사실이 놀라울 따름이다.

두 번째 교훈: 집단적 사고에서 지도자의 영향을 최소화하라

꿀벌들의 결정 과정에서 가장 놀라운 점은 정찰벌 사이의 힘을 균등하게 분산하려는 완벽하게 민주적인 노력이다. 즉 꿀벌들은 여러 출처에서 나온 정보를 통합하고 행동 지침을 정해주는 지도자 없이도 새로운 집터를 선택한다. 꿀벌 집단에서 유전적 핵심임에 틀림없는 가장 중요한 여왕벌조차도 단지 방관자일 뿐이다. 앞서 설명한 여러 실험에서 여왕벌은 (분봉하는 꿀벌 집단 주변의) 작은 우리 안에 갇혀 있었다. 따라서 여왕벌이 정찰벌들의 논쟁에서 물리적으로 분리되었음에도 꿀벌 집단은 새로운 집터를 능숙하게 선택했다. 요컨대 정찰벌들은 훌륭한 집단 결정을 하면서 가장 큰 위협―군림하려드는 지도자―을 깔끔하게 피해갔다. 집단적 힘은 어떤 문제에 대한 다양한 해결책을 찾아내고 여러 가지 가능성을 평가하며 최선이 아닌 방법을 걸러낸다. 그러나 지도자의 군림은 이러한 집단적 힘을 약화시킨다.

꿀벌 집단과 달리 대부분의 인간 집단에는 지도자가 있으니 이 문제부터 짚고 넘어가자. 의사 결정체의 지도자는 집단의 건전한 사고를 어떻게 촉진해야 할까? 나의 답은 지도자가 최대한 공평하게 행동해 결과에 미치는 영향을 최소화하는 것이다. 그래야만 집단 선택의 힘을 전적으로 이용할 수 있을 테니 말이다. 따라서 지도자는 토론을 시작할 때 문제의 범위, 동원할 수 있는 수단, 절차상의 규칙에 대한 중립적 정보만을 언급해야 한다. 또한 자기가 채택하고 싶은 해결책을 옹호하지 말아야 하고, 새로운 생각에 대해 열린 태도를 보여주어야 한다. 지도자는 다른 이들을 선도하는 군주가 아니라 공정한 정보 탐색자로서 개방적인 분위기를 조성해야 한다. 이러한 개방성은 수집한 정보를 이용해 선택 가능한 행동반경을 넓히는 데 도움이 된다. 지도자는 지시하지 않는 방식의 회의 진행 외에도 의심과 반대 의견이 나올 수 있도록 고무해야 한다. 설령 그것이 지도자 자신에 대한 비판일지라도 말이다. 그럼으로써 집단은 대안을 꼼꼼히 평가하는 데 필요한 자유롭고 신중한 토론을 활발히 펼칠 것이다.

만약 지도자가 토론을 시작할 때 편파적인 태도를 보이거나 토론이 특정한 방향으로 진행되지 않는 것에 불쾌감을 드러낸다면 훌륭한 집단 결정을 망칠 가능성이 높다. 지도자의 이런 관행에서 비롯되는 한 가지 문제는 구성원이 의식적이든 무의식적이든 지도자를 만족시키려 함으로써 미성숙한 합의에 이른다는 점이다. 그 예로 2003년 조지 W. 부시(George W. Bush) 대통령과 그의 외교정책 팀이 이라크를 침략하기로 한 결정을 들 수 있다. 당시 백악관 대변인이던 스콧 매클렐런(Scott McClellan)은 부시가 완고한 리더십 유형이었다고 토로했다. 부시는 외교정책 고문들에게 사담 후세인이 국제적으로도 버림받은 자로서 대량 살상 무기를 보유했으므로 제거해야 한다는 신념을 밝혔다. 국가 안보 보좌관 콘돌리자 라이스(Condoleezza Rice)를 포함한 부시의 외교정책 고문들은 분명 대통령을 만족시키기 위해 그의 판단에 따랐을 것이다. 그들은 부시의 생각에 의문을 제기하거나 다른 정책 대안에 대해 오랫동안 논쟁하거나 전쟁이 가져올 참상을 깊이 고려하지 않았다. 한마디로 집단 지능을 발휘할 기회를 허비한 것이다. 지금 우리는 이라크를 침략한 그들의 성급하고 결함투성이인 결정이 대부분 조지 부시 한 사람의 감정에 따른 것이라는 사실을 알고 있다.

거의 40년 동안 브래드퍼드의 마을 회의 중재자로 살아온 래리 코핀은 공평한 지도자가 집단 지혜의 출현을 어떻게 촉진하는지 보여준다. 중재자는 회의를 진행하는 독점적 권력을 쥐었더라도 대중의 의지가 우선이라는 사실을 기억해야 한다. 코핀은 마을 사람들의 의지에 영향을 미치지 않기 위해 공표된 의제의 각 질문 혹은 조항을 명시하면서 토론을 시작한다. 예를 들어 "브래드퍼드의 소방차 구입 비용은 30만 6000달러 이하로 해야 합니까?"라는 조항을 읽은 다음 대중에게 "여러분이 원하는 것은 무엇입니까?"라고 묻는다. 그러면 마을 사람들은 손을 들어 코핀에게서 발언권을 얻고 이 조항에 대해 개방적인 토론을 진행한다.

뉴잉글랜드 마을 회의에서 중재자는 모든 유권자들이 발언 기회를 얻고 다양한 견해가 공정하게 경쟁하며 적절한 시점에 집단 결정이 이루어지도록 할 책임이 있다. 이러한 의무를 수행하려면 중재자는 개인적 권위에 의존하는 대신 미군 엔지니어 헨리 M. 로버트(Henry M. Robert) 소령이 "공정하고 정연한 회의 절차의 지침을 제공하기 위해" 1876년 발간한 《로버트 의사 규칙(Robert's Rules of Order)》에 따라야 한다. 만약 마을의 중재자가 이 규칙에 따라 겸허하게 행동한다면 그들이 다루는 모든 문제에서 주민의 전반적인 의지가 드러날 것이다.

세 번째 교훈: 문제에 대한 다양한 해결책을 모색하라

가끔 문제의 구조는 선택 가능한 해결책을 분명하게 드러내지만—문을 열 때 우리의 선택은 밀거나 당기는 행위로 제한된다—가능한 선택지를 명확하게 정의할 수 없는 경우가 더 많다. 문제 해결에 이르는 첫 번째 논리적 단계는 해결책 후보를 다량 찾아내 그중 하나가 훌륭한 대안이기를 바라는 것이다. 이 경우 민주적 집단은 독재자 한 사람을 월등히 능가할 수 있다. 선택지를 탐색하는 집단의 힘은 한 개인보다 훨씬 우월하기 때문이다. 특히 집단 구성원이 다수에 다양하고 독립적일 때 더욱 뛰어난 모습을 보인다. 무수한 개체가 문제에 대한 독특한 경험을 제공하고 해결책을 독립적으로 탐구하므로, 누군가가 완전히 새로운 대안을 갖고 나타나 문제를 단숨에 해결할 가능성이 높다.

집터 정찰대는 거대하고 다양한 집단에서 구성원들의 독립적 활동이 얼마나 효율적인지를 멋지게 증명한다. 이미 살펴보았듯이 꿀벌 집단은 수백 마리의 정찰대를 내보내 야영지로부터 사방 5킬로미터가 넘는 지역에 걸쳐 집터 후보지를 탐색하도록 한다. 용감무쌍한 정찰대는 혼자서 나무 둥치나 암석 노출지(rock outcrop)를 뒤지며 아늑하고 안전한 집터가 되어줄 작고 어두운 구멍을 찾아다닌다. 그리고 집터 후보지를 발견하면 그것이 쓸 만한지 꼼꼼히 조사한 후 꿀벌 집단으로 돌아와 8자춤으로 보고한다. 춤은 해당 선택지를 추가 고려 대상에 포함시키는 기능을 한다. 마치 새로운 집터를 보고하는 정찰대가 동료 정찰대에게 "태양 우측(혹은 좌측) X도 방향으로 Y미터 떨어진 그 집터의 가능성을 좀더 고려해봐야 하지 않을까?"라고 말하는 듯하다. 정찰벌들은 대개 몇 시간 혹은 며칠 동안 분산되어 정찰 과정을 지속하므로 보통 10~20곳, 심지어 그보다 많은 후보지를 가뿐히 발견할 수 있다. 꿀벌 집단의 집터 정찰 과정은 선택의 폭을 넓힘과 동시에 최적의 집터를 선택하는 확실한 출발점임이 분명하다.

복잡한 문제를 맞닥뜨린 결정 집단이 선택 가능한 대안을 폭넓게 모색할 때 사람들은 어떤 행동을 할까? 꿀벌들은 이 경우 네 가지 특징을 보인다. 첫째, 문제의 규모에 맞추어 집단을 넉넉하게 꾸린다. 둘째, 다양한 배경과 견해를 지닌 개체로 집단을 구성한다. 셋째, 구성원의 독립적인 탐구를 촉진한다. 넷째, 제안된 해결책에 구성원이 만족할 수 있는 사회적 환경을 조성한다. 만약 어떤 집단이 이 네 가지 특징을 모두 충족한다면 대안을 철저히 탐색했을 가능성이 높다.

집단이 대안적 해결책을 찾을 때 종종 이 네 가지 요소를 모두 고려할 수는 없지만, 그중 몇 가지는 개선할 수 있다. 예를 들어, 교수 회의를 조직할 때 나는 회의의 규모와 구성원을 조정할 수 없었다. 그러나 잠재적 해결책에 대한 창의적 사고와 그 내용을 집단에 보고하는 것은 고무할 수 있었다. 나는 새로운 아이디어를 얻기 위해 동료들에게 먼저 문제를 충분히 설명했다. 그리고 모든 사람이 아이디어를 내놓도록 북돋기 위해 회의 시작 무렵에 "폭넓은 대안을 제시하는 작업에서부터 문제에 손을 대보자"고 제안했다. 동료들은 항상 훌륭한 '정찰대'였고 대다수가 정보를 공유하는 춤벌만큼이나 거리낌 없이 활동했다. 이러한 창조적 브레인스토밍은 폭넓은 대안들을 빠른 시간에 창출했다. 그러나 최대한 모든 선택지를 고려하고 싶었기에 의견을 말하지 않은 구성원에게 덧붙일 얘기가 있는지 확인했다. 조용한 사람들이 사려 깊은 제안을 함으로써 선택 목록을 넓히는 경우가 제법 있기 때문이다.

결정 집단에게 다양한 지식을 제공하는 것은 매우 중요하다. 뉴잉글랜드 마을 회의에 정확한 절차상의 지침을 제시한 《로버트 의사 규칙》은 모든 회의 참석자가 모든 쟁점에 대해 자신의 생각을 표현하도록 한다. 예컨대 어떤 쟁점에 대해 말할 경우 모두 한 번씩 발언할 때까지 누구도 두 번 이상 발언하지 않는 규칙을 들 수 있다. 회의 중재자가 이 규칙을 엄격하게 지키는 한 아무도 토론을 지배할 수 없다. 이 규칙은 확실히 토론의 공정성을 향상시킨다. 또한 토론의 효율성을 향상시키는데, 이는 참석자들이 제시한 모든 사실과 견해를 고려해 이익이 되는 결정을 도출하기 때문이다. 헨리 로버트 소령은 공동체 토론에서 구성원의 집단 지식을 완전히 활용하는 것이 얼마나 중요한지 이해하고 있었음에 분명하다.

네 번째 교훈: 논쟁을 통해 집단 지식을 종합하라

민주적 결정 집단이 맞닥뜨리는 가장 큰 과제는 많은 구성원의 지식과 견해를 전체 집단의 단일한 선택으로 전환하는 것이다. 이는 실제로 사회철학자와 정치학자들이 수세기 동안 고심해온 문제이기도 하다. 우리 인간은 목록 중에서 하나의 대안을 선택하기 위해 다수결제, 최다득표제, 가중투표제 등 다양한 투표 절차를 고안했다. 그러나 사회적 선택 문제가 인간만의 고유한 특성은 아니다. 그 밖에 많은 종도 동일한 문제를 마주한다. 요컨대 민주적 집단의 구성원들은 심한 불일치가 존재할 때 어떻게 결정에 도달할까?

꿀벌들의 집터 정찰 과정은 이 문제와 관련해 흥미로운 답을 제시한다. 이는 수백만 년에 걸쳐 자연 선택을 통해 형성해온 해법이다. 꿀벌들의 결정 과정에서는 서로 다른 선택지(집터 후보지)를 지지하는 정찰벌들의 격렬한 논쟁이 핵심이다. 정찰벌들은 중립적인 집단에서 추가적인 지지를 얻기 위해 경쟁한다. 그리고 어느 쪽이든 지지자가 정족수에 먼저 도달한 집터가 경쟁에서 승리한다. 승리한 집단은 정찰대의 합의를 형성하기 위해 애쓴 결과, 정찰대가 새로운 보금자리로 꿀벌 집단을 조종할 때가 되면 비행 계획에 대한 완전한 합의에 이른다.

꿀벌들의 사회적 선택 시스템에서 가장 인상 깊은 대목은 아마도 열등한 선택지에서 훌륭한 선택지를 골라내는 능력일 것이다. 거의 모든 꿀벌 집단은 정찰벌들이 찾아낸 10여 개 이상의 후보지에서 단 하나의 최적 집터를 선택한다. 내가 꿀벌들의 결정 기술에서 가장 주목한 부분은 논쟁하는 정찰벌들의 상호 의존성과 독립성 사이의 탁월한 균형이다.

정찰대는 집단 선택에 대해 서로 소통한다는 점에서 상호 의존적으로 활동한다. 이런 소통이 중요한 이유는 이상적 집터를 발견한 정찰벌의 보고가 수백 마리의 정찰대에게 퍼져나갈 수 있도록 하기 때문이다. 우리는 앞서 '자기' 집터에 헌신적인 정찰대가 그렇지 않은 정찰대에게 8자춤을 통해 광고하는 모습을 살펴보았다. 어떤 집터도 지지하지 않던 정찰벌들은 다른 정찰대의 춤이 광고하는 집터로 모여들고, 이렇게 모집한 정찰대들이 해당 집터를 광고해 더 많은 정찰대를 모집한다. 그래서 집터를 방문하는 정찰벌의 수가 걷잡을 수 없이 늘어날―긍정적 피드백―수도 있다. 또한 훌륭한 집터일수록 광고 강도가 커짐에 따라 긍정적 피드백 효과도 훨씬 커진다. 따라서 정찰대는 집터의 질에 따라 춤의 강도를 구분함으로써 더 많은 지지자가 우월한 집터를 선호하도록 만들어 경쟁을 한쪽으로 몰아간다. 일단 우월한 집터에 대한 편향이 형성되면, 그것을 시작점으로 긍정적 피드백이 풍부해지고―부자가 더 부유해지는 것처럼―그 수는 점점 증가한다. 그리고 중립적인 정찰대 수가 점점 감소함에 따라 경쟁은 더욱 격렬해지고, 결국 한 집터에 대한 관심은 치솟는 반면 여타의 집터에 대한 관심은 사라지는 상황이 발생한다. 승자가 독식하는 이런 경쟁에서 승기를 잡는 선택지는 거의 항상 최적의 집터다. 꿀벌 집단에서는 이런 체계가 너무나도 잘 작동해 다른 집터를 발견하고 7시간 만에 등장한 최적 집터조차도 경쟁을 빠르게 지배한다. 이러한 역전승은 최적의 집터를 지지하는 꿀벌들의 광고와 긍정적 피드백이 강력하기 때문에 가능하다.

소통하는 정찰벌들의 상호 의존성은 분명 집터 후보지 정보를 종합하는 사회적 메커니즘에서 중요한 부분을 차지한다. 꿀벌들의 결정 시스템은 다른 꿀벌을 모집하는 긍정적 피드백 덕분에 하나의 집터에 관심―정찰대의 수―을 집중시킬 수 있다. 그러나 정찰대로 하여금 최적의 집터에 집중하도록 만드는 요소는 사소하지만 대단히 중요한 독립성이다. 정찰벌들은 어떤 집터를 광고할지, 얼마나 열렬하게 광고할지 자기만의 독립적 평가에 따라 결정한다. 격렬한 춤벌을 맞닥뜨린 어떤 정찰벌도 결코 다른 정찰대의 견해를 맹목적으로 추종해 스스로 조사하지도 않고 그 집터를 지지하는 춤을 추지 않는다. 이 점은 대단히 중요하다. 만약 정찰대가 다른 춤벌을 맹목적으로 모방한다면 꿀벌들의 결정 시스템은 집터 후보지를 처음 발견한 정찰벌의 오류 때문에 (긍정적 피드백을 통한) 재앙적 풍부화를 초래하기 쉽다. 이는 1990년대 말 주식 시장의 거품이 초래한 사태와 흡사하다. 투자자들은 회사의 펀더멘탈(fundamental: 경제 상태를 알려주는 기초 지표—옮긴이)을 신중하게 평가하기보다 타인의 투자 행태—'관습적 지혜'—를 보고 전기 통신과 기술 회사의 주식을 마구 사들였다. 별생각 없이 우르르 몰려다니던 투자자들은 확실한 가치가 없는 회사들 때문에 수천억 달러를 잃고 결국 도산했다.

한편, 정찰벌들은 '맹목적 모방'이 아닌 '합당한 모방'을 수행한다. 정찰벌이 어떤 집터를 가리키는 춤을 모방할 때는 그곳을 스스로 조사한 후 쓸 만하다고 판단할 때뿐이다. 따라서 정찰벌은 소통의 힘을 활용해 훌륭한 생각을 전파하는 동시에 열등한 집터에 대한 정보 생산의 위험을 회피한다. 요컨대 독립적 평가를 함으로써 관심을 현명하게 쏟을 수 있다.

꿀벌들은 구성원의 지식과 견해를 종합함으로써 전체 집단을 위한 훌륭한 결정을 내린다. 우리는 꿀벌들에게서 얻은 이런 교훈을 어떻게 활용할 수 있을까? 나는 세 가지를 제시하고자 한다. 첫째, 개방적이고 공정한 사고 경쟁의 힘을 활용해야 한다. 솔직한 논쟁이라는 틀에서 펼쳐지는 사고 경쟁을 통해 각 구성원들에게 흩어진 정보를 통합할 수 있다. 둘째, 집단 내부의 소통이 원활해야 한다. 이는 한 구성원이 포괄하지 못하는 가치 있는 정보를 다른 구성원에게 어떻게 빨리 도달하도록 할지에 관한 문제 이기도 하다. 셋째, 구성원이 타인의 말에 귀를 기울이는 것도 중요하지 만, 비판적으로 듣고 선택지에 대한 자기 의견을 형성하며 견해를 독립적 으로 표명하는 행위 또한 중요하다.

이 세 가지 원칙은 뉴잉글랜드 지역 마을 사람들에게 친숙할 것이다. 이 곳에서는 시민들이 매년 정해진 날짜에 모여 얼굴을 맞대고 토론한 후 결 정을 내리는 전통적인 방식으로 마을 회의를 진행한다. 꿀벌들이 정중하 지만 거침없이 논쟁하는 것처럼 마을 사람들도 소방차와 다리 보수 또는 세율에 대한 자신의 지식과 감정을 짧은 연설로 전달한다. 꿀벌들이 독립 적 평가에 따라 집터를 (춤과 방문을 통해) 지지하듯이 마을 사람들도 개인적 판 단에 따라 어떤 조항을 ('예'나 '아니요'를 외치거나, 자리에서 일어서거나, 투표용지에 기재하 는 방식을 통해) 지지한다. 꿀벌 집단과 마을 회의 모두 핵심적인 결정 과정은 공식적으로 공유되지만 사적으로 평가한 생각들이 겨루는 개방 경쟁이다.

코넬 대학교의 교수 회의는 현명한 결정에 이르는 꿀벌들의 토론을 어 떻게 활용했을까? 첫째, 집터 후보지를 널리 찾아다니는 힘든 업무를 수 행하는 정찰벌처럼 우리는 (앞서 설명한) 선택지를 폭넓게 고려함으로써 까 다로운 쟁점과 씨름했다. 둘째, 정찰벌들이 개체의 마음속 다양한 정보 조 각을 단일한 행동 경로로 전환하는 방식—우호적 사고 경쟁—을 그대로 활용했다. 나는 토론을 활발하게 하기 위해 자주 "여러분, 이 생각에 대해 자유롭게 얘기해봅시다"라고 말했다. 이 방법은 효과가 있었다. 대다수 동료 교수들은 사고의 공유를 편안하게 받아들였고 내가 좌중을 한 바퀴 를 돌며 생각을 물어보자 상대적으로 조용하던 구성원들도 토론에 적극적으로 임했다. 이러한 접근법의 최대 장점은 다양한 개인이 다양한 견해를 제시한다는 것이다. 어떤 이는 한 가지 제안에 대해 그때까지 우리가 간과했던 점을 언급하고, 다른 이는 자기가 마지막 사람이 제기한 의견의 핵심을 이해하지 못했다고 말하고, 또 다른 이는 이를 명확하게 설명해준다. 누군가는 어떤 제안에 대해 무언가가 맘에 걸린다고 말하고, 이에 대해 다른 이들은 찬성 혹은 반대하며 그 이유를 설명한다. 따라서 회의가 잘 진행될 경우 토론에 확연한 진전이 있게 마련이다.

언급해야 할 모든 사항을 토의하고 누군가가 결정에 필요한 정보를 확보했다고 말하면 우리는 투표에 들어갔다. 과거에는 일반적으로 손을 들어 투표했지만, 지금은 비밀 투표를 한다. 처음에는 몇 사람이 "종신 교수 결정을 제외하고 이런 것을 해본 적이 없습니다!" 하며 기권하기도 했다. 그러나 내가 모든 사람의 독립적인 의견을 듣고 싶을 뿐 다른 의견에 순응할 필요는 전혀 없다고 설명하자, 그들은 이내 어떤 쟁점에 대해 진정한 집단 결정을 확인하는 데는 비밀 투표가 제격임을 깨달았다.

다섯 번째 교훈: 응집력, 정확도, 속도에 대한 정족수를 활용하라

어떤 이들은 민주적 집단이 모든 사람에게 적용될 결정을 내릴 때, 참석자들의 의견이 단일한 선택으로 융합될 때까지 방해 없이 논쟁을 계속하는 것이 최상이라고 생각할지 모른다. 결국 어떤 문제에 적절한 해결책이 내포되어 있다면 모든 사람이 그것을 수용할 때까지 논쟁하는 것은 좋은 방안이 될 수 있다. '정확한 결정'과 동시에 '결정의 폭넓은 수용'이 가능하기 때문이다. 그러나 항상 모든 이들의 이익에 부합하는 한 가지 해결책이 존재하는 것은 아니다. 이 경우 오랜 논쟁이 합의로 이어지기 힘들기 때문에 투표로 소모적인 논쟁을 끝내는 것이 최선이다. 최적 선택이 존재하는 경우에도―주로 공통된 이익을 지닌 집단의 경우―완전한 합의에 도달하기 위해 끝까지 논쟁할 필요가 없을지 모른다. 일반적으로 결정 과정에 많은 시간을 투자하면 비용이 발생하고 결국 추가 논쟁으로 인해 증가한 비용이 이익을 초과할 테니 말이다.

집터 정찰대는 우리에게 결정 집단이 정확한 합의에 도달하고 시간을 절약하는 현명한 방법을 보여준다. 비밀은 임계 수치(정족수)의 정찰벌들이 한 가지 대안을 지지할 때 정족수 반응을 형성하도록, 즉 '급격한' 행동 변화를 가져오도록 하는 데 있다. 이것이 어떻게 가능한지 다시 한 번 살펴보자. 꿀벌은 살아남기 위해 정확하게 선택하고 함께 행동해야 한다. 그러려면 새로운 보금자리에 대한 정확한 합의가 필요하다. 꿀벌들은 집터 후보지를 탐색하고 어디가 최적 집터인지 공개적으로 논쟁하며 며칠을 꼬박 보내기도 한다. 어떤 집터 후보지에 나타난 정찰대 수가 임계점(정족수)을 초과하면, 이곳을 방문한 정찰대는 돌연 행동을 바꾸어 무리로 돌아와서는 피리 신호를 보낸다. 정찰대의 피리 신호는 다른 꿀벌 수천 마리에게 비행 근육을 데워 선택한 장소로 비행할 준비를 하게끔 유도한다. 또한 이 신호는 선택되지 못한 다른 집터 후보지(정족수에 못 미치는 지지를 받은 후보지)를 지지하는 정찰대에게 그곳을 광고하고 방문하는 행위를 중단하라는 뜻이기도 하며, 정찰벌들 사이의 합의 형성을 가속화한다. 따라서 우세한 집터 후보지에 나타난 정찰대의 정족수는 중요한 행동 변화를 촉발한다. 요컨대 꿀벌들의 의사 결정 시스템은 정확한 결정을 보장하기에 충분한 근거가 한 집터에 축적되면 합의 형성을 가속화하는 수단을 갖고 있다. 멋지다! 아울러 급격한 정족수 반응이 가져다주는 추가 이익은 정찰대가 합의에 도달하기 훨씬 전에 나머지 수천 마리 꿀벌이 비행 준비를 하도록 만든다는 점이다. 이러한 특성은 꿀벌이 흔들리는 나뭇가지에 위험하게 매달려 보내는 시간을 단축한다.

정족수 반응은 인간 사회에서도 결정 집단이 높은 정확도와 최대 속도로 합의에 도달할 수 있게 한다. 예를 들어, 교수 회의에서 나는 만장일치가 필요한 주요 결정—조교수를 종신 교수로 추천할 때—과 관련해 합의에 얼마나 가까이 도달했는지 확인하기 위해 토론 중 간간이 (비밀 투표로) 여론 조사를 했다. 이때 나는 투표 결과가 만장일치와 동떨어진 경우 모든 구성원의 마음을 하나로 합치려면 더 주의 깊은 논쟁이 필요하다는 사실을 깨달았다. 반면, 투표 결과가 합의에 가까울 경우 대부분의 소수 견해 지지자들은 본질적으로 집단 결정에 수긍하고, 논쟁을 연장하는 것은 소모적이며 합의를 형성하려면 다수 입장으로 전환하는 것이 최선이라는 점을 깨닫는다. 따라서 여론 조사라는 장치는 구성원들에게 합의 형성을 가속화하는 정족수 반응이 필요하다는 신호를 보낸다. 물론 꿀벌 집단처럼 인간 사회에서도 개인은 정족수 반응을 보일 때 집단 결정의 정확도를 희생하지 않는 높은 임계점을 설정해야 한다. 확신할 수는 없지만, 내 생각에 동료들은 합의 도달을 위해 우리 중 80퍼센트—20명 중 16명—이상이 이미 합의에 도달한 경우에만 투표용지의 내용을 (그리고 마음을?) 바꾸었을 것이다. 정족수 반응을 통해 '다수로 이룬 하나(E pluribus unum)'에 이르는 것일까? 그렇다. 하지만 신중해야 한다. 정족수가 공동체의 정확한 결정을 보장하려면 충분히 큰 수여야 하기 때문이다.

맺음말 🐝

60년 전 린다우어는 우연히 턱수염 모양으로 뭉친 채 덤불에 매달려 있는 꿀벌들을 발견하고는 무언가 이상하다고 생각했다. 꿀벌 집단 중 8자춤을 추는 일군의 꿀벌들은 그을음, 벽돌 부스러기, 흙먼지 따위가 묻어 제각기 검은색, 붉은색, 회색을 띠었다. 이 벌들은 왜 그렇게 지저분했을까? 대다수 꿀벌이 덤불에서 조용히 쉬는 동안 지저분한 춤벌들은 집터를 찾아다녔을까? 이 우연한 관찰과 그로 인해 불붙은 통찰력을 바탕으로 린다우어는 이후 자신의 생애에서 "가장 멋진 경험"이라고 표현한 연구에 착수했다. 꿀벌 집단이 보금자리를 찾는 방법에 대한 연구가 바로 그것이다.

이 책은 린다우어와 그의 연구를 계승한 과학자들이 새로운 보금자리를 현명하게 선택하는 꿀벌의 수수께끼를 어떻게 풀어왔는지 개관한 것이다. 우리는 이러한 선택이 겨우 수백 마리의 정찰대에 의해 이루어진다는 것을 알고 있다. 과거 먹이 징발대로 일한 경험이 있는 정찰대는 밝은 꽃밭을 방문하는 대신 어두운 구멍을 정탐하는 일로 임무를 전환한 벌들이다. 우리는 이 정찰대들이 집터 후보지를 찾아내 춤으로 알리고, 어느 곳이 최적의 집터인지 논쟁하며 마침내 새로운 보금자리에 대한 합의에 이르는 과정을 지켜보았다. 정찰대의 집단적 지혜는 주어진 조건에서 거의 항상 최적의 대안을 선택한다. 따라서 꿀벌 집단의 새로운 보금자리는 훌륭한 은신처이자 겨울을 따뜻하게 날 만큼의 꿀을 저장할 공간을 제공한다.

우리는 이제 정찰대의 민주적 결정이 만들어낸 놀라운 성과가 우리에게 강력한 교훈을 준다는 것을 알고 있다. 요컨대 '공동 이익'을 공유하는 개체들이 어떤 방식으로 집단을 구성해 효율적 결정체로서 기능할 수 있을까 하는 교훈이 바로 그것이다. 꿀벌 집단은 다양한 선택지를 찾아내고, 그에 대한 정보를 자유롭게 공유하고, 이 정보를 종합해 최적의 결정을 내린다. 우리는 꿀벌 집단이 훌륭한 집단 결정을 내리는 위의 세 가지 핵심 요소에 어떻게 모두 능한지를 주의 깊게 살펴보아야 한다.

정찰벌이 지도자 없이도 이 모든 일을 잘해낸다는 것은 경탄할 만하다. 이들은 분명 가장 큰 함정에 빠지지 않고도 꿀벌들을 조정해 훌륭한 집단 결정에 다다른다. 여기서 가장 큰 함정이란 특정한 결론을 옹호하거나 집단이 선택지를 깊고 넓게 살펴보지 못하도록 군림하는 지도자를 말한다. 한편, 이 사실은 정찰벌이 지도자의 수혜를 받지 못한다는 뜻이기도 하다. 지도자는 집단 목표를 설정하고, 결정 방법을 규정하고, 회의가 주제에서 벗어나지 않도록 애쓰고, 구성원 간의 균형 있는 토론을 고무하고, 결정에 도달할 시점을 인식하는 존재다. 그러나 정찰벌들은 감독 없이도 잘 협력할 수 있다. 그 이유 중 하나는 모든 벌들에게 훌륭한 결정을 내려야만 하는 강력한 동기가 있기 때문이다. 즉 꿀벌 집단의 생존은 정찰벌들이 안전하고 공간이 충분한 집터를 찾는 것에 달려 있다. 지도자 없는 정찰대의 성공은 다음의 두 가지 사실 덕분에 가능하다. 하나는 풀어야 할 숙제가 한 가지(따라서 목표에 대한 혼동이 생기거나 토론이 주제에서 벗어날 일이 없다)라는 점이다. 다른 하나는 신경 체계에 단단하게 묶인 절차적 지침이 있다(따라서 누군가가 절차적 지침을 정의하거나 강요할 필요도 없다)는 점이다. 이처럼 집터 정찰대는 민주적 집단에서 지도자의 역할은 주로 토론의 '결론'이 아니라 '과정'을 형성하는 것이라는 점을 우리에게 상기시킨다. 또한 민주적 집단의 구성원이 당면한 문제를 이해하고 결정을 이루어내는 데 적용할 규정에 동의한다면 지도자 없이도 잘 기능할 수 있다는 것을 증명한다.

모든 결정 집단이 맞닥뜨리는 첫 번째 도전 과제는 선택 가능한 대안을 찾는 것이다. 이상적으로는 구성원들이 모든 대안을 찾아내야 한다. 우리는 집터 정찰대가 넓은 영역을 탐색하고 수십 개의 후보지를 찾아냄으로써 이러한 이상에 가까이 접근한다는 사실을 이미 확인했다. 폭넓은 범위의 선택지를 찾아내는 데에는 두 가지 성공 요소가 반영되어 있다. 첫째, 대규모 집단이다. 대개 수백 마리의 벌로 이루어진 대규모 정찰대는 집터 후보지를 탐색하는 꿀벌들의 힘을 상당히 결집시킬 수 있다. 둘째, 다양한 집단이다. 어떤 탐색자도 주위에 펼쳐진 전원 지대에서 같은 곳을 조사하지 않는다. 예를 들어, 한쪽 방향으로 날아간 정찰벌이 언덕배기의 나무에서 찾아낸 먼지투성이 옹이구멍을 조사한다면, 동료 정찰대는 다른 방향으로 날아가 건물의 갈라진 틈이나 버려진 딱따구리 둥지 등을 살펴볼 것이다. 정찰벌들의 탐색 지역이 이처럼 서로 다른 이유는 먹이 징발대 시절 서로 다른 지역에서 일했기 때문에, 혹은 '성격' 차이 때문에(어떤 벌들은 먼 지역을, 어떤 벌들은 가까운 지역을 선호할 수 있다), 혹은 앞의 두 요소와 기타 요소가 결합된 차이 때문일지도 모른다. 정찰대의 탐색 지역이 다양성을 띠는 정확한 요인이 무엇이든 결론은 집터 후보지를 폭넓게 찾아낸다는 점이다. 이 같은 다양성 덕분에 발견한 후보지 중 적어도 하나는 훌륭한 집터일 가능성이 높다.

선택지를 훌륭하게 찾아내면 결정 집단의 구성원들은 또한 그 발견 소식을 공유하는 임무를 훌륭하게 수행해야 한다. 만약 어떤 벌이 자신의 발견을 공유하지 않고 혼자만의 비밀로 남겨둔다면 그 정보는 쓸모없게 되고, 이것이 열등한 집단 결정으로 이어질 수도 있다. 어떤 꿀벌이 최상급 선택지를 찾아냈지만 다른 벌들에게 그것을 공개하지 않을 경우 이 집단은 그 귀중한 정보를 다룰 수조차 없다. 따라서 집단 결정과 관련해 모든 개체의 정보 공개는 매우 중요하다. 정찰벌들은 집터 후보지를 찾아내 조사한 후 무리로 돌아가 8자춤을 열정적으로 춤으로써 집터의 방향과 거리 그리고 질을 광고한다. 집터를 높이 평가할수록 춤의 순환 횟수는 많아지고 더 많은 중립적 정찰대를 끌어들일 수 있다. 집터 후보지를 최초로 발견한 정찰대는 자기의 발견을 유독 지속적으로 알리는 경향이 있다. 이런 행동은 정찰대가 (처음으로) 보유한 딱 하나의 정보가 다른 정찰대에게, 또한 꿀벌 집단 내에 공공연하게 퍼지도록 하기 위함이다. 아울러 모든 정찰대는 상대적으로 열등한 집터를 옹호할 때도 아무런 제약을 받지 않는다. 어떤 의미에서 꿀벌 집단은 모든 견해를 환영하고 존중하며, 모든 의견이 제 목소리를 내는 것처럼 보인다.

결정 집단이 모여서 선택지에 대한 정보를 공유한 다음에는 이 정보를 종합해 승자를 가리는 과제로 넘어간다. 꿀벌들은 이 과제를 다양한 집터 후보지를 지지하는 정찰대 간의 솔직한 토론을 통해 기발하게 해결한다. 이러한 논쟁은 많은 면에서 선거와 유사하다. 다양한 후보자(집터), 후보자의 유세 경쟁(8자춤), 후보자를 지지하는 유권자(집터를 지지하는 정찰대), 중립적 유권자(중립적 정찰대)가 있기 때문이다. 또한 각 집터를 지지하던 꿀벌이 무

관심해지거나 중립적 투표자가 될 수도 있다. 선거 결과는 최적의 집터에 대한 강력한 선호를 반영한다. 최적의 집터를 지지하는 꿀벌은 강력한 춤으로 그곳을 광고함으로써 다른 벌들을 급속하게 지지자로 끌어들이기 때문이다. 궁극적으로 하나의 집터 후보지—대개 최적의 집터—를 지지하는 꿀벌들은 경쟁을 완벽하게 장악해 마침내 모든 꿀벌이 하나의 집터를 지지하게 된다. 만장일치로 합의에 도달하는 것이다. 정찰벌의 결정이 합의로 끝났다 하더라도 꿀벌이 갈등을 최소화했다고 보기는 어렵다. 꿀벌은 논쟁에서 반대 의견을 억압하지도 않고 더구나 사회적 순응을 강요하지도 않기 때문이다. 모든 정찰벌은 어떤 집터를 지지할지에 대해 다른 꿀벌의 판단이 아니라 자기만의 개인적 평가에 기초해 독립적으로 판단한다. 따라서 꿀벌은 수백 마리도 아니고 수십 마리에 불과한 독립적인 정찰대가 판단한 질에 따라 최적의 집터가 우세한 개방된 논쟁에서 선택지에 대한 정보를 종합한다.

수백만 년 동안 정찰벌들은 적합한 보금자리를 선택하는 임무를 맡아 왔다. 이 장구한 진화의 시간 동안, 자연 선택은 이 곤충 정찰대가 최적의 결정을 내리도록 만들었다. 그리고 마침내 우리 인간도 이 기발한 선택 과정이 어떻게 작동하는지 아는 기쁨을 누리고, 우리의 삶을 향상시킬 지식으로 활용할 기회도 얻었다. 꿀벌은 인간이 어떻게 살아야 하는지 보여주기 위해 신이 보낸 전령이라고 말하는 사람도 있다. 달콤함과 아름다움과 평화로움 속에서 살아가는 신의 전령. 이것이 사실이든 아니든 나는 꿀벌의 집터 탐색이 이 작고 멋진 생명체에 대한 경이로움을 자아낸다고 믿는다. 그 경이로움이 이 책의 모든 페이지에서 빛나기를 바란다.

감사의 글

바람 많은 애플도어 섬에서 만나 꿀벌 연구라는 모험을 함께해준 아내 로빈에게 마음을 다해 고마움을 전한다. 그녀의 북부 사람다운 놀라운 재치, 육지에서 10킬로미터나 떨어진 북대서양에서 보여준 일에 대한 열정 그리고 지난 34년 동안 한결같은 지지가 있었기에 이 책에서 소개한 모든 실험을 즐겁게 수행할 수 있었다.

그리고 아버지의 꿀벌 사랑을 참아주고 아득히 먼 메인 주 펨브로크의 옥스 만 근처 캠프에서 함께 시간을 보내주기도 했던 딸 새런과 마이라에게도 고마움을 전한다. 특히 나의 집필에 대해 조언을 아끼지 않고 '꿀벌 민주주의'라는 책의 제목을 제안해줘서 참으로 고맙다.

이 책에서 설명한 많은 연구는 여러 대학원생과 학부생 그리고 지난 25년간 코넬 대학교 실험실을 활기차게 만들어준 서머 필드(summer field) 연구 조교들의 도움이 있었기에 가능했다. 이 책을 집필하는 동안 꿀벌의 다양한 수수께끼를 조사해준 모든 학생에게 감사한다. 또 나의 눈과 귀, 손, 머리(!)가 되어준 연구 조교 수재나 버먼-디버, 쇼번 컬리, 로버트 패스크, 마들렌 지라드, 신 그리핀, 벤저민 랜드, 사샤 미하예프, 마리엘 뉴섬, 크리스튼 패스터, 아드리안 라이히, 이선 울프선-실리에게도 감사를 표하고 싶다.

아울러 내 공동 연구자 마델레이너 베이크만, 로저 모스, 케빈 파시노, 위르겐 타우츠, 커크 비셔와 나누었던 파트너십도 무척 중요했다. 연구를 진전시키고자 하는 그들의 열정이 없었다면 이 책에서 보고한 자연사 연구, 행위자 기반 모델링 연구, 영상 분석, 그 밖에 수많은 실험 조사를 완성할 수 없었을 것이다. 또한 이들의 따뜻한 우정은 함께하는 꿀벌 연구에 기쁨을 주었다.

베른트 하인리히, 베르트 횔도블러, 마르틴 린다우어, 로저 모스, 에드워드 O. 윌슨 등 나의 초기 멘토들에게도 특별한 고마움을 전한다. 그들은 1970년대 중반 꿀벌 연구를 막 시작한 나와 과학적 지혜를 공유하고 격려해주었다. 그들의 지속적인 우정과 지도, 지지에 감사드린다. 모쪼록 모든 독자가 이 책에서 그분들의 영향력을 느꼈으면 하는 바람이다. 예를 들어 이 책의 제목은 베른트 하인리히의 훌륭한 저서 《뒤영벌의 경제학(Bumblebee Economics)》에 경의를 표하기 위해 지은 것이다.

또 오랜 시간 동안 내게 지식과 영감을 준 수많은 동료 과학자 크레이그 애들러, 앤드루 배스, 쿠즈 비에스메이저, 니콜라스 브리튼, 니콜라스 캘더론, 스콧 캐머진, 라리사 콘라트, 이언 커즌, 브라이언 댄포스, 프레드 다이어, 조지 에이크워트, 마이클 엔젤, 탐 아이스너, 조세프 페초, 나이절 프랭크스, 로널드 호이, 바렛 클라인, 수잔나 퀸홀츠. 에그베르트 라이, 크리스티안 리스트, 제임스 마셜, 헤더 마틸라, 매슈 메셀슨, 랜돌프 멘젤, 사샤 미하예프, 메리 마이어스코프, 준 나카무라, 프랜시스 래트니엑스, 케른 리브, 진 로빈슨. 폴 셔먼. 데이비드 타피. 크레이그 토비, 월터 츠킨켈, 뤼디거 베너, 안자 바이든뮐러, 데이비드 S. 윌슨에게도 고마움을 전한다.

나는 지난 10년간 생물학 영역 밖에서 놀라운 사람들을 알게 된 행운을 누렸다. 버몬트 대학교의 정치학과 교수 프랭크 브라이언(Frank Bryan)은 뉴잉글랜드 마을 회의에 대한 세계적인 권위자로서 나에게 많은 것을 가르쳐주었고, 브래드퍼드의 마을 회의에서 오래도록 중재자로 일한 래리 코핀을 소개해주기도 했다. 마을 회의에서 진짜 민주주의를 볼 수 있게 해준 코핀과 브래드퍼드의 많은 주민들께 감사드린다. 코넬 대학교의 중세역사학 교수 폴 하이암스(Paul Hyams)는 인간 민주주의의 역사를 연구하는 데는 물론 꿀벌의 교훈을 인간 사회에 적절히 적용할 수 있도록 도와주었다. 레그 메이슨 캐피털 매니지먼트(Legg Mason Capital Management)의 수석 투자 전략가 마이클 J. 모부신(Michael J. Mauboussin)은 꿀벌의 정찰대와 인간의 투자 위원회를 연관 짓는 데 도움을 주었고, 자신의 에세이 《일치하는 관찰자(Consilient Observer)》의 한 구절을 인용해 이 책의 마지막 장에 '꿀벌의 지혜'라는 제목을 붙이도록 허락해주었다. 카네기 멜론 대학교의 사회·의사결정학 교수 존 밀러(John Miller)는 친절하게도 나를 산타페 연구소에 소개해주었다. 이 놀라운 연구 성과를 바탕으로 공학과 경제학에서부터 신경생물학과 행동학에 이르는 다양한 영역에서 많은 사람들이 협력한 결과 집단 결정에 관한 연구를 발전시킬 수 있었다. 이 비(非)생물학자들의 '경로 이탈'이 나에게는 크게 도움이 되었고, 지도자 없는 주체들이 집단 지능을 일구어내는 시스템과 관련해 멋진 아이디어를 접할 수 있었다.

나는 코넬 대학교에서 24년을 보내는 동안 개인적으로 맺은 수많은 관계 덕분에 행복했다. 어두운 나날을 밝혀준 신경생물학·행동학과 직원과 동료를 비롯한 코넬인들에게 감사를 전한다. 그들 덕분에 이타카는 명성을 유지할 수 있었다. 또한 선견지명 있는 숄스 해양연구소의 설립자 존 킹스베리에 대한 고마움은 이루 다 말할 수 없다. 그는 일찍이 이 바위섬의 가치를 알아보고 학부생들의 현장 연구 장소로 삼았다. 1975년 그곳에서 나를(그리고 내 꿀벌들을) 맞아준 분이기도 하다. 아울러 숄스 해양연구소를 자연, 즉 육지와 바다를 모두 연구하는 천국으로 만들어준 전 소장 존 하이저(John Heiser)와 짐 모린(Jim Morin) 그리고 현 소장 윌리엄 베미스(William Bemis)에게도 은혜를 입었다.

알렉산데르 폰 훔볼트 재단, 미국철학학회, 국립지리학재단, 미 농림부로부터 지난 세월 동안 받은 재정 지원에도 항상 감사드린다.

오랜 기간 꿀벌에 대한 내 발견을 광범위한 독자들에게 전하면서 여러 편집자들의 도움을 받았다. 데니스 플라나건 · 조너선 피엘〔《사이언티픽 아메리칸(Scientific American)》, 1981, 1985년〕, 린다 피터슨 · 돈 커닝햄 · 페넬라 사운더스〔《아메리칸 사이언티스트(American Scientist)》, 1982, 1989, 2006년〕, 로버트 라이트〔《더 사이언시즈(The Sciences)》, 1987년〕, 레베카 피넬〔《내추럴 히스토리(Natural History)》, 2002〕, 킴 플로텀〔《양봉(Bee Culture)》, 1998~2009〕, 실케 베케도르프〔《독일 꿀벌 저널(Deutsches Bienen Journal)》, 2009〕 등 많은 분들이 수고해주었다. 보고 듣기, 지루한 자료 수집, 멋진 사건, 호기심으로 점철된 집착, 발견의 기쁨 같은 과학의 실제를 일반 독자에게 전달하는 일에 격려와 조언을 아끼지 않은 점 감사드린다.

내 원고에 대한 논평을 해준 베른트 하인리히, 폴 하이암스, 마이클 모부신, 프랜시스 라트니엑스, 케빈 슐츠, 마이라 실리를 비롯한 많은 이들에게도 감사드린다. 나와 가깝게 지낸 공동 연구자 케빈 파시노와 커크 비셔는 전체 텍스트에 대한 논평을 해줄 만큼 친절을 베풀었다. 사진을 제공해준 스콧 캐머진, 마르코 클라인헨츠, 로즈마리 린다우어에게도 이루 말할 수 없는 고마움을 전한다.

또한 이 책에 담긴 모든 그림을 그려준 마거릿 C. 넬슨(Margaret C. Nelson)에게도 고마움을 전한다. 꿀벌의 행동을 세밀하게 묘사하고 내 거친 스케치를 컴퓨터 이미지로 정확하게 바꾸는 그녀의 재능이 없었다면 이 책은 시각적인 매력을 갖지 못했을 것이다. 프린스턴 대학교 출판부의 몇몇 분에게도 감사를 표하고 싶다. 지금까지 지속적인 관심과 훌륭한 지도를 베풀어준 생물학·지구과학 편집 담당 앨리슨 캘럿, 모든 면에서 도움을 준 스테파니 웩슬러, 책을 기획하고 출판하기까지 모든 과정을 이끌어준 카미나 알바레즈와 히스 렌프로, 언제나처럼 성실함과 뛰어난 재능으로 원고 전체를 편집해준 돈 홀에게도 고마운 마음을 전한다.

모든 이들에게 다시 한 번 마음을 다해 감사의 인사를 전한다.

주 🐝

01 서문

11쪽: 조지 버나드 쇼의 글은 다음에서 인용했다. Shaw, G. B. 1903. *Man and Superman.* Act II, line 79. The University Press, Cambridge, MA.

11쪽: 꿀벌 가루받이의 범위와 경제적 가치는 다음의 대표적인 두 책에 상세히 설명되어 있다. McGregor, S. E. 1976. *Insect Pollination of Cultivated Crop Plants.* Agricultural Handbook 496. United States Department of Agriculture, Agricultural Research Service, Washington DC; Free, J. B. 1993. *Insect Pollination of Crops.* Academic Press, London.

12쪽: 꿀벌 분류학자들은 아피스 속에 속하는 꿀벌종이 적어도 9개 이상 존재한다는 점을 지적한다. 친숙한 서양종 아피스 멜리페라를 비롯한 모든 꿀벌종의 생태와 지리적 분포는 다음에 상세히 나와 있다. Ruttner, F. 1988. *Biogeography and Taxonomy of Honeybees.* Springer-Verlag, Berlin. 다음의 최신 논문은 살아 있는 꿀벌 화석으로 알려진 아피스 속을 새롭게 조명한다. 또 미국 서부 네바다 주의 얇은 이판암 층에서 발견된 꿀벌 화석(*Apis nearctica*)에 대한 최근의 훌륭한 연구를 바탕으로 이 꿀벌종들을 생물지리학적 관점에서 논했다. Engel, M. S., I. A. Hinojosa-Diaz, and A. Rasnitsyn. 2009. A honey bee from the Miocene of Nevada and the biogeography of *Apis* (Hymenoptera: Apidae: Apini). *Proceedings of the California Academy of Sciences* 60:23-38 참조.

13쪽: 여왕벌의 페로몬이 일벌에 미치는 영향에 관한 훌륭한 논문은 다음과 같다. Winston, M. L., and K. N. Slessor. 1992. The essence of royalty: honey bee queen pheromone. *American Scientist* 80:374-385.

14쪽: 벌통 속 벌들과 신체 내 세포 사이의 유사성은 다음에 자세히 설명되어 있다. Hölldobler, B., and E. O. Wilson. 2009. *The Superorganism: The Beauty, Elegance, and Strangeness of Insect Societies*. Norton, New York. 두 경우 모두 생물 조직 내에서 같은 수준의 단위들이 모여 상위 수준의 실체를 형성하기 위해 긴밀히 협력한다.

16쪽: 영장류의 의사 결정에 대한 신경생물학 연구는 간단한 지각이 이루어지는 과정을 밝힘으로써 놀라운 진보를 이루었다. 이는 인간의 신경 체계가 감각 정보를 지각해 적절한 행동 반응으로 변형하는 과정을 말한다. 이와 관련해 최근에 발표된 논문 두 편은 다음과 같다. Gold, J. I., and M. N. Shadlen. 2007. The neural basis of decision making. *Annual Review of Neuroscience* 30:535-574; Heekeren, H. R., S. Marrett, and L. G. Ungerleider. 2008. The neural systems that mediate human perceptual decision making. *Nature Reviews Neuroscience* 9:467-479.

17쪽: 헨리 데이비드 소로의 글은 다음에서 인용했다. Thoreau, H. D. 1838. Journal entry, March 14.

17쪽: 프리드리히 니체의 글은 다음에서 인용했다. Nietzsche, F. 1966. *Beyond Good and Evil*. Random House, New York. Kaufmann, W., trans. 1886. *Jenseits von Gut und Böse*. p. 90. Naumann, Leipzig.

17~20쪽: 8자춤의 비밀을 점차 풀어가는 카를 폰 프리슈의 명확한 설명이 다음 책의 3장에 나와 있다. von Frisch, K. 1971. *Bees: Their Vision, Chemical Senses, and Language*. Cornell University Press, Ithaca, NY. 의사소통 체계에 대한 폰 프리슈의 실험을 분석한 최고의 보고서는 다음과 같다. von Frisch, K. 1993. *The Dance Language and Orientation of Bees*. Harvard University Press, Cambridge, MA. 꿀벌들이 먹이가 풍부한 장소에 대한 정보를 8자춤으로 공유한다는 폰 프리슈의 결론을 다시금 확인하는 최근 연구는 다음에 실렸다. Riley J. R., U. Greggers, A. D. Smith, D. R. Reynolds, and R. Menzel. 2005. The flight paths of honeybees recruited by the waggle dance. *Nature* 435:205-207.

17~18쪽: 카를 폰 프리슈에 대해서는 다음에서 인용했다. von Frisch, K. 1954. *The Dancing Bees: An Account of the Life and Senses of the Honey Bee*. Methuen, London. pp. 101, 103.

21~22쪽: 마르틴 린다우어의 상세한 약력은 Seeley, T. D., S. Kühnholz, and R. H. Seeley. 2002. An early chapter in behavioral physiology and sociobiology: the science of Martin Lindauer. *Journal of Comparative Physiology A* 188:439-453 참조.

22쪽: 인간성의 세계에 대한 린다우어의 설명은 다음에서 인용했다. Seeley, T. D., S.

Kühnholz, and R. H. Seeley. 2002. An early chapter in behavioral physiology and sociobiology: the science of Martin Lindauer. *Journal of Comparative Physiology A* 188:439-453. p. 442.

22쪽: 멋진 경험에 대한 린다우어의 설명은 다음에서 인용했다. Seeley, T. D, S. Kühnholz, and R. H. Seeley. 2002. An early chapter in behavioral physiology and sociobiology: the science of Martin Lindauer. *Journal of Comparative Physiology A* 188:439-453. p. 447.

23쪽: 춤추는 지저분한 벌에 대한 린다우어의 설명은 실리가 번역한 다음 책에서 인용했다. Lindauer, M. 1955. Schwarmbienen auf Wohnungssuche. *Zeitschrift für vergleichende Physiologie* 37:263-324. p. 266.

23~26쪽: 꿀벌들이 8자춤을 통해서 먹이뿐만 아니라 집터도 알린다는 린다우어의 발견은 다음에서 처음으로 제시되었다. Lindauer, M. 1951. Bienentänze in der Schwarmtraube. *Die Naturwissenschaften* 38:509-513.

27쪽: 로저 A. 모스는 1957에서 1997년까지 40년간 코넬 대학교 양봉학 교수로 재직했다. 그는 30명이 넘는 대학원생과 박사 후 과정의 논문을 지도했고, 《완전한 양봉 길잡이(The Complete Guide to Beekeeping)》(1972, Dutton, New York)와 《꿀벌과 양봉(Bees and Beekeeping)》(1975, Cornell University Press, Ithaca, NY)을 비롯해 양봉에 관한 많은 선구적 책을 썼다.

28쪽: Wilson, E. O. 1971. *The Insect Societies.* Harvard University Press, Cambridge, MA 참조.

28쪽: Lindauer, M. 1961. *Communication among Social Bees.* Harvard University Press, Cambridge, MA 참조.

28~29쪽: 꿀벌들의 집터 찾기에 관한 린다우어의 대표작은 Lindauer, M. 1955. Schwarmbienen auf Wohnungssuche. *Zeitschrift für vergleichende Physiologie* 37:263-324이다. 영문 제목은 "House-hunting by honey bee swarms"로 Visscher, P. K. 2007. Group decision making in nest-site selection among social insects. *Annual Review of Entomology* 52:255-275에 내용을 보완해 발표했다. 온라인에서는 http://arjournals.annualreviews. org/toc/ento/52/1에서 확인할 수 있다.

02 꿀벌 집단의 생활

31쪽: 찰스 버틀러의 글은 다음에서 인용했다. Butler, C. 1609. *The Feminine Monarchie: Or, A Treatise concerning Bees and the Divine Ordering of Them*. Preface, p. 4. Joseph Barnes, Oxford.

31쪽: 꿀벌의 '후손(Who's Who)'에 대한 가장 종합적인 이해는 다음에서 확인할 수 있다. Michener, C. D. 2000. *The Bees of the World*. Johns Hopkins University Press, Baltimore. 꿀벌 진화의 역사에 대해 구체적이고 정교한 설명이 필요하다면 Grimaldi, D., and M. S. Engel. 2005. *Evolution of the Insects*. Cambridge University Press, Cambridge의 11장 Hymenoptera: ants, bees, and other wasps 참조. 최근에 발견되어 가장 오래된 것으로 알려진 꿀벌 화석에 대해서는 다음에 제시되어 있다. Poinar, G. O., Jr., and B. N. Danforth. 2006. A fossil bee from Early Cretaceous Burmese amber. *Science* 314:614.

32쪽: 꿀벌과 꽃식물 간의 복잡한 상호성은 다음에서 확인할 수 있다. Proctor, M., P. Yeo, and A. Lack. 1996. *The Natural History of Pollination*. Timber Press, Portland, OR. 또 Barth, F. G. 1985. *Insects and Flowers: The Biology of a Partnership*. Princeton University Press, Princeton, NJ도 참조.

32~33쪽: 홀로 사는 벌과 사회적 꿀벌의 생태 비교는 다음에서 확인할 수 있다. Michener, C. D. 1974. *The Social Behavior of the Bees*. Harvard University Press, Cambridge, MA.

33쪽: 벌통을 관찰하기 위해 두 유리판 사이에 사는 꿀벌 집단을 관찰했다. 벌통을 샌드위치처럼 만들었는데, 빵 구실을 하는 두 유리판 사이를 양면을 향한 벌집이 채우도록 고안했다. 가운데 벌집의 양면과 유리판 사이에는 약간의 공간을 확보해 꿀벌들이 벌집 위를 걸어다닐 수 있도록 했다. 따라서 모든 꿀벌은 늘 노출되어 있어서, 대부분 은밀한 그들의 사생활을 쉽게 관찰할 수 있었다.

33~35쪽: 일벌, 여왕벌, 수벌의 구조와 생식에 관한 생물학은 다음에 자세히 설명되어 있다. Winston, M. L. 1987. *The Biology of the Honey Bee*. Harvard University Press, Cambridge, MA. 훌륭한 일반 사진, 현미경 사진, 삽화, 그림 등으로 꿀벌의 구조를 멋지게 설명한 Goodman, L. 2003. *Form and Function in the Honey Bee*. International Bee Research Association, Cardiff 참조.

36~37쪽: 꿀벌 집단이 초개체라는 개념은 다음에서 진전시켰다. Seeley, T. D. 1989. The honey bee colony as a superorganism. *American Scientist* 77:546-553. 꿀벌 집단이 통일된 전체로 기능하는 방식을 강조하면서 꿀벌 생태에 대해 상세히 검토한 저작은

Moritz, R. F. A., and E. E. Southwick. 1992. *Bees as Superorganisms: An Evolutionary Reality*. Springer-Verlag, Berlin 참조. 초개체 곤충(개미, 흰개미, 꿀벌, 말벌)에 대한 정교한 설명을 보려면 Hölldobler, B., and E. O. Wilson. 2009. *The Superorganism: The Beauty, Elegance, and Strangeness of Insect Societies*. Norton, New York 참조.

37~38쪽: 이 부분에서 언급한 집단 생태에 대한 상세한 정보를 얻으려면 다음 저작들을 참조하라. 체온 조절: Social thermoregulation, in Heinrich, B. 1993. *The Hot-Blooded Insects: Strategies and Mechanisms of Thermoregulation*. Harvard University Press, Cambridge, MA 16장. 집단 호흡: Seeley, T. D. 1974. Atmospheric carbon dioxide regulation in honey bee (*Apis mellifera*) colonies. *Journal of Insect Physiology* 20:2301-2305. 집단 순환: Basile, R., C. W. W. Pirk, and J. Tautz. 2008. Trophallactic activities in the honeybee brood nest—heaters get supplied with high performance fuel. *Zoology* 111:433-441. 집단 열 반응: Starks, P. T., C. A. Blackie, and T. D. Seeley. 2000. Fever in honey bee colonies. *Naturwissenschaften* 87:229-231.

38~43쪽: 꿀벌 집단의 연간 주기에 관해서는 다음에서 자세히 논의되었다. Seeley, T. D. 1985. *Honeybee Ecology*. Princeton University Press, Princeton, NJ. 4장 The annual cycle of colonies. 아울러 Seeley, T. D., and P. K. Visscher. 1985. Survival of honeybees in cold climates: the critical timing of colony growth and reproduction. *Ecological Entomology* 10:81-88도 참조.

44~46쪽: 꿀벌 생식의 복잡성은 다음에 더욱 자세히 서술되어 있다. Seeley, T. D. 1985. *Honeybee Ecology*. Princeton University Press, Princeton, NJ의 5장 Reproduction, 그리고 Winston, M. L. 1987. *The Biology of the Honey Bee*. Harvard University Press, Cambridge, MA의 12장 Drones, queens, and mating.

47쪽: 야생 꿀벌 집단의 생존, 수명, 집단 생식률, 그 밖의 인구통계적 특성에 관한 3년간의 연구는 다음에서 검토할 수 있다. Seeley, T. D. 1978. Life history strategy of the honey bee, *Apis mellifera*. *Oecologia* 32:109-118. 초여름 분봉의 중요성에 관한 실험은 다음에 제시되어 있다. Seeley, T. D., and P. K. Visscher. 1985. Survival of honeybees in cold climates: the critical timing of colony growth and reproduction. *Ecological Entomology* 10:81-88.

47~54쪽: 꿀벌 분봉 과정에 대한 자세한 설명은 Winston, M. L. 1987. *The Biology of the Honey Bee*. Harvard University Press, Cambridge, MA의 11장 Reproduction: swarming and supersedure 참조.

48쪽: 무리를 떠나기 전 흥미로운 어미 여왕벌의 몸 떨기와 매우 효과적인 몸무게 줄이기 과정은 다음에 상세히 설명되어 있다. Allen, M. D. 1959. The occurrence and possible significance of the "shaking" of honeybee queens by the workers. *Animal Behaviour* 7:66-69; Pierce, A. L., L. A. Lewis, and S. S. Schneider. 2007. The use of the vibrational signal and worker piping to influence queen behavior during swarming in honey bees, *Apis mellifera. Ethology* 113:267-275. 때때로 몸 떨기 신호는 진동 신호로 일컬어지고 더 이상한 용어로 복부 진동을 의미하는 'DVAV'라고 일컬어지기도 한다.

49쪽: 분봉을 준비하는 일벌들이 꿀로 배를 가득 채운다고 기록한 첫 번째 논문은 Combs, G. F., Jr. 1972. The engorgement of swarming worker honeybees. *Journal of Apicultural Research* 11:121-128이다. 이 현상에 대한 더 상세한 보고는 다음에 제시되어 있다. Otis, G. W., M. L. Winston, and O. R. Taylor, Jr. 1981. Engorgement and dispersal of Africanized honeybee swarms. *Journal of Apicultural Research* 20:312; Leta, M. A., C. Gilbert, and R. A. Morse. 1996. Levels of hemolymph sugars and body glycogen of honeybees (*Apis mellifera* L.) from colonies preparing to swarm. *Journal of Insect Physiology* 42:239-245. 밀랍 샘의 구조와 밀랍 생산의 원리는 다음에 설명되어 있다. Goodman, L. 2003. *Form and Function in the Honey Bee.* International Bee Research Association, Cardiff, and in Hepburn, H. R. 1986. *Honeybees and Wax.* Springer-Verlag, Heidelberg의 8장 Glands: chemical communication and wax production.

49쪽: "분봉 전의 고요"는 다음에서 인용했다. Hosler, J. 2000. *Clan Apis.* Active Synapse, Columbus, OH. p. 40.

49~50쪽: 꿀벌 집단이 원래 보금자리에서 일시에 떠나 분봉하도록 정찰벌들이 유도하는 과정을 자세히 보려면 다음 저작들을 참조하라. Rangel, J., and T. D. Seeley. 2008. The signals initiating the mass exodus of a honeybee swarm from its nest. *Animal Behaviour* 76:1943-1952; Rangel, J., S. R. Griffin, and T. D. Seeley, 2010. An oligarchy of nest-site scouts triggers a honeybee swarm's departure from the hive. *Behavioral Ecology and Sociobiology* (출판 중). 정찰벌의 두 가지 신호, 즉 일벌의 송신과 윙윙 소리에 대한 설명은 다음의 두 논문에 실려 있다. Seeley, T. D., and J. Tautz. 2001. Worker piping in honey bee swarms and its role in preparing for liftoff. *Journal of*

Comparative Physiology A 187:667-676; Rittschof, C. C., and T. D. Seeley. 2007. The buzz-run: how honeybees signal "Time to go!" *Animal Behaviour* 75:189-197.

51쪽: 일벌의 취기관과 페로몬이라는 화학 물질에 관해서는 다음에서 논의되었다. Free, J. B. 1987. *Pheromones of Social Bees.* Cornell University Press, Ithaca, NY의 13장 Attraction: Nasonov pheromone.

52~54쪽: 분봉 후 집단 내 처녀 여왕벌에게 어떤 일이 일어나는지 자세히 알고 싶다면 Gilley, D. C., and D. R. Tarpy. 2005. Three mechanisms of queen elimination in swarming honey bee colonies. *Apidologie* 36:461-474 참조. 처녀 여왕벌들이 사투를 벌이는 동안 여왕벌과 일벌의 행동은 다음에 자세히 설명되어 있다. Gilley, D. C. 2001. The behavior of honey bees (*Apis mellifera ligustica*) during queen duels. *Ethology* 107:601-622. 처녀 여왕벌들의 투쟁 적응 구조에 대한 분석은 다음에 제시되어 있다. Visscher, P. K. 1993. A theoretical analysis of individual interests and intracolony conflict during swarming of honey bee colonies. *Journal of Theoretical Biology* 165:191-212.

52~53쪽: 다음에는 레이저 진동기록계를 이용한 여왕벌의 빵빵, 꽥꽥 소리가 정확히 묘사되어 있다. Michelsen, A., W. H. Kirchner, B. B. Andersen, and M. Lindauer. 1986. The tooting and quacking vibration signals of honeybee queens: a quantitative analysis. *Journal of Comparative Physiology A* 158:605-611. 소리와 진동을 비롯해서 꿀벌들이 어두운 벌통 안에서 의사소통에 사용하는 다양한 음향 신호를 전반적으로 검토하려면 Kirchner, W. H. 1993. Acoustical communication in honeybees. *Apidologie* 24:297-307 참조.

03 꿀벌의 이상적 보금자리

55쪽: 로버트 프로스트의 글은 다음에서 인용했다. Latham, E. C., ed. 1969. "A Drumlin Woodchuck," in *The Poetry of Robert Frost.* Henry Holt, New York.

55~56쪽: 인류 역사가 꿀벌과 함께했다는 사실은 각종 유물(동굴 벽화, 채색 사본, 벌통이나 꿀벌들의 은신처, 양봉 도구)이 뒷받침하고 있다. 다음에 나오는 내용이다. Crane, E. 1983. *The Archaeology of Beekeeping.* Duckworth, London.

56~58쪽: 꿀벌들의 집터 선호에 대한 최초의 실험 연구는 다음에 설명되어 있다. Lindauer, M. 1955. Schwarmbienen auf Wohnungssuche. *Zeitschrift für vergleichende Physiologie*

37:263-324. 영문 제목은 "House-hunting by honey bee swarms"로 Visscher, P. K. 2007. Group decision making in nest-site selection among social insects. *Annual Review of Entomology* 52:255-275에 내용을 보완해 발표했다. 온라인에서는 http://arjournals.annualreviews.org/toc/ento/52/1에서 확인할 수 있다.

58쪽: 꿀벌들에게 직접 물어봐야 한다는 린다우어의 글은 비서가 번역한 다음에서 인용했다. Lindauer, M. 1955. Schwarmbienen auf Wohnungssuche. *Zeitschrift für vergleichende Physiologie* 37:263-324. p. 290.

58~59쪽: 동물 행동 연구에 대한 폰 프리슈-린다우어 접근법에 관한 글은 다음에서 인용했다. Hölldobler, B., and E. O. Wilson. 1994. *Journey to the Ants.* Harvard University Press, Cambridge, MA. p. 19.

62~64쪽: 나무에 사는 꿀벌들의 집터에 관한 상세한 설명은 Seeley, T. D., and R. A. Morse. 1976. The nest of the honey bee (*Apis mellifera* L.). *Insectes Sociaux* 23:495-512 참조.

64쪽: 중세 러시아, 폴란드, 독일, 잉글랜드의 숲속 양봉에 대한 논의는 다음에 설명되어 있다. Crane, E. 1983. *The Archaeology of Beekeeping.* Duckworth, London의 5장 Forest "beekeeping" and the precursor of upright hives. 또 Galton, D. 1971. *Survey of a Thousand Years of Beekeeping in Russia.* Bee Research Association, London도 참조.

65쪽: 벌 추적 기술에 대해서는 다음에 훌륭하게 설명되어 있다. Edgell, G. H. 1949. *The Bee Hunter.* Harvard University Press, Cambridge, MA. 보스턴 미술관장인 에젤은 유년 시절부터 뉴햄프셔 주에서 꿀벌 나무를 찾아다녔다. 그는 꿀벌 사냥에 대한 저작이 미술에 대한 전문서적 발간보다 더 큰 명성을 가져다주었다고 말했다. 나는 야생 꿀벌 집단을 사냥하는 그의 간단명료한 방법을 여러 생태학 연구에 활용했다. Visscher, P. K., and T. D. Seeley. 1982. Foraging strategy of honeybee colonies in a temperate deciduous forest. *Ecology* 63:1790-1801; Seeley, T. D. 2007. Honey bees of the Arnot Forest: a population of feral colonies persisting with *Varroa destructor* in the northeastern United States. *Apidologie* 38:19-29; Seeley, T. D. 2008. The bees of the Arnot Forest. *Bee Culture* 136 (March):23-25 참조.

66쪽: 아프리카인이 양봉에 미끼 벌통을 사용했다는 점은 다음에 제시되어 있다. Smith, F. G. 1960. *Beekeeping in the Tropics.* Longmans, London; Guy, R. D. 1972. Commercial beekeeping with African bees. *Bee World* 53:14-22.

67~72쪽: 꿀벌들의 집터 선호에 대한 전반적인 나의 연구는 다음에 제시되어 있다.
Seeley, T. D. 1977. Measurement of nest cavity volume by the honey bee (*Apis
mellifera*). *Behavioral Ecology and Sociobiology* 2:201-227; Seeley, T. D., and R. A.
Morse. 1978. Nest site selection by the honey bee *Apis mellifera*. *Insectes Sociaux*
25:323-337; Visscher, P. K., R. A. Morse, and T. D. Seeley. 1985. Honey bees
choosing a home prefer previously occupied cavities. *Insectes Sociaux* 32:217-220.
동일한 주제에 대한 그 밖의 논문은 다음과 같다. Jaycox, E. R., and S. G. Parise. 1980.
Homesite selection by Italian honey bee swarms, *Apis mellifera ligustica* (Hymenoptera:
Apidae). *Journal of the Kansas Entomological Society* 53:171-178; Jaycox, E. R., and
S. G. Parise. 1981. Homesite selection by swarms of black-bodied honey bees, *Apis
mellifera caucasica* and *A. m. carnica* (Hymenoptera: Apidae). *Journal of the Kansas
Entomological Society* 54:697-703; Rinderer, T. E., K. W. Tucker, and A. M. Collins.
1982. Nest cavity selection by swarms of European and Africanized honeybees.
Journal of Apicultural Research 21:98-103.

68~69쪽: 집터 입구의 방향은 꿀벌 집단이 겨울 동안 성공적으로 살아남는 데 영향을 미
친다. 이러한 논의에 대해서는 Szabo, T. I. 1983. Effects of various entrances and
hive direction on outdoor wintering of honey bee colonies. *American Bee Journal*
123:47-49 참조.

70쪽: 버몬트 주 숲속 자연 나무 구멍의 크기에 대한 연구는 다음에 설명되어 있다. Seeley,
T. D. 1977. Measurement of nest cavity volume by the honey bee (*Apis mellifera*).
Behavioral Ecology and Sociobiology 2:201-227.

70~71쪽: 벌집 짓기의 경제학은 다음에서 논의되었다. Seeley, T. D. 1985. *Honeybee
Ecology*. Princeton University Press, Princeton, NJ의 6장 Nest building.

71~72쪽: 꿀벌들이 집터의 틈을 메우려고 나무 진('프로폴리스')을 광범위하게 사용한
다는 점은 다음에 설명되어 있다. Seeley, T. D., and R. A. Morse. 1976. The nest of
the honey bee (*Apis mellifera* L.). *Insectes Sociaux* 23:495-512. 꿀벌들이 나무 진을
다루는 과정과 꿀벌 집단이 모은 나무 진을 통제하는 과정은 다음에 실려 있다.
Nakamura, J., and T. D. Seeley. 2006. The functional organization of resin work in
honeybee colonies. *Behavioral Ecology and Sociobiology* 60:339-349.

72~73쪽: 태국의 아시아종 꿀벌에 대한 연구는 다음에 실려 있다. Seeley, T. D., R. H.

Seeley, and P. Akratanakul. 1982. Colony defense strategies of the honeybees in Thailand. *Ecological Monographs* 52:43-63.

73~74쪽: 황우 이야기에 대한 상세한 내용은 Seeley, T. D., J. Nowicke, M. Meselson, J. Guillemin, and P. Akratanakul. 1985. Yellow rain. *Scientific American* 253 (September): 128-137 참조.

73쪽: KGB는 러시아어로 소련의 국가보안위원회(국가 안보 기관)를 뜻하는 머리글자이다. 이 기관은 1954~1991년 공산주의 국가 소련의 최고 비밀경찰 및 정보기구였다.

75쪽: 미끼 벌통에 대한 정보는 다음을 참조하라. Morse, R. A. and T. D. Seeley. 1978. Bait hives. *Gleanings in Bee Culture* 106 (May):218-220, 242; Morse, R. A., and T. D. Seeley. 1979. New observations on bait hives. *Gleanings in Bee Culture* 107 (June):310-311, 327; Seeley, T. D., and R. A. Morse. 1982. Bait hives for honey bees. *Cornell Cooperative Extension Information Bulletin* No. 107; Witherell, P. C. 1985. A review of the scientific literature relating to honey bee bait hives and swarm attractants. *American Bee Journal* 125:823-829; Ratnieks, F. L. W. 1988. Improved bait hives. *American Bee Journal* 128:125-127; Schmidt, J. O., S. C. Thoenes, and R. Hurley. 1989. Swarm traps. *American Bee Journal* 129:468-471.

75쪽: 유혹 페로몬을 사용해 미끼 벌통으로 꿀벌 집단을 유인하는 방법에 대한 정보는 다음을 참조하라. Free, J. B., J. A. Pickett, A. W. Ferguson, and M. C. Smith. 1981. Synthetic pheromones to attract honeybee (*Apis mellifera*) swarms. *Journal of Agricultural Science* 97:427-431; Schmidt, J. O., K. N. Slessor, and M. L. Winston. 1993. Roles of Nasonov and queen pheromones in attraction of honeybee swarms. *Naturwissenschaften* 80:573-575; Winston, M. L., K. N. Slessor, W. L. Rubink, and J. D. Villa. 1993. Enhancing pheromone lures to attract honey bee swarms. *American Bee Journal* 133:58-60; Schmidt, J. O. 1994. Attraction of reproductive honey bee swarms to artificial nests by Nasonov pheromone. *Journal of Chemical Ecology* 20:1053-1056.

78~79쪽: 숄스 제도(메인 만)의 특성과 1960~1970년대 애플도어 섬에 숄스 해양연구소를 건설한 배경에 관해서는 Kingsbury, J. M. 1991. *Here's How We'll Do It*. Bullbrier Press, Ithaca, NY 참조.

82~86쪽: 정찰벌의 집터 조사 행위, 작은 꿀벌들이 큰 공간의 부피를 측정하는 방법에 대한 실험 분석을 자세히 알아보려면 Seeley, T. D. 1977. Measurement of nest cavity volume by the honey bee (*Apis mellifera*). *Behavioral Ecology and Sociobiology* 2:201-227 참조.

87~88쪽: 나이절 프랭크스와 안나 돈하우스는 다음에서 훌륭한 알고리즘을 제시했다. 이러한 알고리즘에 따라 꿀벌들이 집터 후보지의 부피를 측정할 가능성이 제시되었다. Franks, N. R., and A. Dornhaus. 2003. How might individual honeybees measure massive volumes? *Proceedings of the Royal Society of London B* (*Supplement*) 270, S181-S182.

04 정찰벌의 논쟁

89쪽: 지미 카터의 연설은 다음에서 인용했다. Carter, J. E. 1978. *Address to the Parliament of India*, June 2, 1978.

89~90쪽: 뉴잉글랜드 지역의 마을 회의는 작은 마을의 매력적인 민주 정부이다. 이 마을 회의가 어떻게 작동했는지에 대한 내용은 다음에서 검토할 수 있다. Mansbridge, J. J. 1983. *Beyond Adversary Democracy*. University of Chicago Press, Chicago; Bryan, F. M. 2004. *Real Democracy*. University of Chicago Press, Chicago

91~100쪽: 무리 표면에서 춤을 추는 꿀벌을 관찰한 린다우어의 전체 보고는 그의 대표작인 다음에서 찾아볼 수 있다. Lindauer, M. 1955. Schwarmbienen auf Wohnungssuche. *Zeitschrift für vergleichende Physiologie* 37:263-324. 영문 제목은 "House-hunting by honey bee swarms"로 Visscher, P. K. 2007. Group decision making in nest-site selection among social insects. *Annual Review of Entomology* 52:255-275에 내용을 보완해 발표했다. 온라인에서는 http://arjournals.annualreviews.org/toc/ento/52/1에서 확인할 수 있다.

92쪽: '관찰하고 궁금해한다'는 구절은 니콜라스 틴베르헌의 자서전 제목에서 차용했다. Tinbergen, N. 1985. Watching and wondering, in Dewsbury, D. A., ed. *Studying Animal Behavior: Autobiographies of the Founders*. University of Chicago Press, Chicago. pp. 431-463 참조. 틴베르헌은 동물 행동을 세밀하게 관찰함으로써 현상을 폭넓게 조망하는 연구 방법을 강력히 옹호했다.

92쪽: 수백 마리의 꿀벌을 다섯 가지 색깔의 페인트 점만으로 각기 구별하는 영리한 방법은 카를 폰 프리슈가 고안했다. 이에 대해서는 다음에 설명되어 있다. von Frisch, K. 1993.

The Dance Language and Orientation of Bees. Harvard University Press, Cambridge, MA. pp. 14-17.

97~98쪽: 두 춤벌 그룹 사이의 줄다리기에 관한 린다우어의 설명은 비서가 번역한 다음 책에서 인용했다. Lindauer, M. 1955. Schwarmbienen auf Wohnungssuche. *Zeitschrift für vergleichende Physiologie* 37:263-324. p. 276.

98쪽: 린다우어는 꿀벌 집단이 새로운 집터로 비행하는 도중 비상 착륙한 두 가지 사례를 제시했다. Lindauer, M. 1955. Schwarmbienen auf Wohnungssuche. *Zeitschrift für vergleichende Physiologie* 37:263-324. pp. 319-320 참조.

99쪽: 분리를 시도하는 꿀벌 집단에 대한 린다우어의 설명은 다음에서 인용했다. Lindauer, M. 1961. *Communication among Social Bees*. Harvard University Press, Cambridge, MA. p. 45.

102쪽: 패배한 장소를 지지한 정찰대가 신규 지지자 모집을 포기했다는 내용은 비서가 번역한 다음 책에서 인용했다. Lindauer, M. 1955. Schwarmbienen auf Wohnungssuche. *Zeitschrift für vergleichende Physiologie* 37:263-324. p. 275.

103~104쪽: 집단 결정의 두 항목―합의에 도달한 결정 대 여러 가지 선택이 결합된 결정―간의 구별에 대한 훌륭한 설명은 Conradt, L., and T. J. Roper. 2005. Consensus decision making in animals. *Trends in Ecology and Evolution* 20:449-456; Conradt, L., and C. List. 2009. Introduction. Group decisions in humans and animals: a survey. *Philosophical Transactions of the Royal Society B* 364:719-742 참조.

104쪽: 여기에서 언급한 책을 전체적으로 살펴보려면 다음을 참조하라. Seeley, T. D. 1995. *The Wisdom of the Hive: The Social Physiology of Honey Bee Colonies*. Harvard University Press, Cambridge, MA.

105~110쪽: 수재나 버먼과 내가 세 꿀벌 집단에서 정찰벌들의 논쟁을 엿들은 부분에 대한 전체 보고서는 Seeley, T. D., and S. C. Buhrman. 1999. Group decision making in swarms of honey bees. *Behavioral Ecology and Sociobiology* 45:19-31 참조.

111~112쪽: 어떤 꿀벌들이 집터 정찰대가 되고, 언제 되는지에 대한 린다우어의 연구는 다음에 설명되고 있다. Lindauer, M. 1955. Schwarmbienen auf Wohnungssuche. *Zeitschrift für vergleichende Physiologie* 37:263-324. pp. 296-307.

111~112쪽: 린다우어가 우유부단한 먹이 징발대에 대해 논한 부분은 비서가 번역한 다음에서 인용했다. Lindauer, M. 1955. Schwarmbienen auf Wohnungssuche. *Zeitschrift für vergleichende Physiologie* 37:263-324. p. 306

112~113쪽: 집터 정찰대의 연령 분포와 관련한 데이비드 길리의 연구에 대한 상세한 설명은 Gilley, D. C. 1998. The identity of nest-site scouts in honey bee swarms. *Apidologie* 29:229-240 참조.

114쪽: 꿀벌이 복잡한 사회적 행동을 형성할 때 본성과 양육이 어떻게 상호작용하는지에 관한 최근 논의는 다음 저작에 소개되어 있다. Robinson, G. E. 2004. Beyond nature and nurture, *Science* 304:397-399; Robinson, G. E. 2006. Genes and social behaviour, in Lucas, J. R., and L. W. Simmons, eds. *Essays in Animal Behaviour: Celebrating 50 Years of Animal Behaviour.* Elsevier, London. pp. 101-113.

114쪽: 집터 정찰대가 될 가능성에 대한 유전적 영향을 밝히기 위해 진 로빈슨과 로버트 페이지가 수행한 전체 실험의 내용은 Robinson, G. E., and R. E. Page, Jr. 1989. Genetic determination of nectar foraging, pollen foraging, and nest-site scouting in honey bee colonies. *Behavioral Ecology and Sociobiology* 24:317-323 참조.

115쪽: 꿀벌 집단을 인위적으로 조작하는 상세한 계획은 '방법'에 관한 절을 참조하라. Seeley, T. D. 2003. Consensus building during nest-site selection in honey bee swarms: the expiration of dissent. *Behavioral Ecology and Sociobiology* 53:417-424.

115~116쪽: 먹이 징발대가 집터 정찰을 시작할 때 경험하는 일들에 대해 린다우어가 관찰한 내용은 다음에 설명되어 있다. Lindauer, M. 1955. Schwarmbienen auf Wohnungssuche. *Zeitschrift für vergleichende Physiologie* 37:263-324. pp. 304-306.

116쪽: 징발대가 꽃꿀을 가져다줄 꿀벌들을 벌통에서 찾기 힘들 때 춤과 먹이 징발에 대한 열정을 잃어버리는 과정은 다음에 상세히 설명되어 있다. Seeley, T. D. 1989. Social foraging in honey bees: how nectar foragers assess their colony's nutritional status. *Behavioral Ecology and Sociobiology* 24:181-199; Seeley, T. D., and C. A. Tovey. 1994. Why search time to find a food-storer bee accurately indicates the relative rates of nectar collecting and nectar processing in honey bee colonies. *Animal Behaviour* 47:311-316.

05 최적의 보금자리에 대한 합의

117쪽: 존 밀턴의 글은 다음에서 인용했다. Milton, J. 1671. *Samson Agonistes.* Line 1008.

118쪽: 1950년대 중반, 경제학자 허버트 사이먼(Herbert A. Simon)은 '제한적 합리성' 개념을 다음에서 제시했다. Simon, H. A. 1956. Rational choice and structure of environments. *Psychological Review* 63:129-138; Simon, H. A. *Models of Man*. Wiley, New York. 최근의 저작 중 몇 장에서 의사 결정 발견법을 다룬 연구는 Gigerenzer, G., and R. Selten. 2001. *Bounded Rationality: The Adaptive Toolbox*. MIT Press, Cambridge, MA 참조.

118~119쪽: 다음에서는 한 가지 요인에 따라 이루어지는 의사 결정에 관한 훌륭한 논의를 볼 수 있다. Gigerenzer, G., and D. G. Goldstein. 1999. Betting on one good reason. 최적 결정법과 상대적 결정법에 대한 설명은 다음을 보라. Gigerenzer, G., P. M. Todd, and The ABC Research Group, eds. *Simple Heuristics That Make Us Smart*. Oxford University Press, New York. pp. 75-95

120~121쪽: 수재나 버먼과 나는 일등급 집터가 정찰벌들의 논쟁에 너무 늦게 제시되어 꿀벌 집단이 열등한 집터를 선호한 나머지 훌륭한 집터를 거부한 사례를 목격했다. 이 사례는 그림 4.5에서 묘사한 논쟁을 목격할 때 일어났다. 이 논쟁이 발생한 6월 20일 오후 2시 49분, 정찰벌 그린-화이트 39는 꿀벌 집단 위에 착륙한 후 남서쪽 200미터 L 지점을 향해 오랫동안(166회 순환) 활발하게 춤추었다. 이 정찰벌은 커다란 백송 안에서, 지난해 겨울을 나지 못한 야생 꿀벌 집단의 빈 둥지 …… 멋진 보금자리를 찾아낸 것이다! 3시 50분, 무리 위에 다시 착륙한 후 두 번째 춤을 오랫동안(95회 순환) 열정적으로 추었다. 그러는 동안 수십 마리의 다른 정찰대는 남쪽 4200미터 I 지점을 향해 다소 소심하게 춤을 추었다. 이 사실은 I 지점이 L 지점보다 훨씬 열등하다는 점을 가리킨다. 그런데도 꿀벌 집단은 L 지점 대신 I 지점을 선택했다. 이는 그린-화이트 39가 보고한 훌륭한 집터에 대한 정보가 너무 적고 늦어서 논쟁을 우월한 대안에 우호적으로 이끌 수 없었기 때문이다.

121쪽: 크랜베리 호 생물실험소에서 수행한 '꿀벌 집단의 아름다운 노동의 비밀'을 밝혀내는 작업은 다음에 설명되어 있다. Seeley, T. D. 1995. *The Wisdom of the Hive*. Harvard University Press, Cambridge, MA. 읽어볼 만한 책이다.

122~130쪽: 평범하지만 쓸 만한 인공 집터를 어떻게 만들지 정하는 실험에 대한 전체 보고는 Seeley, T. D., and S. C. Buhrman. 2001. Nest-site selection in honey bees: how well do swarms implement the "Best-of-N" decision rule? *Behavioral Ecology and Sociobiology* 49:416-427 참조.

127~128쪽: 벌통에 머무르는 정찰벌의 수를 세는 구체적인 절차는 다음과 같다. 수를

세는 사람은 벌통 앞 3미터 떨어진 지점에 앉아서 총 3분에 걸쳐서 벌통에 (주변을 날아다니든 아니면 그 위를 기어 다니든) 동시에 나타나는 벌의 수를 30초마다 다섯 차례 센다. 다섯 차례의 평균을 내어 벌통에 대한 정찰벌의 관심을 측정한다.

130~131쪽: 꿀벌의 8자춤 강도가 꽃밭의 질에 대한 꿀벌의 평가를 정확히 반영한다는 근거는 다음 논문을 비롯한 몇 가지 연구에서 비롯되었다. Waddington, K. D. 1982. Honey bee foraging profitability and round dance correlates. *Journal of Comparative Physiology* 148:297-301; Seeley, T. D. 1994. Honey bee foragers as sensory units of their colonies. *Behavioral Ecology and Sociobiology* 34:51-62; Seeley, T. D., A. S. Mikheyev, and G. J. Pagano. 2000. Dancing bees tune both duration and rate of waggle-run production in relation to nectar-source profitability. *Journal of Comparative Physiology A* 186:813-819.

132~136쪽: 5개 중 최적 선택 실험에 대한 더 자세한 설명은 Seeley, T. D., and S. C. Buhrman. 2001. Nest-site selection in honey bees: how well do swarms implement the "Best-of-N" decision rule? *Behavioral Ecology and Sociobiology* 49:416-427 참조.

136~138쪽: 집터 부피로 꿀벌들의 생존을 알아보는 내 연구는 꿀벌들의 집터 선호가 이익을 주는지 여부를 살펴보는 실험이었다. 이에 대한 저서는 아직 출간되지 않았다. 동물들의 집터 선호가 번식 성공률을 높이는지 여부를 다룬 유사 실험은 다음과 같다. Courtenay, S. C., and M. H. A. Keenleyside. 1983. Nest site selection by the fourspine stickleback, *Apeltes quadracus* (Mitchell). *Canadian Journal of Zoology* 61:1443-1447; Morse, D. H. 1985. Nests and nest-site selection of the crab spider *Misumena vatia* (Araneae, Thomisidae) on milkweed. *Journal of Arachnology* 13:383-390; Regehr, H. M., M. S. Rodway, and W. A. Montevecchi. 1998. Antipredator benefits of nest-site selection in black-legged kittiwakes. *Canadian Journal of Zoology* 76:910-913; Wilson, D. S. 1998. Nest-site selection: microhabitat variation and its effects on the survival of turtle embryos. *Ecology* 79:1884-1892.

06 합의 형성

139쪽: 친우회에 대해서는 다음에서 인용했다. Society of friends. 1934. *Book of Discipline*. Part I. Friends' Book Centre, London.

140쪽: 민주주의가 두 가지 상이한 형태—당사자 민주주의와 통합 민주주의—를 지니며 그 형태에 따라 전혀 다른 결정 메커니즘을 따른다는 인식은 다음에서 처음 제기되었다. Mansbridge, J. J. 1983. *Beyond Adversary Democracy*. University of Chicago Press, Chicago. 맨스브리지는 당사자 민주주의와 달리 통합 민주주의의 결정 과정은 다수의 견해를 확인하는 비밀 투표가 아닌 합의를 이끌어내기 위한 개방된 직접 토론에 있다고 지적했다. 꿀벌의 집터 결정 과정은 통합 민주주의의 사례임이 분명하다.

142~143쪽: 꿀벌 집단의 결정 과정과 인간 사회의 민주 선거 사이의 유사성은 원래 다음에서 비롯되었다. Britton, N. F., N. R. Franks, S. C. Pratt, and T. D. Seeley. 2002. Deciding on a new home: how do honeybees agree? *Proceedings of the Royal Society of London B* 269:1383-1388. 그러나 이 논문은 주로 전염병과 전염성 있는 견해의 확산에 대한 전통적인 수학 모델로 꿀벌들의 집터 선택 과정을 설명하려 했다. 이러한 이론적 작업은 어떤 꿀벌도 집터를 비교할 필요가 없다는 점을 보여준다. 이후 경험적 연구는 (이 장의 후반부에서 설명하듯이) 실제로도 정찰벌들이 집터를 비교하지 않는다는 사실을 보여주었다.

143~144쪽: 집터 정찰대가 알리려는 집터의 질을 춤의 강도로 조절하는 과정에 대한 린다우어의 관찰은 다음에 설명되어 있다. Lindauer, M. 1955. Schwarmbienen auf Wohnungssuche. *Zeitschrift für vergleichende Physiologie* 37:263-324. pp. 294-296.

144쪽: 활발한 춤과 밋밋한 춤에 대한 린다우어의 설명은 비서가 번역한 다음에서 인용했다. Lindauer, M. 1955. Schwarmbienen auf Wohnungssuche. *Zeitschrift für vergleichende Physiologie* 37:263-324. p. 296.

145~146쪽: 정찰벌이 우월한 집터를 알릴 때 더 오래 더 활발한 춤을 춘다는 사실에 대한 최초의 정량적 증거는 다음에 보고되었다. Seeley, T. D., and S. C. Buhrman. 2001. Nest-site selection in honey bees: how well do swarms implement the "Best-of-N" decision rule? *Behavioral Ecology and Sociobiology* 49:416-427. 먹이 징발대가 더 풍부한 꽃밭을 알릴 때 순환하는 춤의 지속 시간(=춤의 길이)과 비율(=춤의 활발함)이 증가한다는 사실에 대한 병행 연구는 다음에 제시되었다. Seeley, T. D., A. S. Mikheyev, and G. J. Pagano. 2000. Dancing bees tune both duration and rate of waggle-run production in relation to nectar-source profitability. *Journal of Comparative Physiology A* 186:813-819.

146쪽: 소극적인 춤 등에 대해서는 다음에서 인용했다. Lindauer, M. 1961. *Communication among Social Bees.* Harvard University Press, Cambridge, MA. p. 49.

147~148쪽: 커크 비서는 연구를 수행하면서 집터에 머무르는 정찰벌들을 표시하는 '외계인에게 당한 납치'를 완성했다. 이와 관련한 내용은 다음에 실려 있다. Visscher, P. K. and S. Camazine. 1999. Collective decisions and cognition in bees. *Nature* 397:400.

149~151쪽: 정찰벌들이 고급 벌통(40리터)과 중급 벌통(15리터)을 보고할 때 어떻게 다르게 행동하는지 전체적인 설명은 Seeley, T. D., and P. K. Visscher. 2008. Sensory coding of nest-site value in honeybee swarms. *Journal of Experimental Biology* 211:3691-3697 참조.

152쪽: 한 장소를 지지하며 춤추는 벌의 수와 춤벌 한 마리당 평균 순환 횟수는 다른 벌들을 설득한다. '설득력'이라는 간편한 표현은 다음에서 인용했다. Britton, N. F., N. R. Franks, S. C. Pratt, and T. D. Seeley. 2002. Deciding on a new home: how do honeybees agree? *Proceedings of the Royal Society of London B* 269:1383-1388. 그것은 전염병의 확산에 대한 수학적 모델에서 '전염력'이라는 표현과 유사하다.

153쪽: 어떤 집터를 보고하는 정찰대의 수가 증가함에 따라 집터의 질을 암호화하는 개체 차원의 잡음 문제가 감소한다. 이에 대한 완전한 분석은 다음에서 확인할 수 있다. Seeley, T. D., and P. K. Visscher. 2008. Sensory coding of nest-site value in honeybee swarms. *Journal of Experimental Biology* 211:3691-3697.

153쪽: '발견자는 춤을 추어야 한다'는 집터 정찰대 규칙의 근거는 다음에 제시되어 있다. Seeley, T. D., and P. K. Visscher. 2008. Sensory coding of nest-site value in honeybee swarms. *Journal of Experimental Biology* 211:3691-3697.

154쪽: 몇몇 연구는 일벌들이 특히 꽃이 보내는 자극에 대한 선천적인 선호를 유전적으로 부여받는지 면밀히 조사해왔다. 첫 비행을 나선 벌들의 본능적인 탐색 모습에 대한 전형적 연구를 살펴보려면 다음을 참조하라. Menzel, R. 1985. Learning in honey bees in an ecological and behavioral context, in Hölldobler, B., and M. Lindauer, eds. *Experimental Behavioral Ecology and Sociobiology.* Gustav Fischer Verlag, Stuttgart. pp. 55-74; Gould, J. L., and W. F. Towne. 1987. Honey bee learning. *Advances in Insect Physiology* 20:55-75. 최근의 독창적인 연구를 더 알고 싶다면 Giurfa, M., J. A. Núñez, L. Chittka, and R. Menzel. 1995. Colour preferences of flower-naive honeybees. *Journal of Comparative Physiology A* 177:247-259; Rodriguez, I., A. Gumbert, N. Hempel de Ibarra, J. Kunze, and M. Giurfa. 2004. Symmetry is in the eye of the "beholder": innate preference for bilateral symmetry in flower-naive bumblebees. *Naturwissenschaften* 91:374-377 참조.

158~159쪽: 중립적 정찰벌이 무작위로 춤을 따라 하다가 지지자로 바뀐다는 점을 발견한 연구에 대한 전체 논의는 Visscher, P. K., and S. Camazine. 1999. Collective decisions and cognition in bees. *Nature* 397:400 참조. 또 Camazine, S., P. K. Visscher, J. Finley, and R. S. Vetter. 1999. House-hunting by honey bee swarms: collective decision and individual behaviors. *Insectes Sociaux* 46:348-360도 참조.

159쪽: 오스트레일리아 시드니 대학교의 수학 생물학자 메리 R. 마이어스코프는 레슬리 매트릭스 모델, 즉 서로 다른 집터를 향해 춤추는 정찰벌들의 인구동역학을 만들어 냈다. 그녀는 충분한 시간이 주어질 경우 춤추는 정찰대는 거의 매번 발견된 장소 중 최적의 집터에 모여든다는 사실을 꽤 정교하게 증명했다. Myerscough, M. R. 2003. Dancing for a decision: a matrix model for nest-site choice by honey bees. *Proceedings of the Royal Society of London B* 270:577-582 참조.

160쪽: 정찰벌이 상대적으로 작은 집터에 대한 흥미를 잃는 과정에 대한 린다우어의 설명은 비서가 번역한 다음에서 인용했다. Lindauer, M. 1955. Schwarmbienen auf Wohnungssuche. *Zeitschrift für vergleichende Physiologie* 37:263-324. p. 296. 린다우 어는 후속 연구에서도 정찰벌이 새로운 우월한 집터에 모여 이전 집터와 새로운 집 터를 비교한 후 열등한 집터 광고를 멈춘다는 견해를 거듭 제시했다. 예를 들어 1957 년 그는 "게다가 처음에 열등한 집터를 광고했던 정찰벌들이 경쟁자들의 더 활발한 춤에 굴복해 그 집터를 직접 조사하여 두 장소를 비교한다. 그런 다음 자연스럽게 더 나은 집터를 선택한다. 따라서 그 무엇도 이러한 합의를 방해할 수 없다"고 썼다. Lindauer, M. 1957. Communication in swarm-bees searching for a new home. *Nature* 179:63-66. p. 64 참조.

161쪽: 결정을 고집하지 않은 집터 정찰대에 대한 린다우어의 설명은 비서가 번역한 다음 에서 인용했다. Lindauer, M. 1955. Schwarmbienen auf Wohnungssuche. *Zeitschrift für vergleichende Physiologie* 37:263-324. p. 312. 마음의 변화를 허락하는 정찰대에 대한 설명은 다음에서 인용했다. Lindauer, M. 1961. *Communication among Social Bees*. Harvard University Press, Cambridge, MA. p. 49.

161쪽: 정찰벌이 다른 집터 후보지를 조사하기도 전에 한 장소를 지지하는 춤을 중단하 는 행위에 대한 린다우어의 설명은 비서가 번역한 다음에서 인용했다. Lindauer, M.

1955. Schwarmbienen auf Wohnungssuche. *Zeitschrift für vergleichende Physiologie* 37:263-324. p. 296.

163쪽: 서로 경쟁하는 가설들의 예측을 검증함으로써 어떤 사실을 알아내는 방법에 대한 상세한 논의는 Platt, J. R. 1964. Strong inference. *Science* 146:347-353 참조.

164~170쪽: 비교-전환 가설 대 은퇴-휴식 가설의 검증에 대한 상세한 보고는 Seeley, T. D. 2003. Consensus building during nest-site selection in honey bee swarms: the expiration of dissent. *Behavioral Ecology and Sociobiology* 53:417-424 참조.

170쪽: 새로운 이론이 과학 공동체 내에서 어떻게 수용되는지(과학자들이 새로운 견해를 놓고 어떻게 집단 토론을 벌이는지)에 대한 철저한 논의는 Hull, D. L. 1988. *Science as a Process*. University of Chicago Press, Chicago 참조.

171쪽: 과학의 진보를 위해 과학자들의 순환이 중요함을 역설한 막스 플랑크의 말은 다음에서 인용했다. Planck, M. 1950. *Scientific Autobiography and Other Papers*. Translated by F. Gaynor. Williams and Norgate, London. p. 33.

07 새 보금자리로 이동하는 꿀벌

173쪽: 찰스 버틀러의 글은 다음에서 인용했다. Butler, C. 1609. *The Feminine Monarchie: Or, A Treatise concerning Bees and the Divine Ordering of Them*. 5장, p. 14. Joseph Barnes, Oxford.

175~178쪽: 베른트 하인리히가 연구한 꿀벌 집단의 온도 조절은 다음에 상세히 나와 있다. Heinrich, B. 1981. The mechanisms and energetics of honeybee swarm temperature regulation. *Journal of Experimental Biology* 91:25-55. 그는 곤충들의 온도 조절 전반에 대해 폭넓게 연구했다. Heinrich, B. 1993. *The Hot-Blooded Insects*. Harvard University Press, Cambridge, MA 참조.

176~177쪽: 표층 일벌들이 꿀벌 집단의 대류열 손실을 줄이기 위해 몸의 방향, 날개 너비, 다른 벌과의 공간을 조절하는 과정은 다음에 상세히 설명되어 있다. Cully, S. M., and T. D. Seeley. 2004. Self-assemblage formation in a social insect: the protective curtain of a honey bee swarm. *Insectes Sociaux* 51:317-324 참조.

178~181쪽: 비행 준비를 위해 체온을 상승시키는 꿀벌 집단에 대한 상세한 보고는 Seeley, T. D., M. Kleinhenz, B. Bujok, and J. Tautz. 2003. Thorough warm-up before take-off in honey bee swarms. *Naturwissenschaften* 90:256-260 참조.

181~182쪽: 고음의 피리 소리를 내는 꿀벌 집단의 꿀벌들에 대한 린다우어의 관심은 비서가 번역한 다음에서 인용했다. Lindauer, M. 1955. Schwarmbienen auf Wohnungssuche. *Zeitschrift für vergleichende Physiologie* 37:263-324. p. 317.

184~190쪽: 피리 신호를 내는 정찰벌에 대한 상세한 설명은 Seeley, T. D., and J. Tautz. 2001. Worker piping in honey bee swarms and its role in preparing for liftoff. *Journal of Comparative Physiology A* 187:667-676 참조.

187~188쪽: 꿀벌 집단 내 진동 신호의 역할에 대한 더 많은 정보는 다음을 참조하라. Schneider, S. S., P. K. Visscher, and S. Camazine. 1998. Vibration signal behavior of waggle-dancers in swarms of the honey bee, *Apis mellifera* (Hymenoptera: Apidae). *Ethology* 104:963-972; Lewis, L. A., and S. S. Schneider. 2000. The modulation of worker behavior by the vibration signal during house hunting in swarms of the honeybee, *Apis mellifera*. *Behavioral Ecology and Sociobiology* 48:154-164; Donahoe, K., L. A. Lewis, and S. S. Schneider. 2003. The role of the vibration signal in the house-hunting process of honey bee (*Apis mellifera*) swarms. *Behavioral Ecology and Sociobiology* 54:593-600; Pierce, A. L., L. A. Lewis, and S. S. Schneider. 2007. The use of the vibration signal and worker piping to influence queen behavior during swarming in honey bees, *Apis mellifera*. *Ethology* 113:267-275.

191~193쪽: 버즈런의 형태와 기능에 대한 상세 정보는 Rittschof, C. C., and T. D. Seeley. 2008. The buzz-run: how honeybees signal "Time to go!" *Animal Behaviour* 75:189-197 참조.

193~194쪽: 의사소통 신호의 기원과 진화에 관해 의식화 과정을 통해 보여주는 전형적인 논문은 다음과 같다. Tinbergen, N. 1952. "Derived" activities: their causation, biological significance, origin, and emancipation during evolution. *Quarterly Review of Biology* 27: 1-32. 신호 진화에 대한 최신 논의는 다음을 보라. Bradbury, J. W., and S. L. Vehrencamp. 1998. *Principles of Animal Communication*. Sinauer, Sunderland, MA.

195쪽: 대규모 사회적 곤충 집단은 개체들로 이루어진 소규모 하위 집단을 기반으로 한다. 개체들은 집단의 상태에 대한 정보를 모으고 적절한 때에 이르러 언제 행동을 취할지 신호를 보낸다. 이와 같은 통제 시스템의 또 다른 사례는 꿀단지 개미(*Myrmecocystus mimicus*)에서 볼 수 있다. Lumsden, C. J., and B. Hölldobler. 1983. Ritualized combat and intercolony communication in ants. *Journal of Theoretical Biology* 100:81-98 참조.

196~201쪽: 합의 또는 정족수 감지 여부를 검증하려 한 커크 비셔와 나의 공동 연구는 다음에 자세히 설명되어 있다. Seeley, T. D., and P. K. Visscher. 2003. Choosing a home: how the scouts in a honey bee swarm perceive the completion of their group decision making. *Behavioral Ecology and Sociobiology* 54:511-520; Seeley, T. D., and P. K. Visscher. 2004. Quorum sensing during nest-site selection by honeybee swarms. *Behavioral Ecology and Sociobiology* 56:594-601.

201쪽: 피리 신호를 보내는 벌들(정찰벌일 뿐인지, 단지 정족수에 도달한 집터의 정찰벌인지)에 대한 자세한 보고는 Visscher, P. K., and T. D. Seeley. 2007. Coordinating a group departure: who produces the piping signals on honeybee swarms? *Behavioral Ecology and Sociobiology* 61:1615-1621 참조.

202~204쪽: 의사 결정자는 결정 속도와 정확도 사이에서 적절한 타협점을 찾아야 하는 문제와 자주 맞닥뜨리고는 한다. 만약 신속히 결정을 내려야 한다면 열등한 결정을 내리기 쉬우므로 속도와 정확성 사이에는 상반관계가 발생한다. 이는 선택지를 충분히 폭넓게 고려하기 어렵거나 충분히 깊이 사고할 수 없기 때문이다. 이 주제에 관한 최근 논의는 Chittka, L., P. Skorupski, and N. E. Raine. 2009. Speed-accuracy trade-offs in animal decision making. *Trends in Ecology and Evolution* 24:400-407 참조. 인간 사회와 관련한 구체적 연구는 다음에서 찾아볼 수 있다. Osman, A., L. G. Lou, H. Muller-Gethman, G. Rinkenauer, S. Mattes, and R. Ulrich. 2000. Mechanisms of speed-accuracy trade-off: evidence from covert motor processes. *Biological Psychology* 51:173-199. 꿀벌에 관한 연구는 Chittka, L., A. G. Dyer, F. Bock, and A. Dornhaus. 2003. Bees trade-off foraging speed for accuracy. *Nature* 424:388 참조. 이러한 상반관계는 개미에 대한 연구에서도 증명되었다. Franks, N. R., A. Dornhaus, J. P. Fitzsimmons, and M. Stevens. 2003. Speed versus accuracy in collective decision making. *Proceedings of the Royal Society of London B* 270:2457-2463 참조.

204쪽: 합의에 의한 집단 결정에 대한 퀘이커교도의 방식은 다음에 설명되어 있다. Pollard, F. E., B, E. Pollard, and R. S. W. Pollard. 1949. *Democracy and the Quaker Method*. Bannisdale Press, London.

08 꿀벌 비행 지휘

205쪽: 토머스 스미버트의 시는 다음에서 인용했다. Smibert, T. 1851. "The Wild earth-bee," *Io Anche! Poems, Chiefly Lyrical.* James Hogg, Edinburgh.

205쪽: 꿀벌들이 멀리 있는 꽃밭을 찾아갔다가 보금자리로 되돌아오는 메커니즘은 다음에서 검토하고 있다. Collett, T. S., and M. Collett. 2002. Memory use in insect visual navigation. *Nature Reviews Neuroscience* 3:542-552; Dyer, F. C. 1998. Spatial cognition: lessons from central-place foraging insects, in Balda, R. P., I. M. Pepperberg, and A. C. Kamil, eds. *Animal Cognition in Nature.* Academic Press, New York, pp. 119-154; Menzel, R., and M. Giurfa. 2006. Dimensions of cognition in an insect, the honeybee. *Behavioral and Cognitive Neuroscience Reviews* 5:24-40; Wehner, R. 1992. Arthropods, in Papi, F., ed. *Animal Homing.* Chapman and Hall, London. pp. 45-144.

207~208쪽: 비행하는 꿀벌 집단의 일벌들은 여왕벌이 발산하는 9-ODA로 여왕벌의 존재를 감지한다. 이에 대한 상세한 내용은 Avitabile, A., R. A. Morse, and R. Boch. 1975. Swarming honey bees guided by pheromones. *Annals of the Entomological Society of America* 68:1079-1082 참조.

208~209쪽: 1979년 애플도어 섬을 가로지르는 꿀벌 비행에 대한 전체 설명은 Seeley, T. D., R. A. Morse, and P. K. Visscher. 1979. The natural history of the flight of honey bee swarms. *Psyche* 86:103-113 참조.

210~212쪽: 리델 필드 스테이션에서 270미터를 추적하여 관찰한 꿀벌 집단의 행동에 대한 자세한 설명은 Beekman, M., R. L. Fathke, and T. D. Seeley. 2006. How does an informed minority of scouts guide a honey bee swarm as it flies to its new home? *Animal Behaviour* 71:161-171 참조. 또 이 논문은 다른 꿀벌 집단의 비행을 1000미터와 4000미터를 추적해 그들의 놀라운 비행 속도도 보고한다.

213쪽: 목표물의 위치를 잘 아는 소수의 구성원이 집단을 안내한다는 사실이 꿀벌 고유의 특징은 아니다. 물고기 떼와 인간 사회의 이러한 특징을 논하는 실험 연구는 다음에서 찾아볼 수 있다. Reebs, S. G. 2000. Can a minority of informed leaders determine the foraging movements of a fish shoal? *Animal Behaviour* 59:403-409; Ward, A. J. W., D. J. T. Sumpter, I. D. Couzin, P. J. B. Hart, and J. Krause. 2008. Quorum decision making facilitates information transfer in fish shoals. *Proceedings of the National*

Academy of Sciences, U.S.A. 105:6948-6953; Dyer, J. R. G., C. C. Ioannou, L. J. Morrell, D. P. Croft, I. D. Couzin, D. A. Waters, and J. Krause. 2008. Consensus decision making in human crowds. *Animal Behaviour* 75:461-470.

213~214쪽: 정찰대가 꿀벌 비행을 페로몬으로 안내한다는 가설은 다음에 제시되어 있다. Avitabile, A., R. A. Morse, and R. Boch. 1975. Swarming honey bees guided by pheromones. *Annals of the Entomological Society of America* 68:1079-1082.

214쪽: 미묘한 안내 가설에 대한 상세한 설명과 이러한 지휘 메커니즘에 따라 이동하는 동물 집단을 컴퓨터로 시뮬레이션한 결과는 Couzin, I. D., J. Krause, N, R. Franks, and S. A. Levin. 2007. Effective leadership and decision making in animal groups on the move. *Nature* 433:513-516 참조.

214~215쪽: 벌떼 구름을 가로질러 빠르게 비행하는 꿀벌들을 안내하는 과정에 대한 린다우어의 설명은 비서가 번역한 다음에서 인용했다. Lindauer, M. 1955. Schwarmbienen auf Wohnungssuche. *Zeitschrift für vergleichende Physiologie* 37:263-324. p. 319.

215쪽: 질주하는 꿀벌 가설의 시뮬레이션에 대한 전체적인 설명은 Janson, S., M. Middendorf, and M. Beekman. 2005. Honeybee swarms: how do scouts guide a swarm of uninformed bees? *Animal Behaviour* 70:349-358 참조.

215~219쪽: 정찰대가 취기관에서 유혹 페로몬을 발산하여 꿀벌 집단을 안내한다는 가설을 검증하는 연구에 대한 전체적인 보고는 Beekman, M., R. L. Fathke, and T. D. Seeley. 2006. How does an informed minority of scouts guide a honey bee swarm as it flies to its new home? *Animal Behaviour* 71:161-171 참조.

216쪽: 취기관 구조에 대한 정교한 묘사와 나소노프선 분비물의 화학적 구성에 대한 검토는 Goodman, L. J. 2003. *Form and Function in the Honey Bee*. International Bee Research Association, Cardiff의 8장 Glands: chemical communication and wax production 참조.

219쪽: 질주하는 꿀벌들을 스틸 사진으로 확인하는 과정에 대한 전체적인 보고는 Beekman, M., R. L. Fathke, and T. D. Seeley. 2006. How does an informed minority of scouts guide a honey bee swarm as it flies to its new home? *Animal Behaviour* 71:161-171 참조.

222쪽: 협력적 통제 전략에 대한 케빈 파시노의 논의는 다음에 실려 있다. Passino, K. M. 2005. *Biomimicry for Optimization, Control, and Automation*. Springer Verlag, London.

p. 80.

222~226쪽: 비행 집단의 꿀벌들을 영상 분석으로 추적한 전체 연구는 다음에서 확인할 수 있다. Schultz, K. M., K. M. Passino, and T. D. Seeley. 2008. The mechanism of flight guidance in honeybee swarms: subtle guides or streaker bees? *Journal of Experimental Biology* 211:3287-3295.

227~229쪽: 질주하는 꿀벌 가설을 검증하는 실험에 대한 전체 보고는 Latty, T., M. Duncan, and M. Beekman. 2009. High bee traffic disrupts transfer of directional information in flying honeybee swarms. *Animal Behaviour* 78:117-121 참조.

09 인식 주체로서 꿀벌 집단

231쪽: 윌리엄 뉴섬의 인용문은 2008년 6월 17일, 오하이오 주립대학교의 수학적 생명과학 연구소에서 열린 의사 결정 시스템 생물학 워크숍에서 그가 자신을 소개한 내용이다.

232쪽: 꿀벌과 다른 사회적 곤충 집단은 정교한 정보 처리 장치를 갖추고 있으며 이러한 곤충 집단과 영장류의 뇌에서 이루어지는 의사 결정이 유사하다는 견해는 최근 다음 저작들로 발전해왔다. Passino, K. M., T. D. Seeley, and P. K. Visscher. 2008. Swarm cognition in honey bees. *Behavioral Ecology and Sociobiology* 62:401-414; Couzin, I. D. 2008. Collective cognition in animal groups. *Trends in Cognitive Sciences* 13:36-42; Marshall, J. A. R., R. Bogacz, A. Dornhaus, R. Planqué, T. Kovacs, and N. R. Franks. 2009. On optimal decision making in brains and social insect colonies. *Journal of the Royal Society Interface* 6:1065-1074.

233~238쪽: 영장류 의사 결정의 신경계적 기반에 대해서는 다음 저작들에서 상세히 검토할 수 있다. Schall, J. D. 2001. Neural basis of deciding, choosing, and acting. *Nature Reviews Neuroscience* 2:33-42; Glimcher, P. W. 2003. The neurobiology of visual-saccadic decision making. *Annual Review of Neuroscience* 26:133-179; Glimcher, P. W. 2003. *Decisions, Uncertainty, and the Brain: The Science of Neuroeconomics.* MIT Press, Cambridge, MA; Gold, J. I., and M. N. Shadlen. 2007. The neural basis of decision making. *Annual Review of Neuroscience* 30:535-574; Heekeren, H. R., S. Marrett, and L. G. Ungerleider. 2008. The neural systems that mediate human perceptual decision making. *Nature Reviews Neuroscience* 9:467-479.

237~238쪽: 의사 결정의 정보 처리 단계에 대한 서그루-코라도-뉴섬의 개념틀은 다음에 제시되어 있다. Sugrue, L. P., G. S. Corrado, and W. T. Newsome. 2005. Choosing the greater of two goods: neural currencies for valuation and decision making. *Nature Reviews Neuroscience* 6:363-375.

245쪽: 영장류의 시각피질에서 이루어지는 의사 결정에 대한 어서-매클렐랜드 모델은 다음에 제시되어 있다. Usher, M., and J. L. McClelland. 2001. The time course of perceptual choice: the leaky, competing accumulator model. *Psychological Review* 108:550-592. 연결주의라는 초기 의사 결정 모델 역시 시간이 흐름에 따라 정보가 연속적으로 수집·축적된다는 사고를 기반으로 한다. 이 모델은 다음에 설명되어 있다. Busemeyer, J. R., and J. T. Townsend. 1993. Decision field theory: a dynamic cognition approach to decision making. *Psychological Review* 100:432-459. 수리심리학에 의해 발전해온 결정 모델 일반에 대한 탁월한 설명은 Smith, P. L., and R. Ratcliff. 2004. Psychology and neurobiology of simple decisions. *Trends in Neurosciences* 27:161-168 참조.

245~248쪽: 꿀벌 집단의 집터 선택에 대한 수학적 모델은 춤 감소율과 정족수 규모가 자연 선택으로 조절되어 결정 속도와 정확도 간의 균형에 이르는 과정을 분석한다. 이러한 논의는 Passino, K. M., and T. D. Seeley. 2006. Modeling and analysis of nest-site selection by honeybee swarms: the speed and accuracy trade-off. *Behavioral Ecology and Sociobiology* 59:427-442 참조.

248~249쪽: Hofstadter, D. R. 1979. *Gödel, Escher, Bach: An Eternal Golden Braid.* Basic Books, New York 참조.

250쪽: 바위개미의 집단적 집터 선택에 대한 분석은 다음 저작들에서 확인할 수 있다. Mallon, E. B., S. C. Pratt, and N. R. Franks. 2001. Individual and collective decision making during nest site selection by the ant *Leptothorax albipennis. Behavioral Ecology and Sociobiology* 50:352-359; Franks, N. R., S. C. Pratt, E, B. Mallon, N. F. Britton, and D. J. T. Sumpter. 2002. Information flow, opinion polling and collective intelligence in house-hunting social insects. *Philosophical Transactions of the Royal Society of London B* 357:1567-1583; Pratt, S. C., D. J. T. Sumpter, E. B. Mallon, and N. R. Franks. 2005. An agent-based model of collective nest choice by the ant *Temnothorax albipennis. Animal Behaviour* 70:1023-1036; Franks, N. R., F.-X. Dechaume-Moncharmont, E. Hanmore, and J. K. Reynolds. 2009. Speed versus accuracy in decision-making ants: expediting politics and policy implementation. *Philosophical Transactions of the Royal Society B* 364:845-852.

251~253쪽: 사회적 곤충 집단은 영장류의 뇌와 유사하게 근거 축적의 기본 단위(일벌 또는 신경세포) 간 경쟁을 거쳐 통계적으로 최적 결정에 도달한다. 이러한 분석에 대한 전체적인 논의는 다음에서 확인할 수 있다. Marshall, J. A. R., R, Bogacz, A. Dornhaus, R. Planqué, T. Kovacs, and N. R. Franks. 2009. On optimal decision making in brains and social insect colonies. *Journal of the Royal Society Interface* 6:1065-1074. 이 논문은 최적 결정의 이론적 연구에 기초한다. Bogacz, R., E. Brown, J. Moehlis, P. Holmes, and J. D. Cohen. 2006. The physics of optimal decision making: a formal analysis of models of performance in two-alternative force choice tasks. *Psychological Review* 113:700-765 참조.

10 꿀벌의 지혜

255쪽: 윌리엄 셰익스피어의 희곡은 다음에서 인용했다. Shakespeare, W. 1599. *Henry V.* act I, scene 2, lines 190-192.

255쪽: 얼굴을 맞댄 집단이 잘 작동하여 다수가 소수보다 더 똑똑한 결정을 내리는 경우에 대한 일반적 설명은 Elster, J. 2000. *Deliberative Democracy.* Cambridge University Press, Cambridge; Surowiecki, J. 2004. *The Wisdom of Crowds.* Doubleday, New York; Austen-Smith, D., and T. J. Feddersen. 2009. Information aggregation and communication in committees. *Philosophical Transactions of the Royal Society B* 364:763-769 참조.

256쪽: 꿀벌의 화석 기록에 대한 권위 있는 보고는 다음 저작들에서 찾아볼 수 있다. Engel, M. S. 1998. Fossil honey bees and evolution in the genus *Apis* (Hymenoptera: Apidae). *Apidologie* 29:265-281; Engel, M. S. 1999. The taxonomy of recent and fossil honey bees (Hymenoptera: Apidae: *Apis*). *Journal of Hymenoptera Research* 8:165-196; Engel, M. S. 2006. A giant honey bee from the middle miocene of Japan (Hymenoptera: Apidae). *Journal of the Kansas Entomological Society* 76:71; Engel, M. S., I. A. Hinojosa-Diaz, and A. Rasnitsyn. 2009. A honey bee from the Miocene of Nevada and the biogeography of *Apis* (Hymenoptera: Apidae: Apini). *Proceedings of the California Academy of Sciences* 60:23-38.

256쪽: '대단히 효율적인 집단의 다섯 가지 습관'이라는 표현은 스티븐 R. 코비(Stephen R. Covey)의 다음 명저에서 착안했다. *The Seven Habits of Highly Effective People.* 1989. Free Press, New York.

257쪽: 뉴잉글랜드 지역의 마을 회의(town meeting)는 법을 제정하는 입법 기관으로서, 여기에 참여하는 모든 시민(유권자)이 입법자가 된다. 이는 공청회의 대중적 형태이지만 입법 권한이 없는 '타운 홀 미팅(town hall meeting)'과 혼동해서는 안 된다. 뉴잉글랜드의 마을 회의가 진행되는 방식은 다음 저작들에서 참조할 수 있다. Gould, J. 1940. *New England Town Meeting: Safeguard of Democracy.* Stephen Daye Press, Brattleboro, VT; Mansbridge, J. J. 1980. *Beyond Adversary Democracy.* University of Chicago Press, Chicago; Bryan, F. M. 2004. *Real Democracy: The New England Town Meeting and How It Works.* University of Chicago Press, Chicago.

261쪽: 집단의 결정을 편향적으로 이끌고 의견 일치만을 추구하는 지도자의 관행을 타파해야 한다. 그 중요성은 다음에서 자세히 논의되었다. Janis, I. L. 1982. *Groupthink.* 2nd ed. Houghton Mifflin, Boston.

261쪽: 조지 W. 부시 대통령의 리더십 유형(지성적이라기보다 본능적), 그리고 부시와 그의 외교정책 팀이 이라크 침략을 결정할 때 가능한 모든 대안을 개방적 검토와 비판적 평가를 하지 않은 데 대한 설명은 McClellan, S. 2008. *What Happened.* Public Affairs, New York. pp. 126-129 참조.

262쪽: 1876년 초판을 펴낸 《로버트 의사 규칙》의 최신판은 다음과 같다. Robert, H. M., and S. C. Robert. 2000. *Robert's Rules of Order Newly Revised, 10th Edition.* Perseus Publishing, Philadelphia.

262쪽: 집단이 명석한 개인보다 더 훌륭한 해결책을 찾을 수 있는 이유는 다양한 대안을 탐색하는 집단의 능력 덕분이다. 이에 대한 전반적인 검토는 다음에서 확인할 수 있다. Page, S. E. 2007. *The Difference.* Princeton University Press, Princeton, NJ.

265쪽: 인간 사회의 투표 체계와 다양한 투표 절차에 대한 설명은 다음에서 확인할 수 있다. Black, D. 1986. *The Theory of Committees and Elections.* Kluwer, Dordrecht.

265쪽: 동물 집단의 민주적 의사 결정에 대한 문헌 검토는 다음 저작들에서 참조할 수 있다. Conradt, L., and T. J. Roper. 2003. Group decision making in animals. *Nature* 421:155-158; Conradt, L., and T. J. Roper. 2005. Consensus decision making in animals. *Trends in Ecology and Evolution* 20:449-456; Conradt, L. and T. J. Roper. 2007. Democracy in animals: the evolution of shared group decisions. *Proceedings of the Royal Society of London B* 274:2317-2326; Conradt, L., and C. List. 2009. Introduction. Group decisions in humans and animals: a survey. *Philosophical Transactions of the Royal Society B* 364:719-742.

265~267쪽: 최근 한 모델링 연구는 꿀벌들의 집단적 결정 체계가 정찰벌들의 상호 의존성과 독립성 등 두 가지에 달려 있다는 점을 명시적으로 보여준다. (춤을 통해 집터 정보를 공유하는) 상호 의존성이 없다면 최적의 집터에 대한 관심이 증가하지 않을 것이다. (집터를 평가하고 광고할 때) 독립성이 없다면 정찰대의 관심이 연속적으로 증가하더라도 해당 집터가 반드시 최적일 수 없다. 이에 대한 자세한 설명은 List, C., C. Elsholtz, and T. D. Seeley. 2009. Independence and interdependence in collective decision making: an agent-based model of nest-site choice by honeybee swarms. *Philosophical Transactions of the Royal Society B* 364:755-762 참조.

267쪽: 의사 결정자가 다른 이들의 결정을 맹목적으로 모방하는 경우 정보 연쇄(information cascade)가 발생한다. 정보 연쇄의 위험에 대한 더 많은 사례는 다음에서 확인할 수 있다. Shiller, R. J. 2000. *Irrational Exuberance*. Princeton University Press, Princeton, NJ; Thaler, R. H., and C. R. Sunstein. 2008. *Nudge*. Yale University Press, New Haven, CT. 이 주제에 대해 중요한 두 논문은 다음과 같다. Bikhchandani, S., D. Hirshleifer, and I. Welch. 1992. A theory of fads, fashions, custom, and cultural change as informational cascades. *Journal of Political Economy* 100:992-1026; Bikhchandani, S., D. Hirshleifer, and I. Welch. 1998. Learning from the behavior of others: conformity, fads, and informational cascades. *Journal of Economic Perspectives* 12:151-170.

269~271쪽: 합의 형성(집단의 구성원들이 동일한 대안에 동의하는 것)에서 정족수 반응의 유용성에 대한 일반 논의는 다음에서 확인할 수 있다. Sumpter, D. J. T., and S. C. Pratt. 2009. Quorum responses and consensus decision making. *Philosophical Transactions of the Royal Society B* 364:743-753.

맺음말

273쪽: 린다우어의 멋진 경험에 대한 내용은 다음에서 인용했다. Seeley, T. D., S. Kühnholz, and R. H. Seeley. 2002. An early chapter in behavioral physiology and sociobiology: the science of Martin Lindauer. *Journal of Comparative Physiology A* 188:439-453. p. 447.

274쪽: 불행하게도 꿀벌들의 훌륭한 민주적 의사 결정이 주는 교훈을 이익에 따라 첨예하게 충돌하는 개인들로 구성된 집단에 적용하기는 힘들다. 그처럼 대립하는 집단에서 개인들은 정찰벌처럼 완전히 정직하고 열심히 일하지 않을 것이다. 그들은 거짓말과 게으름이 스스로에게 이익이 된다면, 집단의 성공을 저해하더라도 자신의 이익에 따라 행동할 것이다. 그러나 많은 소규모 조직은 중첩된 이익을 지닌 사람들로 구성되어 있기에 집터 정찰대의 교훈이 인간사에도 의미 있는 시사점을 제시한다.

그림 저작권

그림 1.1 Photo by Thomas D. Seeley.

그림 1.2 Modified from Fig. 46 in Frisch, K. von. 1993. *The Dance Language and Orientation of Bees*. Harvard University Press, Cambridge, MA.

그림 1.3 Original drawing by Margaret C. Nelson.

그림 1.4 Photo provided by Rosemarie Lindauer.

그림 1.5 Modified from Fig. 3 in Lindauer, M. 1951. Bienentänze in der Schwarmtraube. *Die Naturwissenschaften* 38:509-513.

그림 1.6 Photo by John G. Seeley.

그림 2.1 Photo by Kenneth Lorenzen.

그림 2.2 Original drawing by Margaret C. Nelson.

그림 2.3 Modified from Fig. 54 in Kemper, H., and E. Döhring. 1967. *Die Sozialen Faltenwespen Mitteleuropas*. Paul Parey, Berlin.

그림 2.4 Modified from Fig. 8.2 in Seeley, T. D. 1985. *Honeybee Ecology*. Princeton University Press, Princeton, NJ.

그림 2.5 Photo by Thomas D. Seeley.

그림 2.6 Modified from Fig. 1 in Seeley, T. D., and P. K. Visscher. 1985. Survival of honeybees in cold climates: the critical timing of colony growth and reproduction. *Ecological Entomology* 10:81-88.

그림 2.7 Photo by Kenneth Lorenzen.

그림 2.8 Original drawing by Margaret C. Nelson.

그림 2.9 Modified from Fig. 3.7 in Seeley, T. D. 1985. *Honeybee Ecology*. Princeton University

Press, Princeton, NJ.

그림 2.10 Modified from Fig. 2 in Michelsen, A., W. H. Kirchner, B. B. Andersen, and M. Lindauer. 1986. The tooting and quacking vibration signals of honeybee queens: a quantitative analysis. *Journal of Comparative Physiology A* 158:605-611.

그림 3.1 Photo by Thomas D. Seeley.

그림 3.2 Photo by Thomas D. Seeley.

그림 3.3 Modified from Fig. 2 in Seeley, T. D., and R. A. Morse. 1976. The nest of the honey bee (*Apis mellifera* L.). *Insectes Sociaux* 23:495-512.

그림 3.4 Photo by Thomas D. Seeley.

그림 3.5 Photo by Thomas D. Seeley.

그림 3.6 Photo by Thomas D. Seeley.

그림 3.7 Modified from Fig. 3 in Morse, R. A., and T. D. Seeley. Bait hives. *Gleanings in Bee Culture* 106 (May):218-220, 242.

그림 3.8 Photo by Thomas D. Seeley.

그림 3.9 Aerial photo courtesy of the Shoals Marine Laboratory; landscape photo by Thomas D. Seeley.

그림 3.10 Photo by Thomas D. Seeley.

그림 3.11 Photo by Thomas D. Seeley.

그림 3.12 Modified from Fig. 2 in Seeley, T. D. 1982. How honeybees find a home. *Scientific American* 247 (October):158-168.

그림 3.13 Modified from Fig. 8 in Seeley, T. D. 1982. How honeybees find a home. *Scientific American* 247 (October):158-168.

그림 4.1 Modified from Fig. 3 in Lindauer, M. 1955. Schwarmbienen auf Wohnungssuche. *Zeitschrift für vergleichende Physiologie* 37:263-324.

그림 4.2 Modified from Fig. 4 in Lindauer, M. 1955. Schwarmbienen auf Wohnungssuche. *Zeitschrift für vergleichende Physiologie* 37:263-324.

그림 4.3 Modified from Fig. 7 in Lindauer, M. 1955. Schwarmbienen auf Wohnungssuche. *Zeitschrift für vergleichende Physiologie* 37:263-324.

그림 4.4 Photo by Thomas D. Seeley.

그림 4.5 Modified from Fig. 3 in Seeley, T. D., and S. C. Buhrman. 1999. Group decision making in swarms of honey bees. *Behavioral Ecology and Sociobiology* 45:19-31.

그림 4.6 Modified from Fig. 5 in Seeley, T. D., and S. C. Buhrman. 1999. Group decision making in swarms of honey bees. *Behavioral Ecology and Sociobiology* 45:19-31.

그림 4.7 Modified from Fig. 2 in Gilley, D. C. 1998. The identity of nest-site scouts in honey bee swarms. *Apidologie* 29:229-240.

그림 5.1 Modified from Fig. 1 in Seeley, T. D., and S. C. Buhrman. 2001. Nest-site selection in honey bees: how well do swarms implement the "Best-of-N" decision rule? *Behavioral Ecology and Sociobiology* 49:416-427.

그림 5.2 Photo by Thomas D. Seeley.

그림 5.3 Modified from Fig. 2 in Seeley, T. D., and S. C. Buhrman. 2001. Nest-site selection in honey bees: how well do swarms implement the "Best-of-N" decision rule? *Behavioral Ecology and Sociobiology* 49:416-427.

그림 5.4 Photo by Thomas D. Seeley.

그림 5.5 Modified from Fig. 4 in Seeley, T. D., and S. C. Buhrman. 2001. Nest-site selection in honey bees: how well do swarms implement the "Best-of-N" decision rule? *Behavioral Ecology and Sociobiology* 49:416-427.

그림 5.6 Photo by Thomas D. Seeley.

그림 5.7 Modified from Fig. 5 in Seeley, T. D., and S. C. Buhrman. 2001. Nest-site selection in honey bees: how well do swarms implement the "Best-of-N" decision rule? *Behavioral Ecology and Sociobiology* 49:416-427.

그림 6.1 Original drawing by Margaret C. Nelson.

그림 6.2 Original drawing by Margaret C. Nelson.

그림 6.3 Photo by Thomas D. Seeley.

그림 6.4 Photo by Thomas D. Seeley.

그림 6.5 Modified from Fig. 2 in Seeley, T. D., and P. K. Visscher. 2008. Sensory coding of nest-site value in honeybee swarms. *Journal of Experimental Biology* 211:3691-3697.

그림 6.6 Modified from Fig. 3 in Seeley, T. D., and P. K. Visscher. 2008. Sensory coding of nest-site value in honeybee swarms. *Journal of Experimental Biology* 211:3691-3697.

그림 6.7 Modified from Fig. 11 in Seeley, T. D., P. K. Visscher, and K. m. Passino. 2006. Group decision making in honey bee swarms. *American Scientist* 94:220-229.

그림 6.8 Modified from Fig. 18 in Lindauer, M. 1955. Schwarmbienen auf Wohnungssuche. *Zeitschrift für vergleichende Physiologie* 37:263-324.

그림 6.9 Modified from Fig. 1 in Seeley, T. D. 2003. Consensus building during nest-site selection in honey bee swarms: the expiration of dissent. *Behavioral Ecology and Sociobiology* 53:417-424.

그림 6.10 Modified from Fig. 2 in Seeley, T. D. 2003. Consensus building during nest-site selection in honey bee swarms: the expiration of dissent. *Behavioral Ecology and Sociobiology* 53:417-424.

그림 7.1 Photo by Peter Essick.

그림 7.2 Modified from Fig. 23 in Heinrich, B. 1981. The mechanisms and energetics of honeybee swarm temperature regulation. *Journal of Experimental Biology* 91:25-55.

그림 7.3 Photo by Marco Kleinhenz and Thomas D. Seeley.

그림 7.4 Modified from Fig. 2 in Seeley, T. D., M. Kleinhenz, B. Bujok, and J. Tautz. 2003. Thorough warm-up before take-off in honey bee swarms. *Naturwissenschaften* 90:256-260.

그림 7.5 Modified from Fig. 2 in Seeley, T. D., and J. Tautz. 2001. Worker piping in honey bee swarms and its role in preparing for liftoff. *Journal of Comparative Physiology A* 187:667-676.

그림 7.6 Modified from Fig. 8 in Seeley, T. D., and J. Tautz. 2001. Worker piping in honey bee swarms and its role in preparing for liftoff. *Journal of Comparative Physiology A* 187:667-676.

그림 7.7 Modified from Fig. 4 in Seeley, T. D. and J. Tautz. 2001. Worker piping in honey bee swarms and its role in preparing for liftoff. *Journal of Comparative Physiology A* 187:667-676.

그림 7.8 Modified from Fig. 7 in Seeley, T. D., and J. Tautz. 2001. Worker piping in honey bee swarms and its role in preparing for liftoff. *Journal of Comparative Physiology A* 187:667-676.

그림 7.9 Modified from Fig. 6.3 in Seeley, T. D. 1995. *The Wisdom of the Hive*. Harvard University Press, Cambridge, MA.

그림 7.10 Modified from Fig. 1 and Fig. 9 in Seeley, T. D., and J. Tautz. 2001. Worker piping in honey bee swarms and its role in preparing for liftoff. *Journal of Comparative Physiology A* 187:667-676.

그림 7.11 Modified from Fig. 1 in Rittschof, C. C., and T. D. Seeley. 2008. The buzz-run: how honeybees signal "Time to go!" *Animal Behaviour* 75:189-197.

그림 7.12 Modified from Fig. 2 and Fig. 3 in Rittschof, C. C., and T. D. Seeley. 2008. The buzz-run: how honeybees signal "Time to go!" *Animal Behaviour* 75:189-197.

그림 7.13 Photo by Thomas D. Seeley.

그림 8.1 Photo by Thomas D. Seeley.

그림 8.2 Modified from Fig. 2 in Beekman, M., R. L. Fathke, and T. D. Seeley. 2006. How does an informed minority of scouts guide a honeybee swarm as it flies to its new home? *Animal Behaviour* 71:161-171.

그림 8.3 Modified from Fig. 42 in Frisch, K. von. 1967. *The Dance Language and Orientation of Bees.* Harvard University Press, Cambridge, MA.

그림 8.4 Photo by Thomas D. Seeley.

그림 8.5 Modified from Fig. 4 in Schultz, K. M., K. M. Passino, and T. D. Seeley. 2008. The mechanism of flight guidance in honeybee swarms: subtle guides or streaker bees? *Journal of Experimental Biology* 211:3287-3295.

그림 8.6 Original drawing by Margaret C. Nelson.

그림 8.7 Modified from Fig. 1 in Latty, T., M. Duncan, and M. Beekman. 2009. High bee traffic disrupts transfer of directional information in flying honeybee swarms. *Animal Behaviour* 78:117-121.

그림 9.1 Original drawing by Margaret C. Nelson.

그림 9.2 Modified from Fig. 4 in Glimcher, P. W. 2003. The neurobiology of visual-saccadic decision making. *Annual Review of Neuroscience* 26:133-179.

그림 9.3 Modified from Fig. 1 in Seeley, T. D., and P. K. Visscher. 2008. Sensory coding of nest-site value in honeybee swarms. *Journal of Experimental Biology* 211:3691-3697.

그림 9.4 Original drawing by Margaret C. Nelson.

그림 9.5 Original drawing by Margaret C. Nelson.

그림 9.6 Original drawing by Margaret C. Nelson.

찾아보기 🐝

찾아보기